地基与基础

主　编　丰培洁
副主编　王占锋　吴潮玮　董耀军

北京理工大学出版社
BEIJING INSTITUTE OF TECHNOLOGY PRESS

内 容 提 要

本书按照高等院校人才培养目标以及专业教学改革的需要，依据最新标准规范进行编写。全书主要内容包括：绪论、土的物理性质与工程分类、地基中的应力计算、土的压缩性与地基沉降量计算、土的抗剪强度与地基承载力、土压力与土坡稳定、建筑场地的工程地质勘察、天然地基上浅基础设计、桩基础设计、软弱地基处理、特殊土地基等。

本书可作为高等院校建筑工程技术等相关专业、市政工程技术专业等土建类专业的教材，也可作为道路与桥梁工程、工程造价等交通土建类专业及其他工程技术人员的参考书。

图书在版编目（CIP）数据

地基与基础 / 丰培洁主编 . -- 北京：北京理工大
学出版社，2022.11
ISBN 978-7-5763-1878-4

Ⅰ.①地…　Ⅱ.①丰…　Ⅲ.①地基－高等学校－教材
②基础（工程）－高等学校－教材　Ⅳ.① TU47

中国版本图书馆 CIP 数据核字（2022）第 227191 号

出版发行／北京理工大学出版社有限责任公司
社　　　址／北京市海淀区中关村南大街5号
邮　　　编／100081
电　　　话／（010）68914775（总编室）
　　　　　　（010）82562903（教材售后服务热线）
　　　　　　（010）68944723（其他图书服务热线）
网　　　址／http：//www.bitpress.com.cn
经　　　销／全国各地新华书店
印　　　刷／北京紫瑞利印刷有限公司
开　　　本／787毫米×1092毫米　1/16
印　　　张／18　　　　　　　　　　　　　　责任编辑／时京京
字　　　数／434千字　　　　　　　　　　　　文案编辑／时京京
版　　　次／2022年11月第1版　2022年11月第1次印刷　责任校对／刘亚男
定　　　价／88.00元　　　　　　　　　　　　责任印制／王美丽

FOREWORD 前言

　　"地基与基础"是建筑工程技术专业的一门主干专业课，是专业的核心学习领域之一，具有很强的理论性与实践性。

　　本书系统地介绍了建筑地基基础的基本原理、计算方法、设计原理和施工工艺，主要包括土的物理性质与工程分类、地基中的应力计算、土的压缩性与地基沉降量计算、土的抗剪强度与地基承载力、土压力与土坡稳定、建筑场地的工程地质勘察、天然地基上浅基础设计、桩基础设计、软弱地基处理及特殊土地基等内容。各项目后附有项目小结、思考与练习。

　　本书采用简洁明快的表述方法，内容精练，重点突出，体系完整，紧密结合实际。根据课程要求，本书包括土力学基础理论与基础工程应用两部分，并附有针对性较强的案例、思考练习题。理论部分尽可能以够用为度，删繁就简，注重准确性和完整性；应用部分充分结合现行规范、标准的规定，着重阐述适用一般情况的成熟技术，同时根据内容需要反映特殊情况下一般规律的深化，并介绍一些日趋常用的新技术，有利于培养学生工程实践的能力。

　　本书由陕西省交通职业技术学院丰培洁担任主编，由陕西省交通职业技术学院王占锋、吴潮玮，中国建筑西北设计研究院董耀军、吉林职业技术学院周卫华担任副主编。具体编写分工为：绪论部分以及思考与练习部分内容由周卫华整理与编写、项目1～项目4、项目9、项目10由丰培洁编写；项目5、项目7由王占锋编写；项目6由董耀军编写；项目8由吴潮玮编写。微课由陕西省交通职业技术学院丰培洁、罗碧玉、寸江峰共同录制。全书由丰培洁统稿。本书在编写过程中，参考了大量国内外资料和部分教材、著作等文献，在此谨向文献的作者致谢！

　　由于编写时间仓促，编者水平有限，书中难免不妥之处，欢迎读者批评指正。

编　者

CONTENTS 目录

CONTENTS

CONTENTS

CONTENTS

绪　论

一、地基与基础的基本概念

1. 土力学

土力学是运用力学基本原理和土工测试技术，研究土的性质、地基土的应力、地基的变形、土的抗剪强度与地基承载力、土的压力及土坡稳定性等内容的一门学科，它是本课程的理论基础。由于土与其他连续固体介质在性质上的根本不同，仅靠具备系统理论和严密公式的力学知识，尚不能描述土体在受力后所表现的性状及由此引起的工程问题，而必须借助经验、现场试验、室内试验辅以理论计算加以描述，因此也可以说土力学是一门依赖于实践的学科。

2. 地基

土层中附加应力和变形所不能忽略的那部分土层称为地基。良好的地基一般应具有较高的承载力与较低的压缩性，以满足地基与基础设计的两个基本条件（强度条件与变形条件）。软弱地基的工程性质较差，需经过人工地基处理才能达到设计要求。通常把不需处理而直接利用天然土层的地基称为天然地基；把经过人工加工处理才能作为地基的称为人工地基。人工地基施工周期长、造价高，因此建筑物一般宜建造在良好的天然地基上。

3. 基础

建筑物埋入土层一定深度的向地基传递荷载的下部承重结构称为基础。根据不同的分类方法，基础可以有多种形式，但不论是何种基础形式，其结构本身均应具有足够的承载力和刚度，在地基反力作用下不发生破坏，并应具有改善沉降与不均匀沉降的能力。通常把埋置深度不大（一般小于 5 m），只需经过挖槽、排水等普通施工程序就可以建造起来的基础统称为浅基础（各种单独的和连续的基础）。反之，浅层土质不良，而须把基础埋置于深处土质较好的地层时，就要借助特殊的施工方法，建造各种类型的深基础（桩基础、沉井及地下连续墙等）。

二、地基与基础在建筑工程中的重要性及设计原理

建筑物的地基、基础和上部结构三个部分，虽然各自的功能不同、研究方法相异，然而，对一个建筑物来说，在荷载作用下，这三个部分却是彼此联系、相互制约的整体。

地基与基础是建筑物的根本，又属于地下隐蔽工程。它的勘察、设计和施工质量直接关系着建筑物的安危。实践表明，建筑物事故的发生，很多与地基和基础有关，而且，地基与基础事故一旦发生，补救并非易事。另外，基础工程费用与建筑物总造价的比例，视

其复杂程度和设计、施工的合理与否，可以变动在百分之几到百分之几十之间。因此，地基与基础在建筑工程中的重要性是显而易见的。工程实践中，虽然地基与基础事故屡有发生，但是，只要严格遵循基本建设原则，按照勘察—设计—施工的先后顺序，并切实抓好这三个环节，那么，地基与基础事故一般是可以避免的。

地基与基础设计是整个建筑物设计的一个重要组成部分。它与建筑物的安全和正常使用有着密切的关系。设计时，要考虑场地的工程地质和水文地质条件，同时也要考虑建筑物的使用要求、上部结构特点及施工条件等各种因素，使基础工程做到安全可靠、经济合理、技术先进和便于施工。

一般认为，地基与基础在设计时应考虑的因素如下：

(1)施工期限、施工方法及所需的施工设备等。

(2)在地震区，应考虑地基与基础的抗震性能。

(3)基础的形状和布置，以及与相邻基础和地下构筑物、地下管道的关系。

(4)建造基础所用的材料与基础的结构形式。

(5)基础的埋置深度。

(6)地基土的承载力。

(7)上部结构的类型、使用要求及其对不均匀沉降的敏感度。

三、本课程的特点与要求

本课程是一门综合性很强的课程。它涉及工程地质学、土力学、建筑力学、建筑结构、建筑材料、施工技术等学科领域。因此在学习本课程时，应熟知《岩土工程勘察规范(2009年版)》(GB 50021—2001)、《建筑地基基础设计规范》(GB 50007—2011)、《建筑抗震设计规范(2016年版)》(GB 50011—2010)、《土工试验方法标准》(GB/T 50123—2019)、《建筑桩基技术规范》(JGJ 94—2008)等标准，既要注意与其他学科的联系，又要注意紧紧抓住土的应力、强度和变形这一核心问题。同时要学会阅读和使用工程地质勘察资料，掌握土的现场原位测试和室内土工试验，并应用这些基本知识和原理，结合建筑结构和施工技术等知识，解决地基与基础的工程问题。

学习本课程时应该突出重点，兼顾全面，根据工业与民用建筑专业要求，重视工程地质的基本知识，培养阅读和使用工程地质勘察资料的能力；必须牢固掌握土的应力、变形、强度和地基计算等土力学基本原理，并能够应用这些基本概念和原理，结合有关建筑结构理论和施工知识，分析和解决地基与基础问题。

为了便于学习，本书在各项目的学习内容前按教学大纲要求编写了知识目标、素养目标，它们是各项目学习过程要理解、领会和贯彻的内容和标准。

在学习过程中，学生应思路正确，理解和掌握知识的方法得当，学习态度端正，并能有效地将所学知识转化为实际工作技能。

在学习过程中，首先，要求学生具有相关课程的基础知识做保证，能够正确理解并记忆所学名词、定义和各种基本概念，正确理解并领会各种基本原理，理解和掌握所学知识；其次，要求学生逐步掌握运用所学知识解决实际问题的思路、方法和技能；再次，要求学生认真领会理解各种试验目的、过程、方法、推理及结论，还要做到对常用主要计算公式的来由脉络清楚，做到在理解的基础上推导并记忆常用的主要公式；最后，学生要学会正确理解并运用有关的各种设计、施工验收、试验等的相关规范的基本技能。

在学习过程中，学生可通过施工现场的参观、课程设计等其他实训环节，提高课堂学习的成效，达到将所学知识逐步转化为实际工作技能的目的；并认真完成一定数量的思考练习题，加深对有限的课堂教学内容的理解、消化、掌握和巩固；通过持续不断的复习，在理解的基础上记忆和掌握所学知识，最终达到掌握实际工作技能的目的。

四、本学科的发展概况

追本溯源，远古先民在史前的建筑活动中，就已创造了自己的地基与基础工艺。我国陕西西安的半坡遗址和河南安阳的殷墟遗址的考古发掘中都发现有土台和石础，这就是古代的"堂高三尺、茅茨土阶"（语见《韩非子》）建筑的地基与基础形式。历代修建的无数建筑物都出色地体现了我国古代劳动人民在地基与基础工程方面的高超水平。举世闻名的长城、蜿蜒万里的大运河，如不处理好岩土的有关问题，就不能穿越各种地质条件的广阔地区，而被誉为亘古奇观；宏伟壮丽的宫殿寺院，要依靠精心设计建造的地基与基础，才能逾千百年而留存至今；遍布各地的巍巍高塔，是由于奠基牢固，方可经历多次强震强风的考验而安然无恙。这些事实就是地基与基础学科发展的明证。

从20世纪50年代起，现代科技成就，尤其是电子技术，渗入了土力学与基础工程的研究领域。在实现试验测试技术自动化、现代化的同时，人们对土的基本性质又有了更进一步的认识。随着电子计算机的迅速发展和数值分析法的广泛应用，科学研究和工程设计更具备了强有力的手段，遂使土力学理论和基础工程技术也出现了令人瞩目的进展。因此，有人认为，1957年召开的第四届国际土力学与基础工程会议标志着一个新时期的开始。正是在这个时期，中华人民共和国以朝气蓬勃的姿态进入了国际土力学与基础工程科技交流发展的行列。从1962年开始的全国土力学与基础工程学术讨论会的多次召开，已成为本学科迅速进展的里程碑。我国在土力学与基础工程各个领域的理论与实践新成就难以尽述。

我国的地基与基础科学技术，作为岩土工程的一个重要组成部分，已经也必将继续遵循现代岩土工程的工作方法和研究方法阔步进入21世纪，从而取得更多更高的成就，为我国的现代化建设做出更大的贡献。

项目1 土的物理性质与工程分类

教学目标

知识目标

1. 了解土的形成、土的结构；熟悉土的组成、土的三相图；掌握土的主要物理指标、土的三相物理性质指标的关系。

2. 熟悉无黏性土、黏性土的物理状态指标；建筑中土的分类。

能力目标

1. 能通过颗粒分析试验绘出颗粒级配曲线，并会用颗粒级配曲线判别土的颗粒级配的优劣。

2. 牢固掌握土的主要物理指标，能进行有关指标的换算和应用。

3. 能进行无黏性土和黏性土物理状态各指标的应用。

4. 能按照《建筑地基基础设计规范》(GB 50007—2011)对地基岩、土进行工程分类。

素养目标

1. 培养学生协同合作的团队精神，有良好的组织纪律性。

2. 具有强烈的事业心和责任感，在学习过程中进行反思，向他人学习。

素养课堂

学校围绕"立德树人"根本任务和人才培养目标，有组织、有目的、有计划地引导大学生主要利用寒暑假、节假日、课余时间，深入现实社会，参加具体的、生动的生产劳动和社会生活，促进形成社会要求的思想政治品德，提升科学文化素质、实现社会化发展的教育活动。

学校通过具有仪式感的大型活动，使学生在隆重的氛围中，体会集体荣誉感。通过组织以班级为单位的文体比赛，让学生在竞技中，感受班集体的凝聚力，取得成功。犹如土的颗粒级配，粗细颗粒间相互填充，使土的密实度、粘结力加强，相应的地基土的强度和稳定性也加强。

项目导入

国内外岩土工程师们发现许多地区的饱和黏土的工程性质都有其不同的特性，如伦敦黏土、波士顿蓝黏土、曼谷黏土、Oslo黏土、Lela黏土、上海黏土、湛江黏土等。这些黏土虽有共性，但其个性对工程建设影响更为重要。

我国地域辽阔、岩土类别多、分布广。以土为例，软黏土、黄土、膨胀土、盐渍土、红黏土、有机质土等都有较大范围的分布，如我国软黏土广泛分布在天津、连云港、上海、杭州、宁波、温州、福州、湛江、广州、深圳、南京、武汉、昆明等地。人们已经发现上海黏土、湛江黏土和昆明黏土的工程性质存在较大的差异。以往人们对岩土材料的共性或者对某类土的共性比较重视，而对其个性深入系统的研究较少。对各地各类区域性土的工程性质开展深入系统研究是岩土工程发展的方向。探明各地区域性土的分布也有许多工作要做，岩土工程师们应该明确只有掌握了所在地区土的工程特性才能更好地为经济建设服务。

1.1　土的成因及其构造认知

1.1.1　土的形成

土是岩石经过风化、剥蚀、搬运、沉积形成的含有固体颗粒、水和气体的松散集合体。从广义上来讲，土包括地壳表层的松散堆积物和地下的岩石。

风化作用与气温变化、雨雪、山洪、风、空气、生物活动等（也称为外力地质作用）密切相关，风化作用是使岩石产生物理和化学变化的破坏作用。根据其性质和影响因素的不同，风化可以分为物理风化、化学风化和生物风化三种类型。

视频：土的成因

物理风化作用主要是在季节变化、昼夜更替、晴雨天气变化的影响下，岩石表面和内部产生温度差，表里胀缩不均，破坏了矿物间的结合作用，岩石就会慢慢地产生裂隙，由表及里发生破坏。因此引起岩石产生物理风化的主要因素是温度的变化，物理风化只引起岩石的机械破坏，所形成的颗粒成分与原岩石矿物成分相同，称为原生矿物。

化学风化作用是岩石与其周围相接触的物质发生的化学反应，如与水、氧气、二氧化碳等发生的水化、氧化、酸化等化学反应。化学风化作用使原岩石破碎并生成新矿物，称为次生矿物。

生物风化作用是指生物活动过程中对岩石产生的破坏作用。如穴居地下的动物、植物根部的生长等都会对岩石产生机械破坏作用；动物新陈代谢所排出的产物，动物死亡后遗体腐烂的产物及微生物作用等则使岩石成分发生化学变化而遭到破坏。

各种风化作用常常是同时存在、相互促进的，但强弱与原岩石的成分、构造，以及所处的环境等因素有密切关系。岩石的风化产物在外力作用下（如重力、风、流水及动物活动等），脱离岩石表面，有的残留在原地，有的则被搬运到远离原岩的地方沉积下来。风化产物被不断地搬运并一层层地沉积而形成一层厚厚的碎屑堆积物，这就是通常所称的土。

1.1.2　土的组成

土是由固体颗粒、水和气体组成的三相分散体系。其中，固体颗粒构成土的骨架，是三相体系中的主体；水和气体填充土骨架之间的空隙。土体三相组成中每一相的特性及三相比例关系都对土的性质有显著影响。

1. 土的固体颗粒

土的固体颗粒是由大小不等、形状不同的矿物颗粒或岩石碎屑按照各种不同的排列方式组合在一起，构成土的骨架，是土的主要组成成分。

土中固体颗粒(简称土粒)的大小和形状、矿物成分及其组成情况是决定土的物理力学性质的重要因素。当土粒的粒径由大到小逐渐变化时，土的性质也相应发生变化。随着土粒粒径变小，无黏性且透水性强的土逐渐变为有黏性且低透水性的可塑性土。所以应根据土中不同粒径的土粒，按某一粒径范围分成若干组，通常将土划分为六大粒组，即漂石或块石颗粒、卵石或碎石颗粒、圆砾或角砾颗粒、砂粒、粉粒及黏粒。各粒组的界限粒径分别是 200 mm、60 mm、2 mm、0.075 mm 和 0.005 mm，见表 1-1。

表 1-1　土粒粒组划分

粒组名称		粒径范围/mm	一般特征
漂石或块石颗粒		＞200	透水性很大，无黏性，无毛细水
卵石或碎石颗粒		200～60	
圆砾或角砾颗粒	粗	60～20	透水性大，无黏性，毛细水上升高度不超过粒径大小
	中	20～5	
	细	5～2	
砂粒	粗	2～0.5	易透水，当混入云母等杂质时透水性减小，而压缩性增加，无黏性，通水不膨胀，干燥时松散，毛细水上升高度不大，随粒径变小而增大
	中	0.5～0.25	
	细	0.25～0.1	
	极细	0.1～0.075	
粉粒	粗	0.075～0.01	透水性小，湿时稍有黏性，遇水膨胀小；干时稍有收缩，毛细水上升高度较大、较快，极易出现冻胀现象
	细	0.01～0.005	
黏粒		＜0.005	透水性很小，湿时有黏性、可塑性，遇水膨胀大，干时收缩显著，毛细水上升高度大，但速度较慢

为了说明天然土颗粒的组成情况，不仅要了解土颗粒的大小，还需要了解各种颗粒所占的比例。实际工程中，常以土中各个粒组的相对含量(各粒组占土粒总重的百分数)表示土中颗粒的组成情况，称为土的颗粒级配。土的颗粒级配直接影响土的性质，如土的密实度、透水性、强度、压缩性等。

为了直观起见，工程中常用颗粒级配曲线直接表示土的级配情况。曲线的横坐标用对数表示土的粒径(因为土粒粒径相差常在百倍、千倍以上，所以宜采用对数坐标表示)，单位为 mm；纵坐标则表示小于或大于某粒径的土重含量或称累计百分含量。从曲线中可直接求得各粒组的颗粒含量及粒径分布的均匀程度，进而估测土的工程性质，如图 1-1 所示。由曲线的形态可以大致判断土粒大小的均匀程度。如曲线较陡，则表示粒径范围较小，土粒较均匀，级配不良；反之，曲线平缓，则表示粒径大小相差悬殊，土粒不均匀，级配良好。

为了定量反映土的级配特征，工程中常用不均匀系数 C_u 来评价土的级配优劣。

$$C_u = d_{60}/d_{10} \tag{1-1}$$

式中　d_{10}——土的颗粒级配曲线上的某粒径，小于该粒径的土的质量占总土质量的 10%，称为有效粒径；

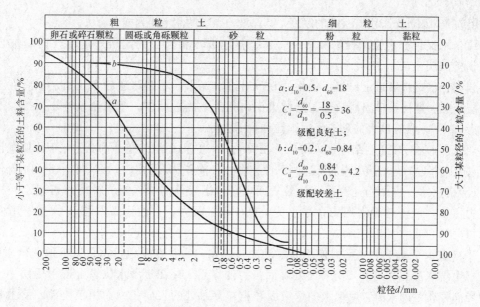

图 1-1 土的颗粒级配曲线

d_{60}——土的颗粒级配曲线上的某粒径，小于该粒径的土的质量占总土质量的 60%，称为限定粒径。

在工程建设中，常根据不均匀系数 C_u 值来选择填土的土料，若 C_u 值较大，表明土粒不均匀，则其较颗粒均匀的土更容易被夯实（级配均匀的土不容易被夯实）。通常把 $C_u < 5$ 的土看作级配均匀的土，把 $C_u > 10$ 的土看作级配良好的土。

【例 1-1】 若图 1-1 中 a 曲线上，$d_{60} = 0.8$，$d_{10} = 0.18$，计算其级配是否均匀。

解：$C_u = \dfrac{d_{60}}{d_{10}} = \dfrac{0.8}{0.18} = 4.44$

由于 $C_u = 4.44 < 5$，则其级配均匀，不容易被夯实。

👤 **特别提醒**

颗粒级配可以在一定程度上反映土的某些性质。对于级配良好的土，较粗颗粒间的孔隙被较细的颗粒所填充，因而土的密实度较好，相应的地基土的强度和稳定性也较好，透水性和压缩性也较小，可用作堤坝、路坝或其他土建工程的填土用料。

2. 土中的水

土中的水在自然界中存在的状态可以分为固态、气态和液态三种形态。

固态水又称为矿物质内部结晶水，是指在温度低于 0 ℃时土中水以冰的形式存在，形成冻土。其特点是冻结时强度高，而解冻时强度迅速降低。

气态水是指土中的水蒸气，对土的性质影响不大。

液态水包括存在于土中的结合水和自由水两大类。

(1)结合水。结合水是指在电场作用力范围内，受电分子吸引力作用吸附于土粒表面的土中水。它距离土颗粒越近，作用力越大；距离越远，作用力越小，直至不受电场力作用(图 1-2)。结合水的特点是包围在土颗粒四周，不传递静水压力，不能任意流动。由于土颗粒的电场有一定的作用范围，因此结合水有一定的厚度，其厚度与颗粒的黏土矿物成分有关。

结合水又可分为强结合水和弱结合水。强结合水相当于固定层中的水，而弱结合水则相当于扩散层中的水。

强结合水是指靠近土粒表面的水。它没有溶解能力，不能传递静水压力，只有在 105 ℃时才能蒸发。这种水牢固地结合在土粒表面，其性质接近固体，重力密度为 12～24 kN/m³，冰点为-78 ℃，具有极大的黏滞度、弹性和抗剪强度。

弱结合水是存在于强结合水外围的一层结合水。它仍不能传递静水压力，但水膜较厚的弱结合水能向邻近的薄水膜缓慢转移。当黏性土中含有较多弱结合水时，土具有一定的可塑性。

（2）自由水。自由水是存在于土粒表面电场范围以外的水，土的性质与普通水一样，服从重力定律，能传递静水压力，冰点为 0℃，有溶解力。自由水按其移动所受作用力的不同，可分为自重水和毛细水。

1）自重水是指土中受重力作用而移动的自由水，它存在于地下水位以下的透水层中。

2）毛细水受到它与空气交界面处表面张力的作用，存在于潜水位以上透水土层中。当孔隙中局部存在毛细水时，毛细水的弯液面和土粒接触处的表面张力作用于土粒，使土粒之间由于这种毛细压力而相互挤紧，从而具有微弱的黏聚力，称为毛细粘结力，如图 1-3 所示。

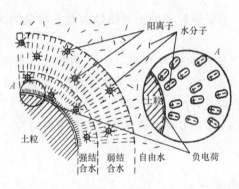

图 1-2　结合水示意

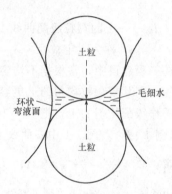

图 1-3　土中的毛细水示意

特别提醒

在工程中，毛细水的上升对建筑物地下部分的防潮措施与地基土的浸湿和冻胀有重要的影响。碎石土中无毛细现象。

3. 土中的空气

土中的空气存在于土孔隙中未被水占据的空间。一般可以分为自由气体和封闭气体。自由气体是指在粗粒的沉积物中常见的与大气连通的空气，在外力作用下，将很容易被从空隙中挤出，所以它对土工程性质影响不大。与大气不相通的气体称为封闭气体，常存在于细粒土中，在外力作用下，使土的弹性变形增加，可在车辆碾压时，使土形成有弹性的橡皮土。

1.1.3　土的结构

土的结构是指由土粒单元的大小、形状、相互排列及其联结关系等因素形成的综合特征，一般分为单粒结构、蜂窝状结构和絮状结构三种基本类型。

（1）单粒结构是由于粗大土粒在水或空气中下沉而形成的。全部由砂粒及更粗的土粒组成的土都具有单粒结构。因其颗粒较大，土粒间的分子吸引力相对很小，所以颗粒间几乎没有联结，至于未充满孔隙的水分只可能通过微弱的毛细水联结。单粒结构可以是疏松的，也可以是紧密的，如图1-4所示。

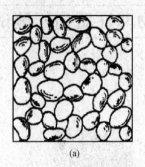

(a)   (b)

图1-4　单粒结构

(a)疏松的单粒结构；(b)紧密的单粒结构

呈紧密状单粒结构的土，由于其土粒排列紧密，在动、静荷载作用下都不会产生较大的沉降，所以强度较大，压缩性较小，是较为良好的天然地基。具有疏松单粒结构的土，其骨架是不稳定的，当受到振动及其他外力作用时，土粒易发生移动，土中孔隙剧烈减小，引起土的很大变形，因此，这种土层如未经处理一般不宜作为建筑物的地基。

（2）蜂窝状结构是主要由粉粒（0.005～0.075 mm）组成的土的结构。粒径在0.005～0.075 mm的土粒在水中沉积时，基本上是以单个土粒下沉，当碰上已沉积的土粒时，由于它们之间的相互引力大于其重力，因此，土粒就停留在最初的接触点上不再下沉，逐渐形成土粒链。土粒链组成弓形结构，形成具有很大孔隙的蜂窝状结构，如图1-5所示。

（3）絮状结构是由黏粒集合体组成的结构形式。黏粒能够在水中长期悬浮，不因自重而下沉。当这些悬浮在水中的黏粒被带到电解质浓度较大的环境中（如海水）时，黏粒凝聚成絮状的集粒（黏粒集合体）而下沉，并相继与已沉积的絮状集粒接触，从而形成类似蜂窝但孔隙很大的絮状结构，如图1-6所示。

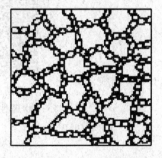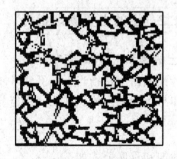

图1-5　细砂和粉土的蜂窝状结构　　　　　**图1-6　黏性土的絮状结构**

🧑 **特别提醒**

具有蜂窝状结构和絮状结构的土，因土粒间存在大量的微细孔隙，具有压缩性大、强度低、透水性小的特点。这类土还因土粒间的联结较弱而不甚稳定，当受到扰动时（如施工扰动影响），土粒接触点可能脱离，结构受到破坏，土的强度迅速降低；但土粒间的联结力（结构强度）也会因长期的压密作用和胶结作用而得到加强。

1.2　土的物理性质指标测试

1.2.1　土的三相图

土是固、液、气三相的分散系。土中三相组成的比例指标反映着土的物理状态，如干燥或潮湿、疏松或紧密。这些指标是最基本的物理性质指标，它们对于评价土的工程性质具有重要的意义。

视频：土的三相组成（一）　视频：土的三相组成（二）

土的三相本来是混合分布的，但为了阐述和标记的方便，将三相的各部分集合起来，画出土的三相示意图，如图 1-7 所示。

图中各符号意义：

V——土的总体积；

V_s——土中固体颗粒的体积；

V_v——土中孔隙的体积；

V_w——土中水所占的体积；

V_a——土中气体所占的体积；

m——土的总质量；

m_s——土中固体颗粒的质量；

m_w——土中水的质量；

m_a——土中气体的质量（一般认为 $m_a = 0$）。

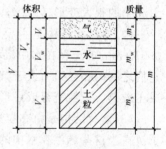

图 1-7　土的三相示意

1.2.2　土的主要物理指标

1. 土的饱和密度和饱和重度

土的饱和密度是指当土的孔隙中充满水时，土中的固体颗粒和水的质量之和与土样的总体积之比，用符号 ρ_{sat} 表示。

视频：土的
物理性质指标

$$\rho_{sat} = \frac{m_s + V_v \rho_w}{V} \tag{1-2}$$

土的饱和重度公式如下：

$$\gamma_{sat} = \rho_{sat} g \tag{1-3}$$

式中　ρ_{sat}——土的饱和密度；

γ_{sat}——土的饱和重度；

m_s——固体部分的质量；

g——重力加速度。

2. 土的浮密度和浮重度

地下水位以下的土，其固体颗粒受到重力水的浮力作用，此时土中固体颗粒的质量减去固体颗粒排开水的质量再与土样的总体积之比，称为浮密度，用符号 ρ' 表示。

$$\rho' = \frac{m_s - V_s \rho'_w}{V} \tag{1-4}$$

土的浮重度公式如下：

$$\gamma' = \rho' g \tag{1-5}$$

由土的浮密度和浮重度的定义可知

$$\rho' = \rho_{sat} - \rho_w \tag{1-6}$$

$$\gamma' = \gamma_{sat} - \gamma_w \tag{1-7}$$

3. 土的干密度和干重度

土的干密度是土中固体部分的质量与土样总体积之比或土样单位体积内的干土质量，用符号 ρ_d 表示。

$$\rho_d = \frac{m_s}{V} \tag{1-8}$$

土的干重度公式如下：

$$\gamma_d = \rho_d g \tag{1-9}$$

式中　　ρ_d——土的干密度；

　　　　γ_d——土的干重度。

4. 土粒相对密度

土粒相对密度是土粒质量与同体积水(在 4 ℃时)的质量之比，用符号 d_s 表示。

$$d_s = \frac{m_s}{m_w} = \frac{V_s \rho_s}{V_s \rho_w} = \frac{\rho_s}{\rho_w} \tag{1-10}$$

式中　　m_s、m_w——固体、水的质量；

　　　　V_s——固体的体积；

　　　　ρ_s——土粒的密度(在 4 ℃时)；

　　　　ρ_w——水的密度(在 4 ℃时)。

5. 天然土的密度

天然土的密度是土样的总质量与其总体积之比，用符号 ρ 表示。

$$\rho = \frac{m}{V} \tag{1-11}$$

$$\rho = \frac{d_s(1+w)\rho_w}{1+e} \tag{1-12}$$

式中　　w——土的天然含水量；

　　　　e——土的孔隙比；

　　　　V——土样的总体积，$V = V_s + V_v$(V_v 为土中孔隙的体积，$V_v = V_w + V_a$，V_w、V_a 分别为水、气体的体积)；

　　　　m——土样的总质量，$m = m_s + m_w + m_a$(m_s 为固体的质量，m_w 为水的质量，m_a 为气体的质量，常可忽略)。

其中，m、V 如图 1-7 所示，其他符号意义同前。

6. 土的天然含水量

在天然状态下，土中含水的质量与土粒的质量之比，称为土的天然含水量，用符号 w 并用百分数表示。

$$w = \frac{m_w}{m_s} \times 100\% \tag{1-13}$$

式中 m_s ——土中固体部分的质量。

✏ 知识窗

用于监测土壤含水量的方法有很多种，但归纳起来主要有以下几大类：

(1)烘干法：又称重量测定法，即取土样放入烘箱，烘干至恒重。此时土壤水分中自由态水以蒸汽形式全部散失掉，再称重量从而获得土壤水分含量。烘干法还有红外法、酒精燃烧法和烤炉法等一些快速测定法。

(2)中子仪法：将中子源埋入待测土壤中，中子源不断发射快中子，快中子进入土壤介质与各种原子离子相碰撞，快中子损失能量，从而使其慢化。当快中子与氢原子碰撞时，损失能量最大，更易于慢化，土壤中水分含量越高，氢原子就越多，从而慢中子云密度就越大。中子仪法测定水分就是通过测定慢中子云的密度与水分子间的函数关系来确定土壤中的水分含量。

(3)γ射线法：与中子仪法类似，γ射线透射法利用放射源 137Cs 放射出 γ线，用探头接收 γ射线透过土体后的能量，与土壤水分含量换算得到。

(4)土壤水分传感器法：目前采用的传感器多种多样，有陶瓷水分传感器、电解质水分传感器、高分子传感器、压阻水分传感器、光敏水分传感器、微波法水分传感器、电容式水分传感器等。

(5)时域反射法：TDR(Time Domain Reflectometry)法，它是依据电磁波在土壤介质中传播时，其传导常数如速度的衰减取决于土壤的性质，特别是取决于土壤中含水量和电导率。

(6)频域反射法：FDR(Frequency Domain Reflectometry)法，该系统是通过测量电解质常量的变化量测量土壤的水分体积含量，这些变化转变为与土壤湿度成比例的毫伏信号。

---

7. 孔隙比

孔隙比是土中孔隙体积与固体颗粒体积之比，用符号 e（一个正有理数）表示。

$$e = \frac{V_v}{V_s} \tag{1-14}$$

式中 e ——孔隙比；

       V_v ——孔隙体积；

       V_s ——固体颗粒体积。

8. 孔隙率

孔隙率是土中的孔隙体积与总体积之比，用符号 n 表示。

$$n = \frac{V_v}{V} \times 100\% \tag{1-15}$$

式中 n ——孔隙率；

       V_v ——孔隙体积；

       V ——总体积。

土的三相物理性质指标的关系

土的三相物理性质指标相互之间有一定的关系。只要知道其中某些指标，通过简单的计算，就可以得到其他指标。上述各指标中，土粒相对密度 d_s、含水量 w、重度 γ 三个指标必须通过试验测定，其他指标可由这三个指标换算得来。其换算方法可从土的三相物理性质指标换算图（图 1-8）来说明。令固体颗粒体积 $V_s=1$，根据定义即可得出 $V_v=e$，$V=1+e$，$m_s=\gamma_w d_s$，$m_w=w\gamma_w d_s$，$m=\gamma_w d_s(1+w)$。据此，可以推导出各指标间的换算公式，见表 1-2。

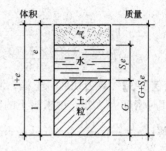

图 1-8 土的三相物理性质指标换算图

表 1-2 土的三相物理性质指标常用换算公式

序号	指标名称	符号	表达式	单位	换算公式	备注
1	重度	γ	$\gamma=\dfrac{m}{V}g$	kN/m³ 或 N/cm³	$\gamma=\dfrac{d_s+S_r e}{1+e}$ $\gamma=\dfrac{d_s(1+0.01w)}{1+e}$	由试验直接测定
2	相对密度	d_s	$d_s=\dfrac{m_s}{V_s\gamma_w}$	—	$d_s=\dfrac{S_r e}{w}$	
3	含水量	w	$w=\dfrac{m_w}{m_s}\times100$	%	$w=\dfrac{S_r e}{d_s}\times100$ $w=\left(\dfrac{\gamma}{\gamma_d}-1\right)\times100$	
4	孔隙比	e	$e=\dfrac{V_v}{V_s}$	—	$e=\dfrac{d_s\gamma_w(1+0.01w)}{\gamma}-1$ $e=\dfrac{d_s\gamma_w}{\gamma_d}-1$	
5	孔隙率	n	$n=\dfrac{V_v}{V}\times100$	%	$n=\dfrac{e}{1+e}\times100$ $n=\left(1-\dfrac{\gamma_d}{d_s\gamma_w}\right)\times100$	
6	饱和度	S_r	$S_r=\dfrac{V_w}{V_v}\times100$	%	$S_r=\dfrac{wd_s}{e}$ $S_r=\dfrac{w\gamma_d}{n}$	
7	干重度	γ_d	$\gamma_d=\dfrac{m_s}{V}g$	kN/m³ 或 N/cm³	$\gamma_d=\dfrac{d_s}{1+e}$ $\gamma_d=\dfrac{\gamma}{1+0.01w}$	
8	饱和重度	γ_m	$\gamma_m=\dfrac{m_s+V_v\gamma_w}{V}g$	kN/m³ 或 N/cm³	$\gamma_m=\dfrac{d_s+e}{1+e}$	
9	浮重度	γ'	$\gamma'=\gamma_m-\gamma_w$	kN/m³ 或 N/cm³	$\gamma'=\gamma_m-\gamma_w$ $\gamma'=\dfrac{(d_s-1)\gamma_w}{1+e}$	

【例 1-2】 某原状土，测得天然重度 $\gamma=19$ kN/m³，含水量 $w=20\%$，土粒相对密度 $d_s=2.70$，试求土的孔隙比 e、孔隙率 n 及饱和度 S_r。

解：$e=\dfrac{d_s\,\gamma_w(1+w)}{\gamma}-1=\dfrac{2.70\times10\times(1+0.20)}{19}-1\approx0.705$

$n=\dfrac{e}{1+e}=\dfrac{0.705}{1+0.705}\approx0.41=41\%$

$S_r=\dfrac{w\,d_s}{e}=\dfrac{0.20\times2.70}{0.705}\approx0.77=77\%$

【例 1-3】 环刀切取一土样，测得体积为 50 cm³，质量为 110 g，土样烘干后质量为 100 g，土粒相对密度为 2.70，试求该土的密度 ρ、含水率 w 及孔隙比 e。（$\rho_w=1.0$ kg/cm³）

解：$\rho=\dfrac{m}{v}=\dfrac{110}{50}=2.2\,(\mathrm{kg/cm^3})$

$w=\dfrac{m_w}{m_s}\times100\%=\dfrac{110-100}{100}\times100\%=10\%$

$e=\dfrac{\rho_w\,d_s(1+w)}{\rho}-1=\dfrac{1\times2.70\times(1+0.10)}{2.2}-1=0.35$

1.3 土的物理状态指标测试

1.3.1 无黏性土

无黏性土一般是指具有单粒结构的砂土与碎石土，土粒之间无粘结力，呈松散状态。它们的工程性质与其密实程度有关。密实状态时，结构稳定，强度较高，压缩性小，可作为良好的天然地基；疏松状态时，则是不良地基。

视频：土的物理性质指标及状态指标应用

视频：土的物理状态指标

1. 砂土的密实度

砂土的密实度通常采用相对密实度 D_r 来判别，其表达式为

$$D_r=\frac{e_{\max}-e}{e_{\max}-e_{\min}} \tag{1-16}$$

式中 e——砂土在天然状态下的孔隙比；

$e_{\max}$——砂土在最松散状态下的孔隙比，即最大孔隙比；

$e_{\min}$——砂土在最密实状态下的孔隙比，即最小孔隙比。

由上式可以看出，当 $e=e_{\min}$ 时，$D_r=1$，表示土处于最密实状态；当 $e=e_{\max}$ 时，$D_r=0$，表示土处于最松散状态。判定砂土密实度的标准如下：

$0.67<D_r\leqslant1$ 密实的

$0.33<D_r\leqslant0.67$ 中密的

$0<D_r\leqslant0.33$ 松散的

具体工程中可根据标准贯入试验锤击数 N 来评定砂土的密实度（表 1-3）。

表 1-3　砂土的密实度

标准贯入试验锤击数 N	密实度	标准贯入试验锤击数 N	密实度
$N \leqslant 10$	松散	$15 < N \leqslant 30$	中密
$10 < N \leqslant 15$	稍密	$N > 30$	密实
注：当用静力触探探头阻力判定砂土的密实度时，可根据当地经验确定。			

【例 1-4】　某细土测得 $w = 23.2\%$，$\gamma = 16 \ \text{kN/m}^3$，$G_s = 2.68$，取 $\gamma_w = 10 \ \text{kN/m}^3$。将该砂样放入振动容器中，振动后砂样的质量为 0.415 kg，量得体积为 $0.22 \times 10^{-3} \ \text{m}^3$。松散时，质量为 0.420 kg 的砂样，量得体积为 $0.35 \times 10^{-3} \ \text{m}^3$。试求该砂土的天然孔隙比和相对密实度，并判断该土样的密实状态。

解：天然孔隙比

$$e = \frac{\gamma_w G_s (1+w)}{\gamma} - 1 = \frac{10 \times 2.68 \times (1+0.232)}{16} - 1 = 1.064$$

密实时最大干重度

$$\gamma_{d\max} = \frac{m_s}{V} = \frac{0.415 \times 9.806\,65 \times 10^{-3}}{0.22 \times 10^{-3}} = \frac{4.07}{0.22} = 18.5 \ (\text{kN/m}^3)$$

松散时最小干重度

$$\gamma_{d\min} = \frac{m_s}{V} = \frac{0.420 \times 9.806\,65 \times 10^{-3}}{0.35 \times 10^{-3}} = \frac{4.12}{0.35} = 11.8 \ (\text{kN/m}^3)$$

计算松散时最大孔隙比，由表 1-2 可知

$$e = \frac{\gamma_w G_s}{\gamma_d} - 1$$

所以 $e_{\max} = \dfrac{\gamma_w G_s}{\gamma_{d\min}} - 1 = \dfrac{10 \times 2.68}{11.8} - 1 = 1.271$

密实时最小孔隙比

$$e_{\min} = \frac{\gamma_w G_s}{\gamma_{d\max}} - 1 = \frac{10 \times 2.68}{18.5} - 1 = 0.449$$

于是得该砂土的相对密实度

$$D_r = \frac{e_{\max} - e}{e_{\max} - e_{\min}} = \frac{1.271 - 1.064}{1.271 - 0.449} = 0.25$$

即可判断该砂土处于松散状态。

2. 碎石土的密实度

碎石土的颗粒较粗，试验时不易取得原状土样，根据重型圆锥动力触探锤击数 $N_{63.5}$ 可将碎石土的密实度划分为松散、稍密、中密和密实（表 1-4），也可根据野外鉴别方法确定其密实度（表 1-5）。

表 1-4　碎石土的密实度

重型圆锥动力触探锤击数 $N_{63.5}$	密实度	重型圆锥动力触探锤击数 $N_{63.5}$	密实度
$N_{63.5} \leqslant 5$	松散	$10 < N_{63.5} \leqslant 20$	中密
$5 < N_{63.5} \leqslant 10$	稍密	$N_{63.5} > 20$	密实
注：1. 本表适用平均粒径小于或等于 50 mm 且最大粒径不超过 100 mm 的卵石、碎石、圆砾、角砾；对于平均粒径大于 50 mm 或最大粒径大于 100 mm 的碎石土，可按表 1-5 鉴别其密实度。 2. 表内 $N_{63.5}$ 为经综合修正后的平均值。			

表 1-5 碎石土密实度的野外鉴别方法

密实度	骨架颗粒含量和排列	可挖性	可钻性
密实	骨架颗粒含量大于总质量的 70%，呈交错排列，连续接触	锹镐挖掘困难，用撬棍方能松动，井壁一般稳定	钻进极困难，冲击钻探时，钻杆、吊锤跳动剧烈，孔壁较稳定
中密	骨架颗粒含量等于总质量的 60%～70%，呈交错排列，大部分接触	锹镐可挖掘，井壁有掉块现象，从井壁取出大颗粒处能保持颗粒凹面形状	钻进较困难，冲击钻探时，钻杆、吊锤跳动不剧烈，孔壁有坍塌现象
稍密	骨架颗粒含量等于总质量的 55%～60%，排列混乱，大部分不接触	锹可以挖掘，井壁易坍塌，从井壁取出大颗粒后，砂土立即坍落	钻进较容易，冲击钻探时，钻杆稍有跳动，孔壁易坍塌
松散	骨架颗粒含量小于总质量的 55%，排列十分混乱，绝大部分不接触	锹易挖掘，井壁极易坍塌	钻进很容易，冲击钻探时，钻杆无跳动，孔壁极易坍塌

注：1. 骨架颗粒系平均粒径大于 50 mm 或最大粒径大于 100 mm 的碎石土。
   2. 碎石土的密实度应按表列各项要求综合确定。

1.3.2　黏性土

黏性土主要的物理状态特征是软硬程度。由于黏性土的主要成分是黏粒，土颗粒很细，土的比表面（单位体积颗粒的总表面积）大，与水相互作用的能力较强，故水对其工程性质影响较大。

1. 界限含水量

当土中含水量很大时，土粒被自由水所隔开，土处于流动状态；随着含水量的减少，逐渐变成可塑状态，这时土中水分主要为弱结合水；当土中主要含强结合水时，土处于固体状态，如图 1-9 所示。

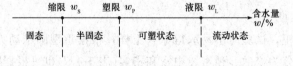

图 1-9　黏性土的物理状态与含水量的关系

黏性土由一种状态转变到另一种状态的分界含水量称为界限含水量。

（1）液限是土由流动状态转变到可塑状态时的界限含水量（也称为流限或塑性上限）。

（2）塑限是土由可塑状态转变到半固态时的界限含水量（也称为塑性下限）。

（3）缩限是土由半固态转变到固态时的界限含水量。

工程上常用的界限含水量有液限和塑限，缩限常用收缩皿法测试，是土由半固态不断蒸发水分，体积逐渐缩小，直到体积不再缩小时的含水量。

2. 塑性指数

液限与塑限的差值(计算时略去百分号)称为塑性指数,用符号 I_P 表示,即

$$I_P = (W_L - W_P) \times 100 \qquad (1\text{-}17)$$

塑性指数表示土的可塑性范围,它主要与土中黏粒(直径小于 0.005 mm 的土粒)含量有关。黏粒含量增多,土的比表面增大,土中结合水含量高,塑性指数就大。

塑性指数是描述黏性土物理状态的重要指标之一,工程上常用它对黏性土进行分类。

3. 液性指数

土的天然含水量与塑限的差值除以塑性指数称为液性指数,用符号 I_L 表示,即

$$I_L = \frac{w - w_P}{I_P} = \frac{w - w_P}{w_L - w_P} \qquad (1\text{-}18)$$

由式(1-18)可见,当 $I_L < 0$,即 $w < w_P$ 时,土处于坚硬状态;当 $I_L > 1.0$,即 $w > w_L$,土处于流动状态。因此,液性指数是判别黏性土软硬程度的指标。黏性土根据液性指数可划分为坚硬、硬塑、可塑、软塑及流塑五种状态(表 1-6)。

表 1-6　黏性土的状态

液性指数 I_L	$I_L \leqslant 0$	$0 < I_L \leqslant 0.25$	$0.25 < I_L \leqslant 0.75$	$0.75 < I_L \leqslant 1$	$I_L > 1$
状态	坚硬	硬塑	可塑	软塑	流塑

4. 灵敏度和触变性

黏性土的一个重要特征是具有天然结构性,当天然结构被破坏时,黏性土的强度降低,压缩性增大。通常将反映黏性土结构性强弱的指标称为灵敏度,用 S_t 表示。

$$S_t = \frac{q_u}{q_0} \qquad (1\text{-}19)$$

式中　q_u——原状土强度;

　　　q_0——与原状土含水量、重度等相同,结构完全破坏的重塑土强度。

根据灵敏度可将黏性土分为如下三种类型:

$$S_t > 4 \qquad 高灵敏度$$
$$2 < S_t \leqslant 4 \qquad 中灵敏度$$
$$1 < S_t \leqslant 2 \qquad 低灵敏度$$

土的灵敏度越高,结构性越强,扰动后土的强度降低就越多。因此对灵敏度高的土,施工时应特别注意保护基槽,使结构不扰动,避免降低地基承载力。

黏性土扰动后土的强度降低,但静置一段时间后,土粒、离子和水分子之间又趋于新的平衡状态,土的强度又逐渐增大,这种性质称为土的触变性。

【例 1-5】 某工程的土工试验成果见表 1-7。试求两个土样的液性指数,并判断该土的物理状态。

表 1-7　土工试验成果

土样编号	土的质量分数 $w/\%$	密度 $\rho/(g \cdot cm^{-3})$	相对密实度 D_r	孔隙比 e	饱和度 $S_r/\%$	液限 $w_L/\%$	塑限 $w_P/\%$
1—1	29.5	1.97	2.73	0.79	100	34.8	20.9
2—1	27.0	2.00	2.74	0.75	100	36.8	23.8

解:(1)土样 1—1。

$$I_P = w_L - w_P = 34.8 - 20.9 = 13.9$$

$$I_L = (w - w_P)/I_P = (29.5 - 20.9)/13.9 = 0.62$$

由于 $0.25 < I_L = 0.62 < 0.75$，则该土处于可塑性状态。

（2）土样 2—1。

$$I_P = w_L - w_P = 36.8 - 23.8 = 13.0$$

$$I_L = (w - w_P)/I_P = (27.0 - 23.8)/13.0 = 0.246$$

由于 $0 < I_L = 0.246 < 0.25$，则该土处于硬塑性状态。

1.4 建筑中土的分类鉴别

根据《建筑地基基础设计规范》（GB 50007—2011）规定，作为建筑地基岩土可分为岩石、碎石土、砂土、粉土、黏性土和人工填土六类。

1.4.1 岩石

视频：建筑中土的分类

岩石是指颗粒间牢固粘结，呈整体或具有节理裂隙的岩土。作为建筑地基的岩石，除应确定岩石的地质名称外，还应确定岩石的坚硬程度与岩体的完整程度。岩石的坚硬程度应根据岩块的饱和单轴抗压强度标准值 f_{rk} 按表 1-8 分为坚硬岩、较硬岩、较软岩、软岩和极软岩。当缺乏饱和单轴抗压强度资料或不能进行该项试验时，可在现场通过观察定性划分，划分标准见表 1-9。

表 1-8 岩石坚硬程度的划分

坚硬程度类别	坚硬岩	较硬岩	较软岩	软岩	极软岩
饱和单轴抗压强度标准值 f_{rk}/MPa	$f_{rk} > 60$	$60 \geqslant f_{rk} > 30$	$30 \geqslant f_{rk} > 15$	$15 \geqslant f_{rk} > 5$	$f_{rk} \leqslant 5$

表 1-9 岩石坚硬程度的定性划分

名称		定性鉴定	代表性岩石
硬质岩	坚硬岩	锤击声清脆，有回弹，振手，难击碎，基本无吸水反应	未风化-微风化的花岗岩、闪长岩、辉绿岩、玄武岩、安山岩、片麻岩、石英岩、硅质砾岩、石英砂岩、硅质石灰岩等
	较硬岩	锤击声较清脆，有轻微回弹，稍振手，较难击碎，有轻微吸水反应	（1）微风化的坚硬岩；（2）未风化-微风化的大理岩、板岩、石灰岩、白云岩、钙质砂岩等
软质岩	较软岩	锤击声不清脆，无回弹，较易击碎，浸水后指甲可刻出印痕	（1）中等风化—强风化的坚硬岩或较硬岩；（2）未风化—微风化的凝灰岩、千枚岩、砂质泥岩、泥灰岩等
	软岩	锤击声哑，无回弹，有凹痕，易击碎，浸水后手可掰开	（1）强风化的坚硬岩和较硬岩；（2）中等风化-强风化的较软岩；（3）未风化-微风化的页岩、泥质砂岩、泥岩等
极软岩		锤击声哑，无回弹，有较深凹痕，手可捏碎，浸水后可捏成团	（1）全风化的各种岩石；（2）各种半成岩

岩体完整程度应按表 1-10 划分为完整、较完整、较破碎、破碎和极破碎。当缺乏试验数据时可按表 1-11 确定。

表 1-10 岩石完整程度的划分

完整程度等级	完整	较完整	较破碎	破碎	极破碎
完整性指数	>0.75	0.75~0.55	0.55~0.35	0.35~0.15	<0.15
注：完整性指数为岩体纵波波速与岩块纵波波速之比的平方。选定岩体、岩块测定波速时应有代表性					

表 1-11 岩体完整程度的划分(缺乏试验数据时)

名称	结构面组数	控制性结构面平均间距/m	代表性结构类型
完整	1~2	>1.0	整状结构
较完整	2~3	0.4~1.0	块状结构
较破碎	>3	0.2~0.4	镶嵌状结构
破碎	>3	<0.2	碎裂状结构
极破碎	无序	—	散体状结构

1.4.2 碎石土

碎石土为粒径大于 2 mm 的颗粒含量超过总质量 50% 的土。碎石土可按表 1-12 分为漂石、块石、卵石、碎石、圆砾和角砾。

表 1-12 碎石土的分类

土的名称	颗粒形状	颗粒级配
漂石	以圆形及亚圆形为主	粒径大于 200 mm 的颗粒含量超过土总质量 50%
块石	以棱角形为主	
卵石	以圆形及亚圆形为主	粒径大于 20 mm 的颗粒含量超过土总质量 50%
碎石	以棱角形为主	
圆砾	以圆形及亚圆形为主	粒径大于 2 mm 的颗粒含量超过土总质量 50%
角砾	以棱角形为主	
注：分类时应根据粒组含量栏从上到下以最先符合者确定。		

1.4.3 砂土

砂土为粒径大于 2 mm 的颗粒含量不超过总质量 50%、粒径大于 0.075 mm 的颗粒超过总质量 50% 的土。砂土按粒组含量分为砾砂、粗砂、中砂、细砂和粉砂，见表 1-13。

表 1-13　砂土的分类

土的名称	颗粒级配
砾砂	粒径大于 2 mm 的颗粒含量占总质量 25%～50%
粗砂	粒径大于 0.5 mm 的颗粒含量超过总质量 50%
中砂	粒径大于 0.25 mm 的颗粒含量超过总质量 50%
细砂	粒径大于 0.075 mm 的颗粒含量超过总质量 85%
粉砂	粒径大于 0.075 mm 的颗粒含量超过总质量 50%

注：分类时应根据粒组含量栏从上到下以最先符合者确定。

1.4.4　粉土

粉土介于砂土与黏性土之间，塑性指数 I_P 小于或等于 10 且粒径大于 0.075 mm 的颗粒含量不超过总质量 50% 的土。

1.4.5　黏性土

黏性土是指塑性指数 I_P 大于 10 的土，一般可分为黏土和粉质黏土，见表 1-14。

表 1-14　黏性土的分类

塑性指数 I_P	土的名称
$I_P > 17$	黏土
$10 < I_P \leqslant 17$	粉质黏土

注：塑性指数由相应于 76 g 圆锥体沉入土样中深度为 10 mm 时测定的液限计算而得。

黏土的状态，可按表 1-15 分为坚硬、硬塑、可塑、软塑和流塑。

表 1-15　黏土的状态

液性指数 I_L	状态
$I_L \leqslant 0$	坚硬
$0 < I_L \leqslant 0.25$	硬塑
$0.25 < I_L \leqslant 0.75$	可塑
$0.75 < I_L \leqslant 1$	软塑
$I_L > 1$	流塑

注：当用静力触探探头阻力判定黏性土的状态时，可根据当地经验确定。

1.4.6　人工填土

人工填土是指由人类活动而堆填的土，根据其物质组成和成因可分为素填土、杂填土和冲填土三类。

素填土为由碎石土、砂土、粉土、黏性土等组成的填土。压实填土为经过压实或夯实的素填土。

杂填土为含有建筑垃圾、工业废料、生活垃圾等杂物的填土。

冲填土为由水力冲填泥砂形成的填土。

【例1-6】 已知某天然土样的天然含水量 $w=40.5\%$，天然重度 $\gamma=18.50\ kN/m^3$，土粒相对密度 $G_s=2.75$，液限 $w_L=40.2\%$，塑限 $w_P=22.5\%$。试确定土的状态和名称。

解：$I_P=w_L-w_P=40.2-22.5=17.7$

$I_L=(w-w_P)/I_P=(40.5-22.5)/17.7=1.02$

则 $I_P>17$，为黏土；$I_L>1$，为流塑状态。

该土样的孔隙比

$$e=\frac{G_s\gamma_w(1+w)}{\gamma}-1=\frac{2.75\times9.8\times(1+0.405)}{18.50}-1=1.047$$

因 $w>w_L$，且 $1<e<1.5$（天然含水量大于液限而天然孔隙比小于1.5但大于或等于1.0的黏性土或粉土为淤泥质土），故该土命名为淤泥质黏土。

📝 知识窗

地面下一定深度的土温，随大气温度而改变。当地层温度降至0℃以下时，土体便会因土中水冻结而形成冻土。某些细粒土在冻结时，未冻结区的水分（包括弱结合水和自由水）就会继续向冻结区迁移和积聚，使冰晶体不断扩大，在土层中形成冰夹层，土体随之发生隆起，发生体积膨胀，出现冻胀现象。当土层解冻时，土中积聚的冰晶体融化，土体随之下陷，即出现融陷现象。土的冻胀现象和融陷现象是季节性冻土的特性，亦即土的冻胀性。

冻胀和融陷对工程都会产生不利影响，特别是高寒地区，发生冻胀时，路基隆起，柔性路面鼓包、开裂，刚性路面错峰或折断，修建在冻土上的建筑物，冻胀引起建筑物的开裂、倾斜甚至使微型建筑物倒塌。而发生融陷后，路基土在车辆反复碾压下，轻者路面变得较软，重者路面翻浆，也会使房屋、桥梁、涵管发生大量下沉或不均匀下沉，引起建筑物的开裂破坏。

可见，在持续负温条件下，地下水位较高处的粉砂、粉土、粉质黏土等土层常具有较大的冻胀危害。因此，实际工程中，常采用在地基或路基中换填砂土、将构筑物基础置于当地冻结深度以下等措施来防止冻胀危害。

▶▶ 任务实施

常见土的野外鉴别

1. 目的与意义

常见土的分类与鉴别是建筑工程施工现场技术人员的一项基本技能。通过实训，对工程现场的地基情况有一个全面了解，并初步学会地基土的简单鉴别方法，积累经验，增加感性认识，引导学生将课堂上学到的知识与实践结合起来。

2. 内容与要求

选择有代表性的基坑开挖现场，在指导教师或工程技术人员的指导下，针对已开挖基坑中的不同土层，观察地基土的特性，了解地基土的成层构造，根据地基土分类的简单鉴别方法，靠目测、手感和借助一些简单工具，鉴定各层土的名称，并与工程地质勘察报告相对照，检验鉴别结果的准确性。若条件容许可现场取样与土木试验结合起来。

项目小结

在处理地基基础问题和进行土力学计算时，不但要知道土的物理性质特征及其变化规律，从而了解各类土的特性，还必须掌握土的物理指标的测定方法和指标间的相互换算关系，并熟悉地基土的分类方法。本项目主要介绍了土的成分及其构造认知、土的物理性质指标测试、土的物理状态指标测试、建筑中土的分类鉴别。

思考与练习

1. 土是怎样形成的？

2. 土体结构有哪几种？它与矿物成分及成因条件有何关系？

3. 土的三相比例指标中，哪些指标是直接测定的？哪些指标是推导得出的？

4. 土的物理性质指标中哪些对砂土的影响较大？哪些对黏土的影响较大？

5. 地基岩土分为几类？各类土划分的依据是什么？

6. 某原状土，测得天然重度 $\gamma = 17$ kN/m^3，含水量 $w = 20\%$，土粒相对密度 $d_s = 2.40$。试求土的孔隙比 e、孔隙率 n 及饱和度 S_r。

7. 某细土测得 $w = 25\%$，$\gamma = 17$ kN/m^3，$G_s = 2.68$，取 $\gamma_w = 10$ kN/m^3。将该砂样放入振动容器中，振动后砂样的质量为 0.535 kg，量得体积为 0.22×10^{-3} m^3。松散时，质量为 0.540 kg 的砂样，量得体积为 0.35×10^{-3} m^3。试求该砂土的天然孔隙比和相对密实度，并判断该土样的密实状态。

8. 用薄壁取样器采取某土，其天然含水量 $w = 36\%$，塑限 $w_P = 24\%$，液限 $w_L = 42\%$，试判别土的软硬程度和土的类别。

9. 已知某天然土样的天然含水量 $w = 35\%$，天然重度 $\gamma = 18.50$ kN/m^3，土粒相对密度 $d_s = 2.75$，液限 $w_L = 33.5\%$，塑限 $w_P = 20\%$。试确定土的状态和名称。

项目2　地基中的应力计算

教学目标

知识目标

1. 了解土中的应力状态及土中应力的研究方法;
2. 熟悉土中的自重应力、基底压力及基底附加压力的概念;
3. 掌握土的自重应力计算、基底应力的分布及计算、基底附加应力的计算。

能力目标

1. 通过对土的自重应力的学习,能够明确土的自重应力分布规律及进行计算。
2. 通过对基底应力的学习,明确基底应力的分布,能够进行基底应力计算。
3. 通过对地基附加应力的学习,能够进行各种荷载作用下土中的应力计算。

素养目标

1. 恰当有效地利用时间,能按时完成各项任务,遵守截止日期。
2. 通过学习笔记等多个途径,对学习过程中的不同阶段进行反思。

素养课堂

　　在计算基底应力分布时,通过中心荷载作用和偏心荷载作用来计算基底应力,这两种方法同宗同源,但表现形式上大相径庭。作为学生应从中得到启发,在生活或学习中遇到问题可能都会有多种解决办法,通过和教师、同学的交流,我们要充分分析各种方法的优缺点,去伪存真地选择最优的问题解决方法。

项目导入

　　某软黏土地基上修建码头时,在岸坡开挖的过程中发生了大规模的边坡滑动破坏。

　　边坡的滑动开始于上午 10:00,整个滑坡过程历时 40 min 才趋于稳定,滑动体长约 210 m,宽 190 m,上千吨的土体滑入海港。该处地基土表层 1 m 分布着强度相对较高的硬壳层,以下为深厚的软黏土层,具有很高的含水量,强度低,压缩性和灵敏度却很高。

　　发生事故的原因主要是滑坡的当天分别经历了高潮位和低潮位,由于水位的变化使岸坡土中应力发生了较大变化。另外,岸坡区域的打桩施工从 9 月 5—15 日,而岸坡的滑坡发生于 17 日。此打桩施工和交通荷载的作用对边坡的稳定性也会产生不利影响,打桩施工不可避免地会导致地基中孔隙水应力增高,致使黏土层中抗剪强度降低,边坡的抗滑力降低。而且地基土具有较高的灵敏度,打桩对土体的扰动同样会降低地基土的强度。施工中的交通荷载作用于岸坡坡顶不仅增加了坡体中的附加应力,而且同样导致地基土体孔隙水应力升高,边坡稳定的安全系数减小,多种原因导致了边坡的破坏。

2.1.1 均质土中的自重应力

在地基中因为土的自重而产生的应力称为自重应力。竖向自重应力用 σ_{cz} 表示，侧向自重应力用 σ_{cx} 或 σ_{cy} 表示，下面重点介绍 σ_{cz} 的计算。

在计算土体自重应力时，通常把土体（地基）视为均质、连续、各向同性的半无限体，如图 2-1 所示。

当土质均匀时，任一水平面上的竖向自重应力都是均匀无限分布的。在此应力作用下，地基土只能产生竖向变形，不可能产生侧向变形和剪切变形，土体内任一竖直面都是对称面，对称面上的剪应力等于零。根据剪应力互等定理可知，任一水平面上的剪应力也等于零。若在土中切取一个面积为 A 的土柱，如图 2-2 所示，根据静力平衡条件可知：在 z 深度处的平面，因土柱自重产生的竖向自重应力等于单位面积土柱的重力，即

$$\sigma_{cz} = \frac{G}{A} = \frac{\gamma z A}{A} = \gamma z \tag{2-1}$$

式中 σ_{cz}——土的竖向自重应力（kPa）；

G——土柱的重力（kN）；

γ——土的重度（kN/m³）；

z——地面至计算点的深度（m）。

由式（2-1）可知：土的自重应力随深度 z 线性增加，当重度不变时，σ_{cz} 与 z 成正比，呈三角形分布，如图 2-2 所示。

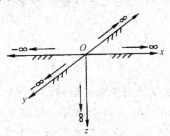

图 2-1　半无限体示意

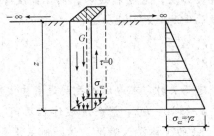

图 2-2　土的自重应力

2.1.2 成层土中的自重应力

地基土往往是成层的，不同土层具有不同的重度，其自重应力需按式（2-1）分层计算后再进行叠加，如图 2-3 所示，则 z 深度处的自重应力为

$$\sigma_{cz} = \gamma_1 h_1 + \gamma_2 h_2 + \cdots + \gamma_n h_n = \sum_{i=1}^{n} \gamma_i h_i \tag{2-2}$$

式中　n——计算范围内的土层数；

　　　γ_i——第 i 层土的重度（kN/m³）；

　　　h_i——第 i 层土的厚度（m）。

分层土的自重应力沿深度呈折线分布。

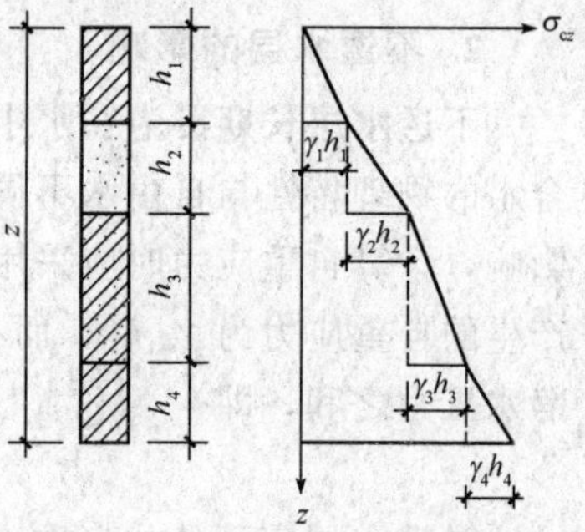

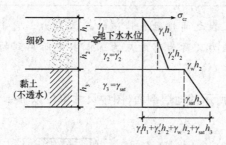

2.1.3　地下水与不透水层对自重应力的影响

1. 地下水的影响

　　如果土层在水位（地表水或地下水）以下，计算自重应力

图 2-3　成层土的自重应力

时，应根据土的透水性质选用符合实际情况的重度。对于透水土（如砂土、黏砂土等），孔隙中充满自由水，土颗粒将受到水的浮力作用，应采用浮重度 γ'，如果地下水位出现在同一土层中（如图 2-4 所示的细砂层），地下水位线应视为土层分界线，则细砂层底面处的自重应力为

$$\sigma_{cz} = \gamma_1 h_1 + \gamma'_2 h_2 \tag{2-3}$$

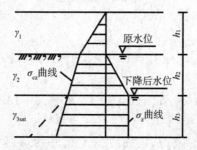

图 2-4　地下水及不透水层的影响

📝 知识窗

　　地下水位的变化对自重应力有一定影响，一般情况下地下水位是随季节变化的，只是变化的幅度有所不同。如果由于某种原因或施工需要使得地下水位大幅度地下降，必须考虑其不利影响。如图 2-5 所示，地下水位从原水位降至现水位，其下降高度为 h_2，由于地下水位突然大幅度下降，使该土层浮力消失，自重应力增加。但是新增加的这部分自重应力，相当于大面积附加均布荷载，能引起下部土层产生新的压密变形，因此属于附加应力。

图 2-5　地下水位下降对自重应力的影响

2. 不透水层的影响

不透水层长期浸泡在水中，处于饱和状态，土中的孔隙水几乎全部是结合水，这些结合水的物理特性与自由水不同，其不传递静水压力，不起浮力作用，所以土颗粒不受浮力影响，计算自重应力时应采用饱和重度 γ_{sat}，如图 2-4 所示的黏土（不透水）层，该层土本身产生的自重应力为 $\gamma_{sat}h_3$，而在不透水层顶面处的自重应力等于全部上覆土层的自重应力与静水压力之和，即

$$\sigma_{cz} = \gamma_1 h_1 + \gamma'_2 h_2 + \gamma_w h_2 \qquad (2\text{-}4)$$

黏性土层底面处的自重应力为

$$\sigma_{cz} = \gamma_1 h_1 + \gamma'_2 h_2 + \gamma_w h_2 + \gamma_{sat} h_3 \qquad (2\text{-}5)$$

天然土层比较复杂，对于黏性土，很难确切判定其是否透水，一般认为，长期浸在水中的黏性土，若其液性指数 $I_L \leqslant 0$，表明该土处于坚硬状态，可按不透水考虑；若 $I_L > 1$，表明该土处于流塑状态，可按透水考虑；若 $0 < I_L \leqslant 1$，表明该土处于可塑状态，则按两种情况考虑其不利者。

👤 特别提醒

土中应力是指土粒与土粒之间接触点传递的粒间应力，它是引起地基变形、影响土体强度的主要因素，故粒间应力又称为有效应力。本书中所用到的自重应力都是指有效自重应力（简称自重应力）。

【**例 2-1**】 已知图 2-6 所示的地层剖面（图中尺寸单位以 m 计），试计算其自重应力并绘制自重应力的分布图。

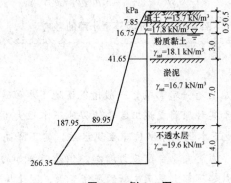

图 2-6 例 2-1 图

解：填土层底处：

$$\sigma_{cz1} = \gamma_1 h_1 = 15.7 \times 0.5 = 7.85 (\text{kPa})$$

地下水位处：

$$\sigma_{cz2} = \gamma_1 h_1 + \gamma_2 h_2 = 7.85 + 17.8 \times 0.5 = 16.75 (\text{kPa})$$

粉质黏土层底处：

$$\sigma_{cz3} = \gamma_1 h_1 + \gamma_2 h_2 + \gamma_3' h_3 = 16.75 + (18.1 - 9.8) \times 3 = 41.65 (\text{kPa})$$

淤泥层底处：

$$\sigma_{cz4} = \gamma_1 h_1 + \gamma_2 h_2 + \gamma_3' h_3 + (\gamma_{sat} - \gamma_w) h_4 = 41.65 + (16.7 - 9.8) \times 7 = 89.95 (\text{kPa})$$

不透水层顶层面处：

$$\sigma'_{cz4} = \gamma_1 h_1 + \gamma_2 h_2 + \gamma_3' h_3 + (\gamma_{sat} - \gamma_w) h_4 + \gamma_w (h_3 + h_4) = 89.95 + 9.8 \times (3 + 7)$$
$$= 187.95 (\text{kPa})$$

钻孔底：

$$\sigma_{cz5} = \gamma_1 h_1 + \gamma_2 h_2 + \gamma_3' h_3 + (\gamma_{sat4} - \gamma_w) h_4 + \gamma_w (h_3 + h_4) + \gamma_{sat5} h_5$$
$$= 187.95 + 19.6 \times 4 = 266.35 (\text{kPa})$$

2.2　基底应力的分布与计算

　　作用在地基表面的各种荷载，都是通过建筑物的基础传递给地基的，基础底面传递给地基表面的压力称为基底压力。由于基底压力作用于基础与地基的接触面上，故也称为接触应力。其反作用力即地基对基础的作用力，称为地基反力。基底压力与基底反力是一对大小相等、方向相反的作用力与反作用力。研究基底压力的分布规律和计算方法是计算地基中的附加应力及确定基础结构的基础，所以，对基底压力的研究具有重要的工程意义。

　　试验和理论都证明，基底压力的分布是一个比较复杂的问题，它与多种因素有关，如荷载的大小和分布、基础的埋深、基础的刚度以及土的性质等。

2.2.1　基底应力的分布规律

　　当基础为理想柔性基础时（即基础的抗弯刚度 $EI \rightarrow 0$），基础随着地基一起变形，中部沉降大，两边沉降小，其压力分布与荷载分布相同，如图 2-7(a)所示，如果要使柔性基础的各点沉降相同，则需要作用在基础上的荷载是两边大而中部小。对于路基、坝基及薄板基础等，因其刚度很小，可近似地将其看成理想柔性基础。当基础为绝对刚性基础时（即抗弯刚度无限大），基底在受到荷载作用后仍保持平面，各点的沉降量相同，基底的压力分布是两边大而中部小，如图 2-7(b)所示。

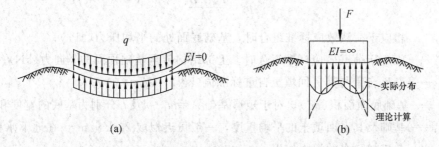

图 2-7　基底压力分布

(a)柔性基础的压力分布；(b)刚性基础的压力分布

介于柔性基础与绝对刚性基础之间而具有较大抗弯刚度的刚性基础（如块式整体基础、

素混凝土基础)本身刚度较大,受荷后基础不出现挠曲变形。由于地基与基础的变形必须协调一致,因此,在调整基底沉降使之趋于均匀的同时,基底压力发生了重新分布。理论与实测表明,当荷载较小,又中心受压时,基底压力为马鞍形分布,中间小而边缘大,如图2-8(a)所示。当上部荷载加大时,由于基础边缘压力很大,基础边缘土中产生塑性变形区,边缘应力不再增大,而中心部分的压力继续增大,基底压力重新分布而呈抛物线形,如图2-8(b)所示。当荷载继续增加而接近地基的极限荷载时,基底压力又变成中部凸出的钟形分布,如图2-8(c)所示。

从上面的分析可以看出,对于柔性基础,在中心荷载作用下,基底压力一般是直线分布。而对于刚性基础,基底压力一般是曲线分布,但是根据圣维南原理,在总荷载保持定值的前提下,基底压力分布的形状对土中附加应力的影响仅仅局限在较浅的土中,在超过一定深度后(1.5~2.0倍基础宽度),影响则不显著。所以,当基础尺寸不太大时,在实用上可以采用简化的计算方法,即假设基底压力分布的形状是直线变化的,则可以利用材料力学的公式进行简化计算。

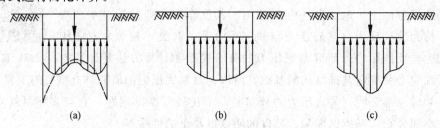

图 2-8 刚性基础基底压力分布
(a)马鞍形分布;(b)抛物线形分布;(c)钟形分布

2.2.2 基底应力的简化计算

1. 中心荷载下的基底应力

中心荷载作用下的基础,其所受荷载的合力通过基础形心,假定基底压力均匀分布,按材料力学公式计算,即

$$p_k = \frac{F_k + G_k}{A} \tag{2-6}$$

式中 p_k——相应于荷载效应标准组合时,基础底面处的平均压力(kPa);

F_k——相应于荷载效应标准组合时,上部结构传至基础顶面的竖向力(kN);

G_k——基础自重与其上回填土自重标准值(kN),$G_k = \gamma_G A d$;

A——基础底面面积(m^2),对于矩形基础 $A = bl$,b 及 l 分别为基底的宽度和长度;

γ_G——基础及其上回填土的平均重度,一般可近似取 $20\ kN/m^3$,在地下水位以下部分应扣除水的浮力作用;

d——基础埋深(m),一般从室外设计地面或室内外平均设计地面起算。

对于荷载沿长度方向均匀分布的条形基础($l > 10b$),则沿长度方向取 1 m 来进行计算。此时,用基础宽度取代式(2-6)中的 A,而 $F_k + G_k$ 则为沿基础长度方向每延米的荷载值(kN/m)。

2. 偏心荷载作用下的基底应力

在工程设计时，通常考虑的偏心荷载是单向偏心荷载，并且把基础底面的长边 l 放在偏心方向。此时，基底压力按材料力学偏心受压公式计算，即

$$p_{\substack{kmax \\ (kmin)}} = \frac{F_k + G_k}{A} \pm \frac{M_k}{W} \qquad (2-7)$$

式中　p_{kmax}、p_{kmin}——相应于荷载效应标准组合时，基础底面边缘的最大、最小压力值
　　　　　　　　　　　（kPa）；

　　　　M_k——相应于荷载效应标准组合时，作用于基础底面的力矩值（kN·m）；

　　　　W——基础底面的抵抗矩（m³），对于矩形截面，$W = \dfrac{bl^2}{6}$。

对于矩形基础，将图 2-8 中偏心荷载的偏心距 $e = \dfrac{M_k}{F_k + G_k}$，$A = bl$ 以及 $W = \dfrac{bl^2}{6}$ 代入式（2-7）中，得

$$p_{\substack{kmax \\ (kmin)}} = \frac{F_k + G_k}{bl}\left(1 \pm \frac{6e}{l}\right) \qquad (2-8)$$

由式（2-8）可见：

当 $e = 0$ 时，基底压力为矩形分布（均匀分布）。

当 $e < \dfrac{l}{6}$ 时，基底压力呈梯形分布，如图 2-9（a）所示。

当 $e = \dfrac{l}{6}$ 时，基底压力呈三角形分布，如图 2-9（b）所示。

当 $e > \dfrac{l}{6}$ 时，由式（2-8）计算可得 $p_{kmin} < 0$，这说明基底一侧将出现拉应力，如图 2-9（c）所示。由于基底与地基之间不能承受拉力，此时，基底与地基之间将出现局部脱开，而使基底压力重新分布。由地基反力与作用在基础面上的荷载相互平衡可知，偏心竖向荷载（$F_k + G_k$）必定作用在基底压力图形的形心处，如图 2-9（c）所示。所以，基底压力图形底边必为 $3a$，则由

$$F_k + G_k = \frac{1}{2} 3a \cdot p_{kmax} \cdot b$$

可得

$$p_{kmax} = \frac{2(F_k + G_k)}{3ab} \qquad (2-9)$$

式中　a——单向偏心竖向荷载作用点至基底最大压力边缘的距离（m），$a = \dfrac{l}{2} - e$；

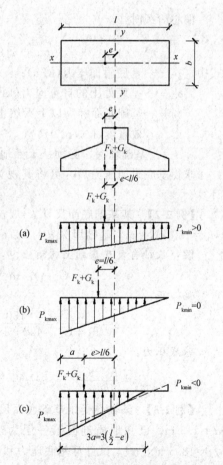

图 2-9　单向偏心荷载作用下的
矩形基础基底压力分布

b——垂直于力矩作用方向的基础底面边长(m)。

对于偏心荷载沿长度方向均匀分布的条形基础，偏心方向与基底短边 b 的方向一致，此时，取长度方向 $l=1$ m 为计算单位，则基底边缘压力为

$$p_{\substack{kmax \\ kmin}} = \frac{F_k + G_k}{b}\left(1 \pm \frac{6e}{b}\right) \tag{2-10}$$

2.2.3 基底附加应力的计算

建筑物建造前，土中早已存在着自重应力，一般天然土层在自重应力的作用下的变形早已结束，只有基底附加压力才能引起地基的附加应力和变形。如果基础砌置在天然地面上，则全部基底压力即新增加于地基表面的基底附加压力。实际上，一般浅基础总是埋置在天然地面下一定深度处，该处原有的自重应力由于开挖基坑而卸除。因此，从建筑物建造后的基底压力中扣除基底标高处原有的土中自重应力后，才是基底平面处新增加于地基的基底附加压力。基底附加压力按下式计算：

轴心荷载时：

$$p_0 = p_k - \sigma_{cz} = p_k - \gamma_0 d \tag{2-11}$$

偏心荷载时：

$$\binom{p_{0max}}{p_{0min}} = \binom{p_{kmax}}{p_{kmin}} - \sigma_{cz} = \binom{p_{kmax}}{p_{kmin}} - \gamma_0 d \tag{2-12}$$

式中　p_0——基底附加压力(kPa)；

　　　σ_{cz}——基底处土的自重应力(kPa)；

　　　γ_0——基础底面标高以上天然土层的加权平均重度，其中，地下水位下的重度取有效重度(kN/m^3)；

　　　d——基础埋深，必须从天然地面算起，对于新填土场地则应从原天然地面起算。

求得基底附加压力后，可将其视为作用在地基表面的荷载，再进行地基中附加应力的计算。

【例 2-2】 某基础底面尺寸 $l=3$ m，$b=2$ m，基础顶面作用轴心力 $F_k=450$ kN，弯矩 $M_k=150$ kN·m，基础埋深 $d=1.2$ m，试计算基底压力。

解：基础自重及基础上回填土重：

$$G_k = \gamma_G A d = 20 \times 3 \times 2 \times 1.2 = 144 (kN)$$

偏心距：

$$e = \frac{M_k}{F_k + G_k} = \frac{150}{450 + 144} = 0.253 \text{ (m)} < l/6 = 3/6 = 0.5 (m)$$

基底压力：

$$p_{\substack{kmax \\ kmin}} = \frac{F_k + G_k}{bl}(1 \pm 6e/l) = \frac{450 + 144}{2 \times 3} \times (1 \pm 6 \times 0.253/3) = \frac{149.1}{(48.9)} (kPa)$$

【例 2-3】 某轴心受压基础底面尺寸 $l=b=2$ m，基础顶面作用 $F_k=450$ kN，基础埋深 $d=1.5$ m，已知地质剖面第一层为杂质土，厚 0.5 m，$\gamma_1=16.8$ kN/m^3；以下为黏土，$\gamma_2=18.5$ kN/m^3，试计算基底压力和基底附加压力。

解：基础自重及基础上回填土重：

$$G_k = \gamma_G A d = 20 \times 2 \times 2 \times 1.5 = 120 (kN)$$

基底压力：

$$p_k = \frac{F_k + G_k}{A} = \frac{450 + 120}{2 \times 2} = 142.5 \ (\text{kPa})$$

基底处土自重应力：

$$\sigma_{cz} = \gamma_1 h_1 + \gamma_2 h_2 = 16.8 \times 0.5 + 18.5 \times 1.0 = 26.9 \ (\text{kPa})$$

基底附加压力：

$$p_0 = p_k - \sigma_{cz} = 142.5 - 26.9 = 115.6 \ (\text{kPa})$$

2.3　地基附加应力计算

2.3.1　竖直集中荷载作用下的地基附加应力计算

1885 年法国学者布辛奈斯克(J. Boussinesq)用弹性理论推出在半空间弹性体表面上作用有竖向集中力 P 时，在弹性体内任意点 M 所引起的应力的解析解。若以 P 的作用点为原点，以 P 的作用线为 Z 轴，建立三轴坐标系，则 M 点的坐标为 (x, y, z)，M' 点为 M 点在半空间表面的投影，如图 2-10 所示。

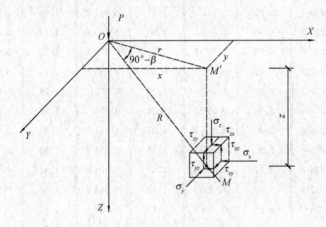

视频：附加应力分布

图 2-10　集中力作用下的应力

布辛奈斯克得出 M 点的 σ 与 τ 的六个应力分量表达式，其中，对沉降计算意义最大的是竖向应力分量 σ_z，下面将主要介绍 σ_z 的公式及其含义。

σ_z 的表达式为

$$\sigma_z = \frac{3F}{2\pi} \frac{z^3}{R^5} = \frac{3F}{2\pi R^2} \cos^3 \beta \tag{2-13}$$

式中　F——作用于坐标原点 O 的竖向集中力(kN)；

$\quad\quad R$——M 点至坐标原点 O 的距离；

$$R = \sqrt{x^2 + y^2 + z^2} = \sqrt{r^2 + z^2}$$

$\quad\quad r$——M' 点与集中力作用点的水平距离。

利用几何关系 $R^2 = r^2 + z^2$，式(2-13)可改写为

$$\sigma_z = \frac{3p}{2\pi}\frac{z^3}{R^5} = \frac{3p}{2\pi \cdot z^2}\frac{1}{\left[1+\left(\frac{r}{z}\right)^2\right]^{5/2}} = K\frac{p}{z^2} \tag{2-14}$$

$$K = \frac{3}{2\pi}\frac{1}{\left[1+\left(\frac{r}{z}\right)^2\right]^{5/2}} \tag{2-15}$$

式中　K——集中力作用下的竖向附加应力系数，它是 $\frac{r}{z}$ 的函数，可由表 2-1 查得。

表 2-1　集中力作用下的竖向附加应力系数 K

$\frac{r}{z}$	K	$\frac{r}{z}$	K	$\frac{r}{z}$	K	$\frac{r}{z}$	K	$\frac{r}{z}$	K
0.00	0.477 5	0.40	0.329 4	0.80	0.138 6	1.20	0.051 3	1.60	0.020 0
0.01	0.477 3	0.41	0.323 8	0.81	0.135 3	1.21	0.050 1	1.61	0.019 5
0.02	0.477 0	0.42	0.318 3	0.82	0.132 0	1.22	0.048 9	1.62	0.019 1
0.03	0.476 4	0.43	0.312 4	0.83	0.128 8	1.23	0.047 7	1.63	0.018 7
0.04	0.475 6	0.44	0.306 8	0.84	0.125 7	1.24	0.046 6	1.64	0.018 3
0.05	0.474 5	0.45	0.301 1	0.85	0.122 6	1.25	0.045 4	1.65	0.017 9
0.06	0.473 2	0.46	0.295 5	0.86	0.119 6	1.26	0.044 3	1.66	0.017 5
0.07	0.471 7	0.47	0.289 9	0.87	0.116 6	1.27	0.043 3	1.67	0.017 1
0.08	0.469 9	0.48	0.284 3	0.88	0.113 8	1.28	0.042 2	1.68	0.016 7
0.09	0.467 9	0.49	0.278 8	0.89	0.111 0	1.29	0.041 2	1.69	0.016 3
0.10	0.465 7	0.50	0.273 3	0.90	0.108 3	1.30	0.040 2	1.70	0.016 0
0.11	0.463 3	0.51	0.267 9	0.91	0.105 7	1.31	0.039 3	1.72	0.015 3
0.12	0.460 7	0.52	0.262 5	0.92	0.103 1	1.32	0.038 4	1.74	0.014 7
0.13	0.457 9	0.53	0.257 1	0.93	0.100 5	1.33	0.037 4	1.76	0.014 1
0.14	0.454 8	0.54	0.251 8	0.94	0.098 1	1.34	0.036 5	1.78	0.013 5
0.15	0.451 6	0.55	0.246 6	0.95	0.095 6	1.35	0.035 7	1.80	0.012 9
0.16	0.448 2	0.56	0.241 4	0.96	0.093 3	1.36	0.034 8	1.82	0.012 4
0.17	0.444 6	0.57	0.236 3	0.97	0.091 0	1.37	0.034 0	1.84	0.011 9
0.18	0.440 9	0.58	0.231 3	0.98	0.088 7	1.38	0.033 2	1.86	0.011 4
0.19	0.437 0	0.59	0.226 3	0.99	0.086 5	1.39	0.032 4	1.88	0.010 9
0.20	0.432 9	0.60	0.221 4	1.00	0.084 4	1.40	0.031 7	1.90	0.010 5
0.21	0.428 6	0.61	0.216 5	1.01	0.082 3	1.41	0.030 9	1.92	0.010 1
0.22	0.424 2	0.62	0.211 7	1.02	0.080 3	1.42	0.030 2	1.94	0.009 7
0.23	0.419 7	0.63	0.207 0	1.03	0.078 3	1.43	0.029 5	1.96	0.009 3
0.24	0.415 1	0.64	0.202 4	1.04	0.076 4	1.44	0.028 8	1.98	0.008 9
0.25	0.410 3	0.65	0.199 8	1.05	0.074 4	1.45	0.028 2	2.00	0.008 5
0.26	0.405 4	0.66	0.193 9	1.06	0.072 7	1.46	0.027 5	2.10	0.007 0
0.27	0.400 4	0.67	0.188 9	1.07	0.070 9	1.47	0.026 9	2.20	0.005 8
0.28	0.395 4	0.68	0.184 6	1.08	0.069 1	1.48	0.026 3	2.30	0.004 8
0.29	0.390 2	0.69	0.180 4	1.09	0.067 4	1.49	0.025 7	2.40	0.004 0
0.30	0.384 9	0.70	0.176 2	1.10	0.065 8	1.50	0.025 1	2.50	0.003 4
0.31	0.379 6	0.71	0.172 1	1.11	0.064 1	1.51	0.024 5	2.60	0.002 9

$\dfrac{r}{z}$	K	$\dfrac{r}{z}$	K	$\dfrac{r}{z}$	K	$\dfrac{r}{z}$	K	$\dfrac{r}{z}$	K
0.32	0.374 2	0.72	0.168 1	1.12	0.062 6	1.52	0.024 0	2.70	0.002 4
0.33	0.368 7	0.73	0.164 1	1.13	0.061 0	1.53	0.023 4	2.80	0.002 1
0.34	0.363 2	0.74	0.160 3	1.14	0.059 5	1.54	0.022 9	2.90	0.001 7
0.35	0.357 7	0.75	0.156 5	1.15	0.058 1	1.55	0.022 2	3.00	0.001 5
0.36	0.352 1	0.76	0.152 7	1.16	0.056 7	1.56	0.021 9	3.50	0.000 7
0.37	0.346 5	0.77	0.149 1	1.17	0.055 3	1.57	0.021 4	4.00	0.000 4
0.38	0.340 8	0.78	0.145 5	1.18	0.035 9	1.58	0.020 9	4.50	0.000 2
0.39	0.335 1	0.79	0.142 0	1.19	0.052 6	1.59	0.020 4	5.00	0.000 1

由式(2-14)可以求出集中力作用下地基任意点的附加应力,由此可以绘制出集中力作用下地基附加应力沿竖直线的分布曲线以及在不同深度处水平面上的分布曲线,如图 2-11 所示。由图 2-11 可以总结出集中力作用下地基附加应力的分布规律如下:

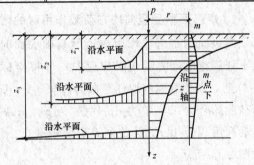

图 2-11 集中力作用下土中附加应力 σ_z 的分布

(1)在集中力 P 的作用线上。在 P 的作用线上,$r=0$。当 $z=0$ 时,$\sigma_z\to\infty$;当 $z\to\infty$ 时,$\sigma_z\to0$;σ_z 随着深度 z 的增加而逐渐减少,如图 2-11 所示。

(2)在 $r>0$ 的竖直线上。在 $r>0$ 的竖直线上,当 $z=0$ 时,$\sigma_z=0$;σ_z 随着深度 z 的增加从零逐渐增大,至一定深度后又随着深度 z 的增加逐渐变小,如图 2-11 所示。

(3)在 z 为常数的水平面上。在 z 为常数的水平面上,σ_z 在集中力的作用线上最大,并随着 r 的增大而逐渐减小。随着深度 z 的增加,集中力作用线上的 σ_z 逐渐减小,但随着 r 增加而降低的速率变缓,如图 2-11 所示。

如果在剖面图上将 σ_z 相同的点连接起来就可以得到图 2-12 所示的应力等值线,其空间曲面为泡状,所以也称为应力泡。

由上述分析可知,集中力 P 在地基中引起的附加应力向深部、向四周无限扩散,并在扩散过程中不断减小,这种现象称为应力扩散。

当有多个集中力作用在地基表面时,可以利用式(2-14)分别算出每个集中力在地基中引起的附加应力,然后根据应力叠加原理求出地基中任意点的附加应力的总和,如图 2-13 所示。

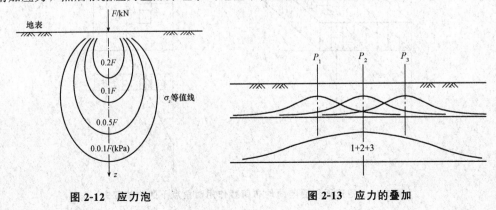

图 2-12 应力泡   图 2-13 应力的叠加

在实际工程中，建筑物荷载都是通过一定尺寸的基础传递给地基的，当基础底面形状不规则或荷载分布较复杂时，可将基础底面划分为若干个小面积单元，将每个小面积单元上的荷载视为集中力，然后利用上述集中力引起的附加应力的计算方法和应力叠加原理，计算地基中任意点的附加应力。

2.3.2 空间问题的附加应力计算

1. 矩形面积受竖向均布荷载作用时的附加应力计算

当竖向均布荷载作用在矩形基础底面时，求基础角点下任意深度处的竖向附加应力，可将坐标原点取在角点 O 上，在荷载面内取任意微分面积 $dA = dx \cdot dy$，其上面荷载的合力以集中力 dp 代替，$dp = pdA = pdx \cdot dy$，然后利用式(2-14)沿着整个矩形面积进行二重积分求得，如图2-14所示。

视频：附加应力　视频：附应力
计算(空间一)　计算(空间二)

$$\sigma_z = \int_0^b \int_0^l \frac{3p}{2\pi} \cdot \frac{z^3 dx dy}{\left(\sqrt{x^2+y^2+z^2}\right)^5}$$

$$= \frac{p}{2\pi}\left[\frac{mn}{\sqrt{1+m^2+n^2}} \cdot \left(\frac{1}{m^2+n^2}+\frac{1}{1+n^2}\right)+\arctan\frac{m}{n\sqrt{1+m^2+n^2}}\right]=\alpha_c p \qquad (2\text{-}16)$$

式中　α_c——竖向均布荷载作用下矩形基底角点下的竖向附加应力系数，无量纲，是 m 和 n 的函数，$m=\dfrac{l}{b}$，$n=\dfrac{z}{b}$，可由表2-2查得，l 为基础长边，b 为基础短边，z 是从基础底面起算的深度；

　　　　p——均布荷载强度，求地基附加应力时，用前述基底附加压力 p_0。

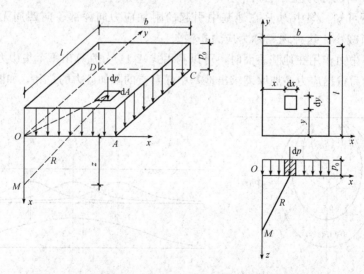

图2-14　矩形面积受竖向均布荷载作用时角点下的附加应力

表 2-2　矩形面积受竖向均布荷载作用时角点下的附加应力系数 α_c

$n=z/b$ ＼ $m=l/b$	1.0	1.2	1.4	1.6	1.8	2.0	3.0	4.0	5.0	6.0	10.0
0.0	0.250 0	0.250 0	0.250 0	0.250 0	0.250 0	0.250 0	0.250 0	0.250 0	0.250 0	0.250 0	0.250 0
0.2	0.248 6	0.248 9	0.249 0	0.249 1	0.249 1	0.249 1	0.249 2	0.249 2	0.249 2	0.249 2	0.249 2
0.4	0.240 1	0.242 0	0.242 9	0.243 4	0.243 7	0.243 9	0.244 2	0.244 3	0.244 3	0.244 3	0.244 3
0.6	0.222 9	0.227 5	0.230 0	0.235 1	0.232 4	0.232 9	0.233 9	0.234 1	0.234 2	0.234 2	0.234 2
0.8	0.199 9	0.207 5	0.212 0	0.214 7	0.216 5	0.217 6	0.219 6	0.220 0	0.220 2	0.220 2	0.220 2
1.0	0.175 2	0.185 1	0.191 1	0.195 5	0.198 1	0.199 9	0.203 4	0.204 2	0.204 4	0.204 5	0.204 6
1.2	0.151 6	0.162 6	0.170 5	0.175 8	0.179 3	0.181 8	0.187 0	0.188 2	0.188 5	0.188 7	0.188 8
1.4	0.130 8	0.142 3	0.150 8	0.156 9	0.161 3	0.164 4	0.171 2	0.173 0	0.173 5	0.173 8	0.174 0
1.6	0.112 3	0.124 1	0.132 9	0.143 6	0.144 5	0.148 2	0.156 7	0.159 0	0.159 8	0.160 1	0.160 4
1.8	0.096 9	0.108 3	0.117 2	0.124 1	0.129 4	0.133 4	0.143 4	0.146 3	0.147 4	0.147 8	0.148 2
2.0	0.084 0	0.094 7	0.103 4	0.110 3	0.115 8	0.120 2	0.131 4	0.135 0	0.136 3	0.136 8	0.137 4
2.2	0.073 2	0.083 2	0.091 7	0.098 4	0.103 9	0.108 4	0.120 5	0.124 8	0.126 4	0.127 1	0.127 7
2.4	0.064 2	0.073 4	0.081 2	0.087 9	0.093 4	0.097 9	0.110 4	0.115 6	0.117 5	0.118 4	0.119 2
2.6	0.056 6	0.065 1	0.072 5	0.078 8	0.084 2	0.088 7	0.102 0	0.107 3	0.109 5	0.110 6	0.111 6
2.8	0.050 2	0.058 0	0.064 9	0.070 9	0.076 1	0.080 5	0.094 2	0.099 9	0.102 4	0.103 6	0.104 8
3.0	0.044 7	0.051 9	0.058 3	0.064 0	0.069 0	0.073 2	0.087 0	0.093 1	0.095 9	0.097 3	0.098 7
3.2	0.040 1	0.046 7	0.052 6	0.058 0	0.062 7	0.066 8	0.080 6	0.087 0	0.090 0	0.091 6	0.093 3
3.4	0.036 1	0.042 1	0.047 7	0.052 7	0.057 1	0.061 1	0.074 7	0.081 4	0.084 7	0.086 4	0.088 2
3.6	0.032 6	0.038 2	0.043 3	0.048 0	0.052 3	0.056 1	0.069 4	0.076 3	0.079 9	0.081 6	0.083 7
3.8	0.029 6	0.034 8	0.039 5	0.043 9	0.047 9	0.051 6	0.064 5	0.071 7	0.075 3	0.077 3	0.079 4
4.0	0.027 0	0.031 8	0.036 2	0.040 3	0.044 1	0.047 4	0.060 3	0.067 4	0.071 2	0.073 3	0.075 8
4.2	0.024 7	0.029 1	0.033 3	0.037 1	0.040 7	0.043 9	0.056 3	0.063 4	0.067 4	0.069 6	0.072 4
4.4	0.022 7	0.026 8	0.030 6	0.034 3	0.037 6	0.040 7	0.052 7	0.059 7	0.063 9	0.066 2	0.069 6
4.6	0.020 9	0.024 7	0.028 3	0.031 7	0.034 8	0.037 8	0.049 3	0.056 4	0.060 6	0.063 0	0.066 3
4.8	0.019 3	0.022 9	0.026 2	0.029 4	0.032 4	0.035 2	0.046 3	0.053 3	0.057 6	0.060 1	0.063 5
5.0	0.017 9	0.021 2	0.024 3	0.027 4	0.030 2	0.032 8	0.043 5	0.050 4	0.054 7	0.057 3	0.061 0
6.0	0.012 7	0.015 1	0.017 4	0.019 6	0.021 8	0.023 3	0.032 5	0.038 8	0.043 1	0.046 0	0.050 6
7.0	0.009 4	0.011 2	0.013 0	0.014 7	0.016 4	0.018 0	0.025 1	0.030 6	0.034 6	0.037 6	0.042 8
8.0	0.007 3	0.008 7	0.010 1	0.011 4	0.012 7	0.014 0	0.019 8	0.024 6	0.028 3	0.031 1	0.036 7
9.0	0.005 8	0.006 9	0.008 0	0.009 1	0.010 2	0.011 2	0.016 1	0.020 2	0.023 5	0.026 2	0.031 9
10.0	0.004 7	0.005 6	0.006 5	0.007 4	0.008 3	0.009 2	0.013 2	0.016 7	0.019 8	0.022 2	0.028 0

　　对于在基底范围以内或以外任意点下的竖向附加应力，如图 2-15 所示，求 M' 点下任意深度处的附加应力时，可过 M' 点将荷载面积划分为几个小矩形，使 M' 点成为每个小矩形的共同角点，利用角点下的应力计算式(2-16)分别求出每个小矩形在 M' 点下同一深度处的附加应力，然后利用叠加原理求得总的附加应力，这种方法称为"角点法"。

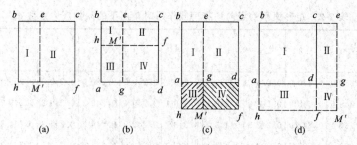

图 2-15　角点法的应用

(a)计算矩形荷载面边缘任一点 M' 之下的附加应力时：
$$\sigma_z = (\alpha_{c\,I} + \alpha_{c\,II})p;$$

(b)计算矩形荷载面内任一点 M' 之下的附加应力时：
$$\sigma_z = (\alpha_{c\,I} + \alpha_{c\,II} + \alpha_{c\,III} + \alpha_{c\,IV})p;$$

(c)计算矩形荷载面边缘外任一点 M' 之下的附加应力时：
$$\sigma_z = (\alpha_{c\,I} + \alpha_{c\,II} - \alpha_{c\,III} - \alpha_{c\,IV})p;$$

(d)计算矩形荷载面角点外侧任一点 M' 之下的附加应力时：
$$\sigma_z = (\alpha_{c\,I} - \alpha_{c\,II} - \alpha_{c\,III} + \alpha_{c\,IV})p$$

图 2-15 注释各式中 $\alpha_{c\,I}$、$\alpha_{c\,II}$、$\alpha_{c\,III}$、$\alpha_{c\,IV}$ 分别为矩形 $M'hbe$、$M'fce$、$M'hag$、$M'fdg$ 的角点应力分布系数。

应用角点法时，要注意：①划分矩形时，M' 点应为公共角点；②所有划分的矩形总面积应等于原有受荷面积；③每一个矩形面积中，长边为 l，短边为 b。

【例 2-4】　均布荷载 $P = 100\ \text{kN/m}^2$，荷载面积为 $(2 \times 1)\text{m}^2$，如图 2-16 所示，求荷载面积上角点 A、边点 E、中心点 O 以及荷载面积外 F 点和 G 点等各点下 $z = 1\ \text{m}$ 深度处的附加应力。

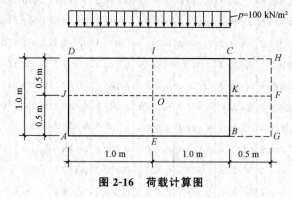

图 2-16　荷载计算图

解：(1)A 点下的附加应力。A 点是矩形 $ABCD$ 的角点，且 $m = l/b = 2/1 = 2$；$n = z/b = 1$，查表 2-2 得 $\alpha_c = 0.199\ 9$，故 $\sigma_{zA} = \alpha_c \cdot P = 0.199\ 9 \times 100 \approx 20(\text{kN/m}^2)$。

(2)E 点下的附加应力。通过 E 点将矩形荷载面积划分为两个相等的矩形 $EADI$ 和 $EBCI$。求 $EADI$ 的角点应力系数 α_c：
$$m = 1,\ n = 1$$
查表得 $\alpha_c = 0.175\ 2$，故 $\sigma_{zE} = 2\alpha_c \cdot P = 2 \times 0.175\ 2 \times 100 \approx 35(\text{kN/m}^2)$。

(3)O 点下的附加应力。通过 O 点将原矩形面积分为 4 个相等的矩形 $OEAJ$、$OJDI$、$OICK$ 和 $OKBE$。求矩形 $OEAJ$ 角点的附加应力系数 α_c：

$$m=\frac{l}{b}=\frac{1}{0.5}=2; \quad n=\frac{z}{b}=\frac{1}{0.5}=2$$

查表得 $\alpha_c=0.120\,2$，故 $\sigma_{zO}=4\alpha_c \cdot p=4\times0.120\,2\times100=48.1(\mathrm{kN/m^2})$。

（4）F 点下的附加应力。过 F 点作矩形 $FGAJ$、$FJDH$、$FGBK$ 和 $FKCH$。假设 α_{cI} 为矩形 $FGAJ$ 和 $FJDH$ 的角点应力系数；α_{cII} 为矩形 $FGBK$ 和 $FKCH$ 的角点应力系数。

求 α_{cI}：$m=\frac{l}{b}=\frac{1}{0.5}=2$；$n=\frac{z}{b}=\frac{1}{0.5}=2$，查表得 $\alpha_{cI}=0.136\,3$。

求 α_{cII}：$m=\frac{l}{b}=\frac{0.5}{0.5}=1$；$n=\frac{z}{b}=\frac{1}{0.5}=2$，查表得 $\alpha_{cII}=0.084\,0$。

故 $\sigma_{zF}=2(\alpha_{cI}-\alpha_{cII})P=2\times(0.136\,3-0.084\,0)\times100=10.5(\mathrm{kN/m^2})$。

（5）G 点下的附加应力。通过 G 点作矩形 $GADH$ 和 $GBCH$，分别求出它们的角点应力系数 α_{cI} 和 α_{cII}。

求 α_{cI}：$m=\frac{l}{b}=\frac{2.5}{1}=2.5$；$n=\frac{z}{b}=\frac{1}{1}=1$，查表得 $\alpha_{cI}=0.201\,6$。

求 α_{cII}：$m=\frac{l}{b}=\frac{1}{0.5}=2$；$n=\frac{z}{b}=\frac{1}{0.5}=2$，查表得 $\alpha_{cII}=0.120\,2$。

故 $\sigma_{zG}=(\alpha_{cI}-\alpha_{cII})P=(0.201\,6-0.120\,2)\times100=8.1(\mathrm{kN/m^2})$。

2. 矩形面积受竖向三角形分布荷载作用时的附加应力计算

竖向三角形分布荷载作用在矩形基底时，若矩形基底上三角形的最大荷载强度为 p_t，把荷载强度为零的角点 O（角点 1）作为坐标原点，则微分面积 $\mathrm{d}x\mathrm{d}y$ 上的作用力 $\mathrm{d}p=\frac{p_t x}{b}\mathrm{d}x\mathrm{d}y$ 可作为集中力看待，如图 2-17 所示，同样可利用公式 $\sigma_z=\frac{3p}{2\pi}\cdot\frac{z^3}{R^5}$ 沿着整个面积进行二重积分求解角点 O（角点 1）下任意深度 z 处的竖向附加应力：

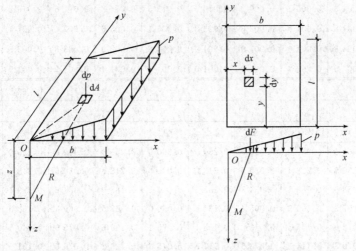

图 2-17 矩形面积受竖向三角形分布荷载作用时角点下的附加应力

$$\sigma_z=\alpha_{t1}p_t \tag{2-17}$$

式中，$\alpha_{t1}=\frac{mn}{2\pi}\left[\frac{1}{\sqrt{m^2+n^2}}-\frac{n^2}{(1+n^2)\sqrt{1+m^2+n^2}}\right]$ 为矩形基底受竖向三角形分布荷载作用时角点 1（荷载强度为零的角点）下的竖向附加应力系数，可由 $\left(m=\frac{l}{b},\ n=\frac{z}{b}\right)$ 查表 2-3

求得，其中，b 是三角形荷载分布方向的边长。

同理，荷载强度最大边的角点 2 下任意深度 z 处的附加应力为

$$\sigma_z = \alpha_{t2} p_t \qquad (2\text{-}18)$$

式中　α_{t2}——矩形基底受竖向三角形分布荷载作用时角点 2（荷载强度最大边的角点）下的竖向附加应力系数，可由 $\left(m = \dfrac{l}{b},\ n = \dfrac{z}{b} \right)$ 查表 2-3 求得。

表 2-3　矩形面积受竖向三角形分布荷载作用时角点下的竖向附加应力系数 α_{t1}、α_{t2}

z/b	l/b									
	0.2		0.4		0.6		0.8		1.0	
	1 点	2 点	1 点	2 点	1 点	2 点	1 点	2 点	1 点	2 点
0.0	0.000 0	0.250 0	0.000 0	0.250 0	0.000 0	0.250 0	0.000 0	0.250 0	0.000 0	0.250 0
0.2	0.022 3	0.182 1	0.028 0	0.211 5	0.029 6	0.216 5	0.030 1	0.217 8	0.030 4	0.218 2
0.4	0.026 9	0.109 4	0.042 0	0.160 4	0.048 7	0.178 1	0.051 7	0.184 4	0.053 1	0.187 0
0.6	0.025 9	0.070 0	0.044 8	0.116 5	0.056 0	0.140 5	0.062 1	0.152 0	0.065 4	0.157 5
0.8	0.023 2	0.048 0	0.042 1	0.085 3	0.055 3	0.109 3	0.063 7	0.123 2	0.068 8	0.131 1
1.0	0.020 1	0.034 6	0.037 5	0.063 8	0.050 8	0.080 5	0.060 2	0.099 6	0.066 6	0.108 6
1.2	0.017 1	0.026 0	0.032 4	0.049 1	0.045 0	0.067 3	0.054 6	0.080 7	0.061 5	0.090 1
1.4	0.014 5	0.020 2	0.027 8	0.038 6	0.039 2	0.054 0	0.048 3	0.066 1	0.055 4	0.075 1
1.6	0.012 3	0.016 0	0.023 8	0.031 0	0.033 9	0.044 0	0.042 4	0.054 7	0.049 2	0.062 8
1.8	0.010 5	0.013 0	0.020 4	0.024 4	0.029 4	0.036 3	0.037 1	0.045 7	0.043 5	0.053 4
2.0	0.009 0	0.010 8	0.017 6	0.021 1	0.025 5	0.030 4	0.032 4	0.038 7	0.038 4	0.045 6
2.5	0.006 3	0.007 2	0.012 5	0.014 0	0.018 3	0.020 5	0.023 6	0.026 5	0.028 4	0.031 8
3.0	0.004 6	0.005 1	0.009 2	0.010 0	0.013 5	0.014 8	0.017 6	0.019 2	0.021 4	0.023 3
5.0	0.001 8	0.001 9	0.003 6	0.003 8	0.005 4	0.005 6	0.007 1	0.007 4	0.008 8	0.009 1
7.0	0.000 9	0.001 0	0.001 9	0.001 9	0.002 8	0.002 9	0.003 8	0.003 8	0.004 7	0.004 7
10.0	0.000 5	0.000 4	0.000 9	0.001 0	0.001 4	0.001 4	0.001 9	0.001 9	0.002 3	0.002 4

z/b	l/b									
	1.2		1.4		1.6		1.8		2.0	
	1 点	2 点	1 点	2 点	1 点	2 点	1 点	2 点	1 点	2 点
0.0	0.000 0	0.250 0	0.000 0	0.250 0	0.000 0	0.250 0	0.000 0	0.250 0	0.000 0	0.250 0
0.2	0.030 5	0.218 4	0.030 5	0.218 5	0.030 6	0.218 5	0.030 6	0.218 5	0.030 6	0.218 5
0.4	0.053 9	0.188 1	0.054 3	0.188 6	0.054 5	0.188 9	0.054 6	0.189 1	0.054 7	0.189 2
0.6	0.067 3	0.160 2	0.068 4	0.161 6	0.069 0	0.162 5	0.069 4	0.163 0	0.069 6	0.163 3
0.8	0.072 0	0.135 5	0.073 9	0.138 1	0.075 1	0.139 6	0.075 9	0.140 5	0.076 4	0.141 2
1.0	0.070 8	0.114 3	0.073 5	0.117 7	0.075 3	0.120 2	0.076 6	0.121 5	0.077 4	0.122 5
1.2	0.066 4	0.096 2	0.069 8	0.100 7	0.072 1	0.103 7	0.073 8	0.105 5	0.074 9	0.106 9
1.4	0.060 6	0.081 7	0.064 4	0.086 4	0.067 2	0.089 7	0.069 2	0.092 1	0.070 7	0.093 7
1.6	0.054 5	0.069 6	0.058 6	0.074 3	0.061 6	0.078 0	0.063 9	0.080 6	0.065 6	0.082 6
1.8	0.048 7	0.059 6	0.052 8	0.064 4	0.056 0	0.068 1	0.058 5	0.070 9	0.060 4	0.073 0
2.0	0.043 4	0.051 1	0.047 4	0.056 0	0.050 7	0.059 6	0.053 3	0.062 5	0.055 3	0.064 9
2.5	0.032 6	0.036 5	0.036 2	0.040 5	0.039 3	0.044 0	0.041 9	0.046 9	0.044 0	0.049 1

z/b	l/b									
	1.2		1.4		1.6		1.8		2.0	
	1点	2点	1点	2点	1点	2点	1点	2点	1点	2点
3.0	0.024 9	0.027 0	0.028 0	0.030 3	0.030 7	0.033 3	0.033 1	0.035 9	0.035 2	0.038 0
5.0	0.010 4	0.010 8	0.012 0	0.012 3	0.013 5	0.013 9	0.014 8	0.015 4	0.016 1	0.016 7
7.0	0.005 6	0.005 6	0.006 4	0.006 6	0.007 3	0.007 4	0.008 1	0.008 3	0.008 9	0.009 1
10.0	0.002 8	0.002 8	0.003 3	0.003 2	0.003 7	0.003 7	0.004 1	0.004 2	0.004 6	0.004 6

z/b	l/b									
	3.0		4.0		6.0		8.0		10.0	
	1点	2点	1点	2点	1点	2点	1点	2点	1点	2点
0.0	0.000 0	0.250 0	0.000 0	0.250 0	0.000 0	0.250 0	0.000 0	0.250 0	0.000 0	0.250 0
0.2	0.030 6	0.218 6	0.030 6	0.218 6	0.030 6	0.218 6	0.030 6	0.218 6	0.030 6	0.218 6
0.4	0.054 8	0.189 4	0.054 9	0.189 4	0.054 9	0.189 4	0.054 9	0.189 4	0.054 9	0.189 4
0.6	0.070 1	0.163 8	0.070 2	0.163 9	0.070 2	0.164 0	0.070 2	0.164 0	0.070 2	0.164 0
0.8	0.077 3	0.142 3	0.077 6	0.142 4	0.077 6	0.142 6	0.077 6	0.142 6	0.077 6	0.142 6
1.0	0.079 0	0.124 4	0.079 4	0.124 8	0.079 5	0.125 0	0.079 6	0.125 0	0.079 6	0.125 0
1.2	0.077 4	0.109 6	0.077 9	0.110 0	0.078 2	0.110 5	0.078 3	0.110 5	0.078 3	0.110 5
1.4	0.073 9	0.097 3	0.074 6	0.098 6	0.075 2	0.098 6	0.075 2	0.098 7	0.075 3	0.098 7
1.6	0.069 7	0.087 0	0.070 8	0.088 2	0.071 4	0.088 7	0.071 5	0.088 8	0.071 5	0.088 9
1.8	0.065 2	0.078 2	0.066 6	0.079 7	0.067 3	0.080 5	0.067 5	0.080 6	0.067 5	0.080 8
2.0	0.060 7	0.070 7	0.062 4	0.072 6	0.063 4	0.073 4	0.063 6	0.073 6	0.063 6	0.073 8
2.5	0.050 4	0.055 9	0.052 6	0.058 5	0.054 3	0.060 1	0.054 7	0.060 4	0.054 9	0.060 5
3.0	0.041 9	0.045 1	0.044 9	0.048 2	0.046 9	0.050 0	0.047 4	0.050 9	0.047 6	0.051 1
5.0	0.021 4	0.022 1	0.024 8	0.025 6	0.025 3	0.029 0	0.029 6	0.030 3	0.030 1	0.030 9
7.0	0.012 4	0.012 6	0.015 2	0.015 4	0.018 6	0.019 0	0.020 4	0.020 7	0.021 2	0.021 6
10.0	0.006 6	0.006 6	0.008 4	0.008 3	0.011 1	0.011 1	0.012 3	0.013 0	0.013 9	0.014 1

特别提醒

应用均布和三角形分布荷载的角点公式及叠加原理，可以求得矩形面积上的三角形和梯形荷载作用下地基内任意一点的附加应力。

2.3.3　平面问题的附加应力计算

当建筑物基础长宽比很大时，即 $l/b \geqslant 10$，称为条形基础。如房屋的墙基、路基、堤坝与挡土墙基础等均为条形基础。这种基础中心受压并沿长度方向荷载均匀分布，地基应力计算属平面问题，即任意横截面上的附加应力分布规律相同。

1. 条形面积受竖向均布荷载作用

如图 2-18 所示，条形基础受竖向均布荷载的作用，地基中任一点 M 的附加应力同样可以利用式(2-13)求得，进行积分后求得 M 点的附加应力 σ_z 为

视频：附加
应力计算（平面）

$$\sigma_z = \int_0^B \frac{2z^3}{\pi\left[(x-\xi)^2 + z^2\right]} p\,\mathrm{d}\xi$$

$$= \frac{p}{\pi}\left[\arctan\frac{m}{n} - \arctan\frac{m-1}{n} + \frac{mn}{m^2+n^2} - \frac{n(m+1)}{n^2+(m-1)^2}\right] \tag{2-19}$$

或简写成

$$\sigma_z = \alpha_u p \tag{2-20}$$

式中　α_u——条形面积在竖向均布荷载作用下的应力系数，可由 $\left(m=\dfrac{x}{b}, n=\dfrac{z}{b}\right)$ 查表2-4求得。

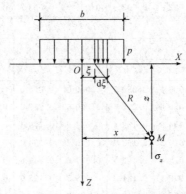

图 2-18　竖向均布荷载作用下的附加应力

表 2-4　条形面积受竖向均布荷载作用时的应力系数值

z/b ＼ x/b	0.00	0.10	0.25	0.35	0.50	0.75	1.00	1.50	2.00	2.50	3.00	4.00	5.00
0.00	1.000	1.000	1.000	1.000	0.500	0.000	0.000	0.000	0.000	0.000	0.000	0.000	0.000
0.05	1.000	1.000	0.995	0.970	0.500	0.002	0.000	0.000	0.000	0.000	0.000	0.000	0.000
0.10	0.997	0.996	0.985	0.970	0.500	0.002	0.000	0.000	0.000	0.000	0.000	0.000	0.000
0.15	0.993	0.987	0.968	0.910	0.498	0.033	0.008	0.001	0.000	0.000	0.000	0.000	0.000
0.25	0.960	0.954	0.905	0.805	0.496	0.088	0.019	0.002	0.001	0.000	0.000	0.000	0.000
0.35	0.907	0.900	0.832	0.732	0.492	0.148	0.039	0.006	0.003	0.001	0.000	0.000	0.000
0.50	0.820	0.812	0.735	0.651	0.481	0.218	0.082	0.017	0.005	0.002	0.001	0.000	0.000
0.75	0.668	0.658	0.610	0.552	0.450	0.263	0.146	0.040	0.017	0.005	0.005	0.001	0.000
1.00	0.552	0.541	0.513	0.478	0.410	0.288	0.185	0.071	0.029	0.013	0.007	0.002	0.001
1.50	0.396	0.395	0.379	0.353	0.332	0.273	0.211	0.114	0.055	0.030	0.018	0.006	0.003
2.00	0.306	0.304	0.292	0.288	0.275	0.242	0.205	0.134	0.083	0.051	0.028	0.013	0.006
2.50	0.245	0.244	0.239	0.237	0.231	0.215	0.188	0.139	0.098	0.065	0.034	0.021	0.010
3.00	0.208	0.208	0.206	0.202	0.198	0.185	0.171	0.136	0.103	0.075	0.053	0.028	0.015
4.00	0.160	0.160	0.158	0.156	0.153	0.147	0.140	0.122	0.102	0.081	0.066	0.040	0.025
5.00	0.126	0.126	0.125	0.125	0.124	0.121	0.117	0.107	0.095	0.082	0.069	0.046	0.034

2. 条形面积受竖向三角形分布荷载作用

条形基础偏心受压时，基底压力为三角形或梯形分布。如图2-19所示，在地基表面作用无限长竖向三角形荷载，其最大值为 p，求地基中任意点 M 的竖向附加应力。仍由

式（2-13），通过积分后求得 M 点的附加应力 σ_z 为

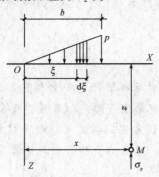

图 2-19　竖向三角形荷载作用下的附加应力

$$\sigma_z=\frac{p}{\pi}\left\{m\left[\arctan\left(\frac{m}{n}\right)-\arctan\left(\frac{m-1}{n}\right)\right]-\frac{(m-1)n}{(m-1)^2+n^2}\right\} \tag{2-21}$$

或简写成：

$$\sigma_z=\alpha_s p \tag{2-22}$$

式中　σ_z——条形面积在竖向三角形荷载作用下的应力系数，可由 $\left(m=\dfrac{x}{b},\ n=\dfrac{z}{b}\right)$ 查表 2-5

　　　求得。

表 2-5　条形面积受竖向三角形荷载作用时的应力系数值

z/b ＼ x/b	−1.5	−1.0	−0.5	−0	0.25	0.50	0.75	1.0	1.5	2.0	2.5
0	0	0	0	0.25	0.50	0.75	0.75	1.0	1.5	2.0	2.5
0.25	—	—	0.001	0.075	0.256	0.480	0.643	0.424	0.015	0.003	—
0.50	0.002	0.003	0.023	0.127	0.263	0.410	0.477	0.353	0.056	0.017	0.003
0.75	0.006	0.016	0.042	0.153	0.248	0.335	0.361	0.293	0.108	0.024	0.009
1.0	0.014	0.025	0.061	0.159	0.223	0.275	0.279	0.241	0.129	0.045	0.013
1.5	0.020	0.048	0.096	0.145	0.178	0.200	0.202	0.185	0.124	0.062	0.041
2.0	0.033	0.061	0.092	0.127	0.155	0.163	0.153	0.108	0.069	0.050	
3.0	0.050	0.064	0.080	0.096	0.103	0.104	0.108	0.104	0.090	0.071	0.050
4.0	0.051	0.060	0.067	0.075	0.078	0.085	0.082	0.075	0.073	0.060	0.049
5.0	0.047	0.052	0.057	0.059	0.062	0.063	0.063	0.065	0.061	0.051	0.047
6.0	0.041	0.041	0.050	0.051	0.052	0.053	0.053	0.053	0.050	0.050	0.045

2.3.4　地基附加应力的分布规律

通过研究发现地基附加应力的分布存在如下规律：

（1）σ_z 不仅发生在荷载面积之下，而且分布在荷载面积外相当大的范围之下。

（2）在荷载分布范围内任意点沿垂线的 σ_z 值，随深度的增加而减小。

（3）在基础底面下的任意水平面上，以基底中心点下轴线处的 σ_z 为最大，距离中轴线越远其值越小。

项目小结

土像其他任何材料一样，受力后也要产生应力和变形。在地基上建造建筑物将使地基中原有的应力状态发生变化，引起地基变形。如果应力变化引起的变形量在容许范围以内，则不致对建筑物的使用和安全造成危害，甚至可能使土体发生整体破坏而失去稳定。本项目主要介绍了土的自重应力计算、基底应力的分布与计算、地基附加应力的计算。

思考与练习

1. 什么是土的自重应力？

2. 什么是附加应力？其分布规律怎样？

3. 怎样计算矩形均布荷载作用下地基内任意点的附加应力？

4. 矩形均布荷载中点下与角点下的应力之间有什么关系？

5. 如何用角点法求基础内及基础外任一点下的附加应力？

6. 某地基的地表为素填土，$\gamma_1 = 18.0$ kN/m³，厚度 $h_1 = 1.50$ m；第二层为粉土，$\gamma_2 = 19.4$ kN/m³，厚度 $h_2 = 3.60$ m；第三层为中砂，$\gamma_3 = 19.8$ kN/m³，厚度 $h_3 = 1.80$ m；第四层为坚硬整体岩石。地下水位埋深为 1.50 m。计算地基土的自重应力分布。若第四层为强风化岩石，基岩顶面处土的自重应力有无变化？

7. 计算图 2-20 所示土层的自重应力，并绘出自重应力图。

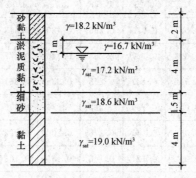

图 2-20　习题 7 图

项目3 土的压缩性与地基沉降量计算

素养课堂

为了保证建筑物的使用安全,对建筑物进行沉降观测是非常必要的,而且要在施工期间与竣工后使用期间进行系统的沉降观测。一旦发生事故后,建筑物的沉降观测可以作为分析事故原因和加固处理的依据。而作为一名学生在日常的学习中,要随时保持头脑清醒,从每一个小的细节上约束自己。严格遵守学校各项规章制度,时刻把学习放在第一位。树立牢固的马克思主义世界观、人生观、价值观,脚踏实地,多做对社会有益的事。要从思想的根源上警示自己,千万不可对自身的小毛病不以为然,千万别带着侥幸心理去为小恶,细节决定成败。

项目导入

地基土层在上部建(构)筑物的荷载作用下受压变形,在地基表面发生下沉。这种竖向变形称为沉降。欠固结土层的自重(如湿陷性黄土)、地下水位下降、地下矿层的采空区、水的渗流及施工影响等也会引起地面的下沉。本项目主要分析建(构)筑物荷载引起的地基压缩变形。

地基的均匀沉降较小时,一般不影响上部建(构)筑物的正常使用。过大的沉降,特别是不均匀沉降，会使建（构）筑物发生倾斜、开裂或局部构件破坏，影响结构的使用性和安全性。因此，地基的沉降问题是岩土工程的基本课题之一。地基变形计算的目的，在于确定建筑物可能出现的最大沉降量和沉降差，为基础设计或地基处理提供依据。

研究土的压缩性是进行地基沉降计算的前提，本项目将从土的压缩试验开始，主要学习土的压缩特性和压缩指标、计算最终沉降量的使用方法和太沙基一维固结理论。

3.1 土的压缩性和压缩性指标测试

地基发生变形时因为土体具有可压缩的性能，因此计算地基变形，首先要研究土的压缩性以及通过压缩试验确定沉降计算所需的压缩性指标。

土的压缩性是指土体在压力作用下体积缩小的特性。试验研究表明，在通常情况下（<600 kPa），土粒和孔隙水的压缩量相对于土体的总压缩量是很微小的（<1/400），可以忽略不计。因此，在研究土的压缩性时，认为土体压缩变形主要是由于孔隙中的水和气体被排出，土粒相互靠拢挤紧，孔隙体积压缩，孔隙比减小而引起的。对于完全饱和的土体，土的压缩主要是孔隙水被挤出引起孔隙体积变小，压缩过程与排水过程一致。孔隙水的排出需要一个时间过程，其速率与土体的渗透性有关。透水性强的土，孔隙水排出也快；反之，则慢。这种土的压缩随时间增长的过程称为土的固结。

在实际工程中，土的压缩变形可能在不同条件下进行：一种情况是，土体主要是垂直方向变形，侧面变形很小或没有，此情况称为无侧胀压缩或有侧限压缩，基础砌置较深的建筑物地基土的压缩近似此条件；另一种情况是，土体除了垂直方向的变形，还有侧向的膨胀变形，这种情况称为有侧胀压缩或无侧限压缩，如基础砌置较浅的建筑物或表面建筑（飞机场、道路等）的地基土的压缩。不同条件下各种土的压缩特性有较大差异，必须借助不同试验方法进行研究，目前常用室内压缩试验来研究土的压缩性，对于重要工程或复杂地质条件，常采用现场荷载试验。

视频：土的压缩性

3.1.1 压缩试验

土力学的侧限压缩试验是在压缩仪（或固结仪）中完成，如图 3-1 所示。用金属环刀（内径为 60 mm 或 80 mm，高为 20 mm）从保持天然结构的原状土切取试样，并置于圆筒形压缩容器的刚性护环内，试样上下各垫有一块透水石，试样受压后土中孔隙水可以自由排出，透水石上施加垂直荷载。由于试样受到金属环刀和刚性护环的限制，在外界压力作用下只可能发生竖向压缩而无侧向变形，因此，又称为侧限压缩试验。

视频：压缩试验

试验时是通过加荷装置和加压板将压力均匀施加在试样上。竖向压力 p_i 分级施加，在每级荷载作用下使试样变形至稳定，用百分表测出试样稳定后的变形量 s_i，即可计算出各级荷载下的孔隙比 e_i。

设试样的初始高度为 H_0，受压后试样高度为 H_i，则 $H_i = H_0 - s_i$，s_i 为外荷载 p_i 作用下试样压缩至稳定的变形量。设试样横截面面积为单位面积，根据土的孔隙比的定义，可得加荷前土粒体积 $V_s = \dfrac{H_0}{1 + e_0}$（图 3-2），加荷后 $V_s = \dfrac{H_i}{1 + e_i}$。

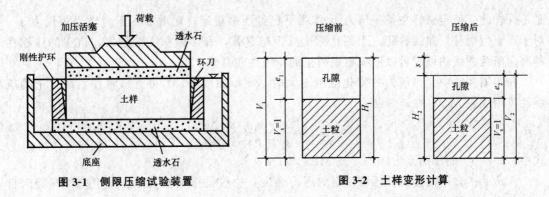

图 3-1　侧限压缩试验装置　　　　　　　图 3-2　土样变形计算

为求试样压缩稳定后的孔隙比 e，利用受压前后土粒体积不变和试样横截面面积不变的两个条件(图 3-2)，得出下式：

$$\frac{H_0}{1+e_0}=\frac{H_i}{1+e_i}=\frac{H_0-s_i}{1+e_i} \tag{3-1}$$

将 $H_i=H_0-s_i$ 代入式(3-1)，并整理得

$$e_i=e_0-\frac{s_i}{H_0}(1+e_0) \tag{3-2}$$

$$s_i=\frac{e_0-e_i}{1+e_0}H_0 \tag{3-3}$$

式中　e_0——初始孔隙比，$e_0=\dfrac{(1+w_0)d_s\rho_w}{\rho_0}-1$；

　　　d_s——土粒相对密度；

　　　ρ_w——水的密度(g/cm^3)；

　　　w_0——试样的初始含水量，以小数计；

　　　ρ_0——试样的初始密度(g/cm^3)。

常规试验中，一般按 $p=50$、100、200、300、400(kPa)五级进行加载，测定各级压力下的稳定变形量 s，然后按式(3-2)算出相应的孔隙比 e_i，以横坐标表示压力 p，纵坐标表示孔隙比 e，即可绘制 e-p 曲线，称为压缩曲线(图 3-3)。变形量 s 稳定的快慢与土的性质有关。对于饱和土，主要取决于试样的透水性。透水性强，稳定速度快；透水性弱，速度就慢。

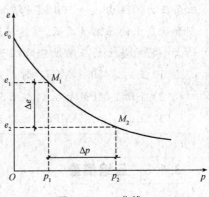

图 3-3　e-p 曲线

特别提醒

从压缩曲线的形状可以看出，压力较小时曲线较陡，随压力的增加，曲线逐渐变缓，说明土在压力增量不变进行压缩时，压缩变形的增量是递减的。

3.1.2　压缩系数

压缩曲线反映了土受压后的压缩特性，它的形状与土试样的成分、结构、状态以及受力历史有关。压缩性不同的土，其中，e-p 曲线的形状

视频：压缩指标

是不一样的。假定试样在某一压力 p_1 作用下已经压缩稳定，现增加一压力增量至压力 p_2。对于该压力增量，曲线越陡，土的孔隙比减少越显著，表示体积压缩越大，该土的压缩性越高。压缩曲线的坡度可以形象地说明土的压缩性的高低。

在压缩曲线中，当压力的变化范围不大时，压缩曲线 M_1M_2 可近似看作直线。土的压缩性可用线段 M_1M_2 的斜率表示。则

$$a = \tan\alpha = \frac{e_1 - e_2}{p_2 - p_1} = -\frac{\Delta e}{\Delta p} \tag{3-4}$$

式中　a——土的压缩系数（kPa^{-1} 或 MPa^{-1}）；

　　　p_1——增压前使试样压缩稳定的压力强度，一般是指地基某深度处土中原有竖向自重应力（kPa）；

　　　p_2——增压后使试样压缩稳定的压力强度，地基某深度处土中自重应力与附加应力之和（kPa）；

　　　e_1——相应于在 p_1 作用下压缩稳定后的孔隙比；

　　　e_2——相应于在 p_2 作用下压缩稳定后的孔隙比。

式（3-4）是土的力学性质的基本定律之一，称为压缩定律。它表明，在压力变化范围不大时，孔隙比的变化值（减小值）与压力的变化值（增量）成正比，其比值即压缩系数 a。

3.1.3　压缩模量

除了采用压缩系数作为土的压缩性指标外，工程上还经常用到压缩模量作为土的压缩性指标，即土在侧限条件下的竖向附加应力与相应的应变增量之比值。土的压缩模量 E_s 可根据下式计算：

$$E_s = \frac{1 + e_1}{a} \tag{3-5}$$

式中　E_s——土的压缩模量（MPa）；

　　　a——土的压缩系数（MPa^{-1}）；

　　　e_1——相应于 p_1 作用下压缩稳定后的孔隙比。

压缩模量 E_s 也是土的一个重要的压缩性指标，与压缩系数成反比。E_s 越大，a 越小，土的压缩性越低，所以，E_s 可用于划分土压缩性的高低。

一般认为：

(1)当 E_s＜4 MPa 时，为高压缩性土；

(2)当 E_s＝4～15 MPa 时，为中压缩性土；

(3)当 E_s＞15 MPa 时，为低压缩性土。

3.1.4　土的荷载试验及变形模量

土的压缩性指标除了由室内压缩试验测定外，还可以通过现场荷载试验确定。变形模量 E_0 是土在无侧限条件下由现场静荷载试验确定的，表示土在侧向自由变形条件下竖向应力与竖向总应变之比。其物理意义与材料力学中的杨氏弹性模量相同，只是土的总应变中既有弹性应变又有部分不可恢复的塑性应变，因此，称为变形模量。

土的荷载试验是一种地基土的原位测试方法，可用于测定承压板下应力主要影响范围内岩土的承载力和变形特性。荷载试验可分为浅层平板荷载试验、深层平板荷载试验和螺旋板荷载试验三种。浅层平板荷载试验适用浅层地基土；深层平板荷载试验适用埋深大于 3 m 和地下水位以上的地基土；螺旋板荷载试验适用于深层地基土或地下水位以下的地基土。

1. 静荷载试验

静荷载试验是通过承压板对地基土分级施加压力 p，测试压板的沉降 s，便可得到压力和沉降（p-s）关系曲线。然后根据弹性力学公式即可求得土的变形模量和地基承载力。

平板荷载试验装置，一般由加荷稳压装置、反力装置及观测装置三部分组成，如图 3-4 所示。加荷稳压装置包括承压板、千斤顶及稳压器等；反力装置常用平台堆载或地锚；观测装置包括百分表及固定支架等。

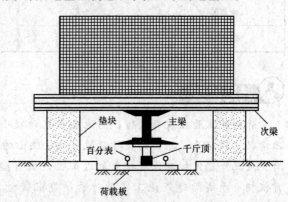

图 3-4　平板荷载试验的常用装置

试验时必须注意保持试验土层的原状结构和天然湿度，在坑底宜铺设不大于 20 mm 厚的粗、中砂层找平。若试验土层为软塑或流塑状态的黏性土或饱和的松软土时，荷载板周围应留有 200～300 mm 高的原土作为保护层。

2. 变形模量

土的变形模量是指土体在无侧限条件下的应力与应变的比值，并以符号 E_0 表示，E_0 值的大小可由荷载试验结果求得，在 p-s 曲线的直线段或接近于直线段任选一压力 P_1 和它对应的沉降 s_1，利用弹性力学公式，即按式（3-6）反求出地基的变形模量。

$$E_0 = w(1-\mu)^2 \frac{p_1 b}{s_1} \tag{3-6}$$

式中　w——沉降影响系数，方形承压板取 0.88，圆形承压板取 0.79；

　　　μ——地基土的泊松比（参见相关经验值）；

　　　b——承压板的边长或直径（mm）；

　　　s_1——与所取定的比例界限 p_1 相对应的沉降。

有时 p-s 曲线并不出现直线段，建议对中、高压缩性土取 $s_1=0.02b$ 及其对应的荷载；对低压缩性粉土、黏性土、碎石土及砂土，可取 $s_1=(0.01～0.015)b$ 及其对应的荷载。

现场静荷载试验测定的变形模量 E_0 与室内侧限压缩试验测定的压缩模量 E_s 有如下关系：

$$E_0 = \beta E_s \tag{3-7}$$

式中　β——与土的泊松比 μ 有关的系数（$\beta = 1 - \dfrac{2\mu^2}{1-\mu}$）。

由于土的泊松比变化范围一般为 $0 \sim 0.5$，所以 $\beta \leqslant 1.0$，即 $E_0 \leqslant E_s$。然而，由于土的变形性质不能完全由线弹性常数来概括，因而由不同的试验方法测得的 E_0 和 E_s 之间的关系，往往不一定符合式(3-7)。对硬土，其 E_0 可能较 βE_s 大数倍；而对软土，E_0 和 βE_s 则比较接近。

不同土的变形模量经验值见表 3-1。

表 3-1　不同土的变形模量经验值

土的类型	变形模量/MPa	土的类型	变形模量/MPa
泥炭	$0.1 \sim 0.5$	松砂	$10 \sim 20$
塑性黏土	$0.5 \sim 4$	密实砂	$50 \sim 80$
硬塑黏土	$4 \sim 8$	密实砂砾、砾石	$100 \sim 200$
较硬黏土	$8 \sim 15$		

特别提醒

静荷载试验在现场进行，对地基土扰动较小，土中应力状态在承载板较大时与实际基础情况比较接近，测出的指标能较好地反映土的压缩性质。但荷载试验工作量大，时间长，所规定沉降稳定标准带有较大的近似性，据有些地区的经验，它所反映的土的固结程度通常仅相当于实际建筑施工完毕时的早期沉降量。此外，荷载试验的影响深度一般只能达 $(1.5 \sim 2)b$，对于深层土，曾在钻孔内用小型承压板借助钻杆进行深层荷载试验。但由于在地下水位以下清理孔底困难，加上受力条件复杂等因素，数据不易准确。故国内外常用旁压或触深试验测定深层的变形模量。

3.2　地基的最终沉降量计算

地基表面的竖向变形，称为地基沉降或基础沉降。地基最终沉降量是指地基土在建筑荷载作用下达到压缩稳定时地基表面的沉降量。计算地基最终沉降量的目的在于确定建筑物最大沉降量、沉降差和倾斜，并将其控制在允许范围内，以保证建筑物的安全和正常使用。

视频：最终沉降量计算

计算地基最终沉降量的常用方法为分层总和法和《建筑地基基础设计规范》(GB 50007—2011)推荐方法，简称"规范法"。

计算地基变形时，传至基础底面上的荷载效应应按正常使用极限状态下荷载效应的准永久组合，不计入风荷载和地震作用，相应的限值为地基变形永久值。

3.2.1 分层总和法

分层总和法假定地基土为直线变形体，在外荷载作用下的变形只发生在有限厚度的范围内（即压缩层），将压缩层厚度内的地基土层分层，分别计算各分层的应力，然后用土的应力-应变关系式求出各分层的压缩量，然后求其总和，即得地基的最终沉降量。分层总和法计算地基沉降量如图3-5所示。

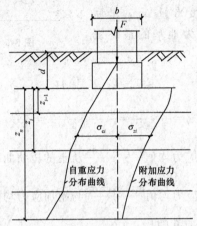

图 3-5 用分层总和法计算地基沉降量

1. 基本假定

（1）计算附加应力时，地基土为均质、各向同性的半无限体。

（2）土层只产生竖向变形、无侧向变形（膨胀），计算时采用完全侧限条件下的压缩性指标。

（3）土的压缩是孔隙体积减小导致骨架变形的结果，土粒自身的压缩忽略不计。

2. 基本公式

在厚度为 H_1 的土层上面施加连续均匀荷载，如图 3-6 所示，由上述假定，土层在竖直方向产生压缩变形，而没有侧向变形，从土的侧限压缩试验曲线可知，竖向应力由 p_1 增加到 p_2，将引起土的孔隙比从 e_1 减小到 e_2，参考式（3－7）可得：

$$H_2 = \frac{1+e_2}{1+e_1}H_1 \tag{3-8}$$

式中 H_1、H_2——压缩前、后土层厚度；

e_1、e_2——土体受压前、后的稳定孔隙比。

因为 $s = H_1 - H_2$，得

$$s = \frac{e_1 - e_2}{1+e_1}H \tag{3-9}$$

也可写成

$$s = \frac{a}{1+e_1}(p_2 - p_1)H = \frac{\Delta p}{E_s}H \tag{3-10}$$

式中 s——地基最终沉降量（mm）；

a——压缩系数；

E_s——压缩模量；

H——土层的厚度；

Δp——土层厚度内的平均附加应力（$\Delta p = p_2 - p_1$）。

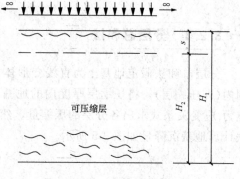

图 3-6　单一土层的一维压缩

如图 3-6 所示的地基及应力分布，可采用分层总和法计算沉降。即分别计算基础中心点下地基中各个分土层的压缩变形量 Δs_i，最后将各分层的沉降量加起来即为地基的最终沉降量：

$$s = \sum_{i=1}^{n} \Delta s_i = \sum_{i=1}^{n} \varepsilon_i H_i \tag{3-11}$$

$$\varepsilon_i = \frac{e_{1i} - e_{2i}}{1 + e_{2i}} = \frac{a_i(p_{2i} - p_{2i})}{1 + e_{1i}} = \frac{\Delta p_i}{E_{si}} \tag{3-12}$$

式中　e_{1i}——第 i 层土的自重应力均值 $\dfrac{\sigma_{c(i-1)} + \sigma_{ci}}{2}$ 从土的压缩曲线上得到的相应孔隙比；

e_{2i}——第 i 层土的自重应力均值 $\dfrac{\sigma_{c(i-1)} + \sigma_{ci}}{2}$ 与附加应力均值 $\dfrac{\sigma_{z(i-1)} + \sigma_{zi}}{2}$ 之和从土的压缩曲线上得到的相应孔隙比；

H_i——第 i 层土的厚度；

n——压缩层范围内土层分层数目。

3. 计算步骤

单向压缩分层总和法的计算步骤如下：

（1）分层。分层的原则是以 $0.4b$（b 为基底短边长度）为分层厚度，同时必须将土的自然分层处和地下水位处作为分层界线。

（2）计算自重应力。按公式 $\sigma_{cz} = \sum_{i=1}^{n} \gamma_i h_i$ 计算出基础中心以下各层界面处的竖向自重应力。自重应力从地面算起，地下水位以下采用土的浮重度计算。

（3）计算附加应力。计算出基础中心以下各层界面处的附加应力。附加应力应从基础底面算起。

（4）确定地基沉降计算深度 z_n。沉降计算深度 z_n 是指由基础底面向下计算压缩变形所要求的深度。从理论上讲，在无限深度处仍有微小的附加应力，仍能引起地基的变形。考虑到在一定的深度处，附加应力已很小，它对土体的压缩作用已不大，可以忽略不计。因此，在实际工程计算中，一般取附加应力与自重应力的比值为 20% 处，即 $\sigma_z = 0.2\sigma_{cz}$ 处的深度作为沉降计算深度的下限，对于软土，应加深至 $\sigma_z = 0.1\sigma_{cz}$。在沉降计算深度范围内存在基岩时，$z_n$ 可取至基岩表面为止。

（5）计算各分层沉降量。计算各层土的平均自重应力 $\bar{\sigma}_{czi} = \dfrac{\sigma_{cz(i-1)} + \sigma_{czi}}{2}$ 和平均附加应力 $\bar{\sigma}_{zi} = \dfrac{\sigma_{z(i-1)} + \sigma_{zi}}{2}$，再根据 $p_{1i} = \bar{\sigma}_{czi}$ 和 $p_{2i} = \bar{\sigma}_{czi} + \bar{\sigma}_{zi}$，分别由 e-p 压缩曲线确定相应的初始孔隙比 e_{1i} 和压缩稳定以后的孔隙比 e_{2i}，则任一分层的沉降量可按下式计算：

$$\Delta s_i = \frac{e_{1i} - e_{2i}}{1 + e_{2i}} H \tag{3-13}$$

（6）计算最终沉降量。按式（3-11）即可计算出基础中点的理论最终沉降量，视为基础的平均沉降。

分层总和法适用各种成层土和各种荷载的沉降量计算，压缩指标 a、E_s 等易确定。但在计算过程中作了很多假设，与实际情况不符，侧限条件、基底压力计算有一定误差；室内试验指标也有一定误差；计算工作量大；利用该法计算结果，对坚实地基，其结果偏大，对软弱地基，其结果偏小。

3.2.2 规范法

在总结大量实践经验的基础上，对分层总和法的计算结果作必要的修正。根据各向同性均质线性变形体理论，《建筑地基基础设计规范》（GB 50007—2011）提出另一种计算方法——"规范法"。该方法仍然采用前述分层总和法的假设前提，但在计算中引入平均附加应力系数的概念，并引入一个沉降计算经验系数 ψ_s，使得计算成果更接近实测值。规范法计算地基沉降量如图 3-7 所示。

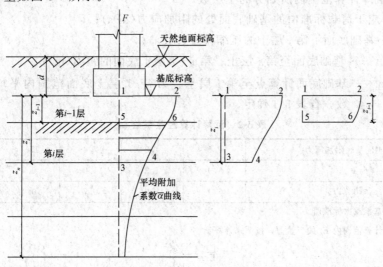

图 3-7　规范法计算地基沉降量

设地基土层均质、压缩模量不随深度变化，则从基础底面至地基任意深度 z 范围内的压缩量为

$$s' = \int_0^z \frac{\sigma_z}{E_s} \mathrm{d}z = \frac{1}{E_s} \int_0^z \sigma_z \mathrm{d}z = \frac{A}{E_s} \tag{3-14}$$

式中　A——深度 z 范围内的附加应力面积。

由附加应力计算公式：$\sigma_z = \alpha_c p_0$，附加应力图面积 A 可表示为

$$A = \int_0^z \sigma_z \mathrm{d}z = \int_0^z \alpha_c p_0 \mathrm{d}z = p_0 \int_0^z \alpha_c \mathrm{d}z$$

定义 $\int_0^z \alpha_c \mathrm{d}z$ 为附加应力系数面积，则由上式得 $\int_0^z \alpha_c \mathrm{d}z = \dfrac{A}{p_0}$。为了计算方便，引入平均附加应力系数 $\bar\alpha$，由其定义得：

$$\bar\alpha = \frac{\int_0^z \alpha_c \mathrm{d}z}{z} = \frac{A}{p_0 z} \tag{3-15}$$

则附加应力面积 $A = \bar\alpha p_0 z$，此亦被称为附加应力面积等代值。

将式(3-15)代入式(3-14)，得

$$s' = \bar\alpha p_0 \frac{z}{E_s} \tag{3-16}$$

式(3-16)即是以附加应力面积等代值引出的、以平均附加应力系数表达的、从基底至任意深度 z 范围内的地基沉降量的计算公式。

根据分层总和法基本原理可得地基最终沉降量的基本计算公式为

$$s = \psi_s s' = \psi_s \sum_{i=1}^n \frac{p_0}{E_{si}}(z_i \bar\alpha_i - z_{i-1} \bar\alpha_{i-1}) \tag{3-17}$$

式中　s——地基最终沉降量(mm)；

　　　s'——按分层总和法计算出的地基沉降量(mm)；

　　　ψ_s——沉降计算经验系数，根据地区沉降观测资料及经验确定，无地区经验时可采用表 3-2 内的数值；

　　　n——沉降计算范围内所划分的土层数；

　　　p_0——应于荷载标准值的基础底面处的附加应力(kPa)；

　　　E_{si}——基础底面下第 i 层土的压缩模量(MPa)；

　　　z_i、z_{i-1}——基础底面至第 i 层土、第 $i-1$ 层土底面的距离(m)；

　　　$\bar\alpha_i$、$\bar\alpha_{i-1}$——基础底面计算点至第 i 层土、第 $i-1$ 层土底面范围内平均附加应力系数，查表 3-3 确定。

表 3-2　沉降计算经验系数 ψ_s

$\overline{E_s}$/MPa 基底附加压力	2.5	4.0	7.0	15.0	20.0
$p_0 \geq f_k$	1.4	1.3	1.0	0.4	0.2
$p_0 \leq 0.75 f_k$	1.1	1.0	0.7	0.4	0.2

注：f_k——地基承载力标准值。

$\overline{E_s}$——沉降计算范围内 E_s 的当量值，按下式计算：

$$\overline{E_s} = \frac{\sum A_i}{\sum \dfrac{A_i}{E_{si}}}$$

式中　A_i——第 i 层土附加应力系数沿土层厚度的积分值。

表 3-3　矩形面积上均布荷载作用下角点的平均竖向附加应力系数 $\bar\alpha$

z/b	l/b												
	1.0	1.2	1.4	1.6	1.8	2.0	2.4	2.8	3.2	3.6	4.0	5.0	10.0
0.0	0.250 0	0.250 0	0.250 0	0.250 0	0.250 0	0.250 0	0.250 0	0.250 0	0.250 0	0.250 0	0.250 0	0.250 0	0.250 0
0.2	0.249 6	0.249 7	0.249 7	0.249 8	0.249 8	0.249 8	0.249 8	0.249 8	0.249 8	0.249 8	0.249 8	0.249 8	0.249 8
0.4	0.247 4	0.247 9	0.248 1	0.248 3	0.248 3	0.248 4	0.248 5	0.248 5	0.248 5	0.248 5	0.248 5	0.248 5	0.248 5

z/b	l/b												
	1.0	1.2	1.4	1.6	1.8	2.0	2.4	2.8	3.2	3.6	4.0	5.0	10.0
0.6	0.242 3	0.243 7	0.244 4	0.244 8	0.245 1	0.245 2	0.245 4	0.245 5	0.245 5	0.245 5	0.245 5	0.245 5	0.245 6
0.8	0.234 6	0.247 2	0.238 7	0.239 5	0.240 0	0.240 3	0.240 7	0.240 8	0.240 9	0.240 9	0.241 0	0.241 0	0.241 0
1.0	0.225 2	0.229 1	0.231 3	0.232 6	0.233 5	0.234 0	0.234 6	0.234 9	0.235 1	0.235 2	0.235 2	0.235 3	0.235 3
1.2	0.214 9	0.219 9	0.222 9	0.224 8	0.226 0	0.226 8	0.227 8	0.228 2	0.228 5	0.228 6	0.228 7	0.228 8	0.228 9
1.4	0.204 3	0.210 2	0.214 0	0.216 4	0.219 0	0.219 1	0.220 4	0.221 1	0.221 5	0.221 7	0.221 8	0.222 0	0.222 1
1.6	0.193 9	0.200 6	0.204 9	0.207 9	0.209 9	0.311 3	0.213 0	0.213 8	0.214 3	0.214 6	0.214 8	0.215 0	0.215 2
1.8	0.184 0	0.191 2	0.196 0	0.199 4	0.201 8	0.203 4	0.205 5	0.206 6	0.207 3	0.207 7	0.207 9	0.208 2	0.208 4
2.0	0.174 6	0.182 2	0.187 5	0.191 2	0.193 8	0.195 8	0.198 2	0.299 6	0.200 4	0.200 9	0.201 2	0.201 5	0.201 8
2.2	0.165 9	0.173 7	0.179 3	0.183 3	0.186 2	0.188 3	0.191 1	0.192 7	0.193 7	0.194 3	0.194 7	0.195 2	0.195 5
2.4	0.157 8	0.165 7	0.171 5	0.175 7	0.178 9	0.181 2	0.184 3	0.186 2	0.187 3	0.188 0	0.188 5	0.189 0	0.189 5
2.6	0.150 3	0.158 3	0.164 2	0.168 6	0.171 9	0.174 5	0.177 9	0.179 9	0.181 2	0.182 0	0.182 5	0.183 2	0.183 8
2.8	0.143 3	0.151 4	0.157 4	0.161 9	0.165 4	0.168 0	0.171 7	0.173 9	0.175 3	0.176 3	0.176 9	0.177 7	0.178 4
3.0	0.136 9	0.144 9	0.151 0	0.155 6	0.159 2	0.161 9	0.165 8	0.168 2	0.169 8	0.170 8	0.171 5	0.172 5	0.173 3
3.2	0.131 0	0.139 0	0.145 0	0.149 7	0.153 3	0.156 2	0.160 2	0.162 8	0.164 5	0.165 7	0.166 4	0.167 5	0.168 5
3.4	0.125 6	0.133 4	0.139 4	0.144 1	0.147 8	0.150 8	0.155 0	0.157 7	0.159 5	0.160 7	0.161 6	0.162 8	0.163 9
3.6	0.120 5	0.128 2	0.134 2	0.138 9	0.142 7	0.145 6	0.150 0	0.152 8	0.154 8	0.156 1	0.157 0	0.158 3	0.159 5
3.8	0.115 8	0.123 4	0.129 3	0.134 0	0.137 8	0.140 8	0.145 2	0.148 2	0.150 2	0.151 6	0.152 6	0.154 1	0.155 4
4.0	0.111 4	0.118 9	0.124 8	0.129 4	0.133 2	0.136 2	0.140 8	0.143 8	0.145 9	0.147 4	0.148 5	0.150 0	0.151 6
4.2	0.107 3	0.114 7	0.120 5	0.125 1	0.128 9	0.131 9	0.136 5	0.139 6	0.141 8	0.143 4	0.144 5	0.146 2	0.147 9
4.4	0.103 5	0.110 7	0.116 4	0.121 0	0.124 8	0.127 9	0.132 5	0.135 7	0.137 9	0.139 6	0.140 7	0.142 5	0.144 4
4.6	0.100 0	0.107 0	0.112 7	0.117 2	0.120 9	0.124 0	0.128 7	0.131 9	0.134 2	0.135 9	0.137 1	0.139 0	0.141 0
4.8	0.096 7	0.103 6	0.109 1	0.113 6	0.117 3	0.120 4	0.125 0	0.128 3	0.130 7	0.132 4	0.133 7	0.135 7	0.137 9
5.0	0.093 5	0.100 3	0.105 7	0.110 2	0.113 9	0.116 9	0.121 6	0.124 9	0.127 3	0.129 1	0.130 4	0.132 5	0.134 8
5.2	0.090 6	0.097 2	0.026 0	0.107 0	0.110 6	0.113 6	0.118 3	0.121 7	0.124 1	0.125 9	0.127 3	0.129 5	0.132 0
5.6	0.085 2	0.091 6	0.096 8	0.101 0	0.104 6	0.107 6	0.112 2	0.115 6	0.118 1	0.120 0	0.121 5	0.123 8	0.126
5.8	0.082 8	0.089 0	0.094 1	0.098 3	0.101 8	0.104 7	0.109 4	0.112 8	0.115 3	0.117 2	0.118 7	0.121 1	0.124 0
6.0	0.080 5	0.086 6	0.091 6	0.095 7	0.099 1	0.102 1	0.106 7	0.110 1	0.112 6	0.114 6	0.116 1	0.118 5	0.121 6
6.2	0.078 3	0.084 2	0.089 1	0.093 2	0.096 6	0.099 5	0.104 1	0.107 5	0.110 1	0.112 0	0.113 6	0.116 1	0.119 3
6.4	0.076 2	0.082 0	0.086 9	0.090 9	0.094 2	0.097 1	0.101 6	0.105 0	0.107 6	0.109 6	0.111 1	0.113 7	0.117 1
6.6	0.074 2	0.079 9	0.084 7	0.088 6	0.091 9	0.094 8	0.099 3	0.102 7	0.105 3	0.107 3	0.108 8	0.111 4	0.114 9
6.8	0.072 3	0.077 9	0.082 6	0.086 5	0.089 8	0.092 6	0.097 0	0.100 4	0.103 0	0.105 0	0.106 6	0.109 2	0.112 9
7.0	0.070 5	0.076 1	0.080 6	0.084 4	0.087 7	0.090 4	0.094 9	0.098 2	0.100 8	0.102 8	0.104 4	0.107 1	0.110 9

z/b	l/b												
	1.0	1.2	1.4	1.6	1.8	2.0	2.4	2.8	3.2	3.6	4.0	5.0	10.0
7.2	0.068 8	0.074 2	0.078 7	0.082 5	0.085 7	0.088 4	0.092 8	0.096 2	0.098 7	0.100 8	0.102 3	0.105 1	0.109 0
7.4	0.067 2	0.072 5	0.076 9	0.080 6	0.083 8	0.086 5	0.090 8	0.094 2	0.096 7	0.098 8	0.100 4	0.103 1	0.107 1
7.6	0.065 6	0.070 9	0.075 2	0.078 9	0.082 0	0.084 6	0.088 9	0.092 2	0.094 8	0.096 8	0.098 4	0.101 2	0.105 4
7.8	0.064 2	0.069 3	0.073 6	0.077 1	0.080 2	0.082 8	0.087 1	0.090 4	0.092 9	0.095 0	0.096 6	0.099 4	0.103 6
8.0	0.062 7	0.067 8	0.072 0	0.075 5	0.078 5	0.081 1	0.085 3	0.088 6	0.091 2	0.093 2	0.094 8	0.097 6	0.102 0
8.2	0.061 4	0.066 3	0.070 5	0.073 9	0.076 9	0.079 5	0.083 7	0.086 9	0.089 4	0.091 4	0.093 1	0.095 9	0.100 4
8.4	0.060 1	0.064 9	0.069 0	0.072 4	0.075 4	0.077 9	0.082 0	0.085 2	0.087 8	0.089 8	0.091 4	0.094 3	0.093 8
8.6	0.058 8	0.063 6	0.067 6	0.071 0	0.073 9	0.076 4	0.080 5	0.083 6	0.086 2	0.088 2	0.089 8	0.092 7	0.097 3
8.8	0.057 6	0.062 3	0.066 3	0.069 6	0.072 4	0.074 9	0.079 0	0.082 1	0.084 6	0.086 6	0.088 2	0.091 2	0.095 9
9.2	0.055 4	0.059 9	0.063 7	0.067 0	0.069 7	0.072 1	0.076 1	0.079 2	0.081 7	0.083 7	0.085 3	0.088 2	0.093 1
9.6	0.053 3	0.057 7	0.061 4	0.064 5	0.067 2	0.069 6	0.073 4	0.076 5	0.078 9	0.080 9	0.082 5	0.085 5	0.090 5
10.4	0.049 6	0.053 7	0.057 2	0.060 1	0.062 7	0.064 9	0.068 6	0.071 6	0.073 9	0.075 9	0.077 5	0.080 4	0.085 7
11.2	0.046 3	0.050 2	0.053 5	0.056 3	0.058 7	0.060 9	0.064 4	0.067 2	0.069 5	0.071 4	0.073 0	0.075 9	0.081 3
12.0	0.043 5	0.047 1	0.050 2	0.052 9	0.055 2	0.057 3	0.060 6	0.063 4	0.065 6	0.067 4	0.069 0	0.071 9	0.077 4
12.8	0.040 9	0.044 4	0.047 4	0.049 9	0.052 1	0.054 1	0.057 3	0.059 9	0.062 1	0.063 9	0.065 4	0.068 2	0.073 9
13.6	0.038 7	0.042 0	0.044 8	0.047 2	0.049 3	0.051 2	0.054 3	0.056 8	0.058 9	0.060 7	0.062 1	0.064 9	0.070 7
14.4	0.036 7	0.039 8	0.042 5	0.044 8	0.046 8	0.048 6	0.051 6	0.054 0	0.056 1	0.057 7	0.059 2	0.061 9	0.067 7
16.0	0.033 2	0.036 1	0.038 5	0.040 7	0.042 5	0.044 2	0.046 9	0.049 2	0.051 1	0.052 7	0.054 0	0.056 7	0.062 5
18.0	0.029 7	0.032 3	0.034 5	0.036 4	0.038 1	0.039 6	0.042 2	0.044 2	0.046 0	0.047 5	0.048 7	0.051 2	0.057 0
20.0	0.026 9	0.029 2	0.031 2	0.033 0	0.034 5	0.035 9	0.038 3	0.040 2	0.041 8	0.043 2	0.044 4	0.046 8	0.052 4

按规范方法计算地基沉降时，沉降计算深度 z_n 应满足下式：

$$\Delta s'_n \leqslant 0.025 \sum_{i=1}^{n} \Delta s'_i \tag{3-18}$$

式中　　$\Delta s'_i$——在计算深度范围内，第 i 层土的计算沉降值；

　　　　$\Delta s'_n$——为计算深度处向上取厚度 Δz 的分层的沉降计算值，Δz 的厚度选取与基础宽度 b 有关，见表 3-4。

表 3-4　z 的取值

b/m	$b \leqslant 2$	$2 < b \leqslant 4$	$4 < b \leqslant 8$	$8 < b \leqslant 15$	$15 < b \leqslant 30$	$b > 30$
$\Delta z/\mathrm{m}$	0.3	0.6	0.8	1.0	1.2	1.5

若确定的计算深度下部有软弱土层，则应继续向下计算。

当无相邻荷载影响，基础宽度 b 在 $1 \sim 50$ m 范围内时，基础中点的地基沉降计算深度可简化为式(3-19)：

$$z_n = b(2.5 - 0.4\ln b) \tag{3-19}$$

在计算深度范围内存在基岩时，z_n 可取至基岩表面。

【例 3-1】 已知柱下独立方形基础，基础底面尺寸为 $2.5\ m\times 2.5\ m$，埋深 2 m，作用于基础上(设计地面标高处)的轴向荷载 $F=1\ 250\ kN$，有关地基勘察资料与基础剖面如图 3-8 所示。试分别用单向分层总和法及规范法计算基础中点最终沉降量。

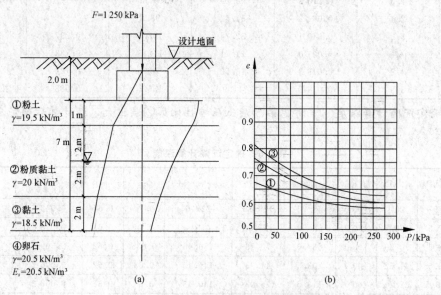

图 3-8 地基应力分布图与地基压缩曲线

(a)地基应力分布图；(b)地基土压缩曲线

解：1. 按单向分层总和法计算

(1)计算分层厚度。每层厚度 $h_i<0.4b=1.0\ m$。

(2)计算地基土的自重应力。自重应力从天然地面起算，z 自基底标高起算。

$z=0\ m$，$\sigma_{c0}=19.5\times 2=39(kPa)$ $z=1\ m$，$\sigma_{cz1}=39+19.5\times 1=58.5(kPa)$

$z=2\ m$，$\sigma_{cz2}=58.5+20\times 1=78.5(kPa)$ $z=3\ m$，$\sigma_{cz3}=78.5+20\times 1=98.5(kPa)$

$z=4\ m$，$\sigma_{cz4}=98.5+(20-10)\times 1=108.5(kPa)$

$z=5\ m$，$\sigma_{cz5}=108.5+(20-10)\times 1=118.5(kPa)$

$z=6\ m$，$\sigma_{cz6}=118.5+(18.5-10)\times 1=127(kPa)$

$z=7\ m$，$\sigma_{cz7}=127+(18.5-10)\times 1=135.5(kPa)$

(3)基底压力计算。基础底面以上，基础与填土的混合堆积密度取 $\gamma_G=20\ kN/m^3$。

$$p=\frac{F+G}{A}=\frac{1250+2.5\times 2.5\times 2\times 20}{2.5\times 2.5}=240(kPa)$$

(4)基底附加压力计算。$p_0=p-\gamma d=240-19.5\times 2=201(kPa)$

(5)基础中点下地基中竖向附加应力计算。用角点法计算，过基底中心将荷载面四等分，$l=2.5$，$b=2.5$，$l/b=1$，$\sigma_{zi}=4\alpha_{ci}\cdot p_0$，$\alpha_{ci}$ 由表 3-5 确定，计算结果见表 3-5。

表 3-5 计算结果

z/m	$\dfrac{2z}{b}$	α_{ci}	σ_z/kPa	σ_{cz}/kPa	σ_z/σ_{cz}	z_n/m
0	0	0.250 0	201	39		
1	0.8	0.199 9	160.7	58.5		

z/m	$\dfrac{2z}{b}$	α_{ci}	σ_z/kPa	σ_{cz}/kPa	σ_z/σ_{cz}	z_n/m
2	1.6	0.112 3	90.29	78.5		
3	2.4	0.064 2	51.62	98.8		
4	3.2	0.040 1	32.24	108.5	0.297	
5	4	0.027 0	21.71	118.5	0.183	
6	4.8	0.019 3	15.52	127	0.122	
7	5.6	0.014 8	11.9	135.5	0.088	按7 m计

(6)确定沉降计算深度 z_n。考虑第③层土压缩性比第②层土大,经计算后确定 $z_n=7$ m,见表3-6。

表3-6 确定沉降计算深度

z/m	σ_{cz}/kPa	σ_z/kPa	H/mm	$\bar{\sigma}_{czi}/kPa$	$\bar{\sigma}_{zi}/kPa$	$\bar{\sigma}_{czi}+\bar{\sigma}_{zi}/kPa$	e_1	e_2	$\dfrac{e_{1i}-e_{2i}}{1+e_{2i}}$	s_i/mm
0	39	201	100 0	48.75	180.85	229.6	0.71	0.64	0.042 7	
1	58.5	160.7	100 0	68.50	125.50	194	0.64	0.61	0.018 6	42.7
2	78.5	90.29	100 0	88.50	70.96	159.46	0.635	0.62	0.009 3	18.6
3	98.5	51.62	100 0	103.5	41.93	145.43	0.63	0.62	0.006 2	9.3
4	108.5	32.24	100 0	113.5	26.98	140.48	0.63	0.62	0.006 2	6.2
5	118.5	21.71	100 0	122.75	18.62	141.37	0.69	0.68	0.006	6.2
6	137	15.52	100	131.25	13.71	144.96	0.68	0.67	0.003	6.0
7	155.5	11.90								3.0
										$\sum S_i=91.8$

所以,按分层总和法求得的基础最终沉降量为 $S=91.8$ mm。

2. 按《建筑地基基础设计规范》(GB 50027—2011)计算

(1)σ_{cz}、σ_z 分布及 p_0 值见分层总和法步骤(1)~(5)。

(2)计算 E_s。由式 $E_s=\dfrac{1+e_{1i}}{e_{1i}-e_{2i}}(p_{2i}-p_{1i})$ 确定各分层 E_s,式中 $p_{1i}=\bar{\sigma}_{czi}$,$p_{2i}=\bar{\sigma}_{czi}+\bar{\sigma}_{zi}$,计算结果见表3-7。

表3-7 计算结果

z/m	l/b	z/b	$\bar{\alpha}$	$\bar{\alpha}_z$	$\bar{\alpha}_i z_i-\bar{\alpha}_{i-1}z_{i-1}$	E_{si}/kPa	$\Delta s'/mm$	s'/mm
0		0	0.250 0	0	0.234 6	4 418	42.7	42.7
1.0		0.8	0.234 6	0.234 6	0.153 2	6 861	18.0	60.7
2.0		1.6	0.193 9	0.387 8	0.085 6	7 735	8.9	69.6
3.0		2.4	0.157 8	0.473 4	0.050 6	6 835	6.0	75.6
4.0		3.2	0.131 0	0.524 0	0.033	4 398	6.0	81.6
5.0	$\dfrac{2.5}{2.5}=1$	4.0	0.111 4	0.557 0	0.023 2	3 147	5.9	87.5
6.0		4.8	0.096 7	0.580 2	0.016 2	2 303	5.7	93.2
7.0		5.6	0.085 2	0.596 4	0.014 6	20 500	0.6	93.8
7.6		6.08	0.080 4	0.611 0				

(3)计算 $\bar{\alpha}$。根据角点法,过基底中点将荷载面四等分,计算边长 $l=2.5$,$b=2.5$,由表3-4确定 $\bar{\alpha}$。计算结果见表3-7。

(4)确定沉降计算深度 z_n。

$$z_n = b(2.5 - 0.4\ln b) = 2.5 \times (2.5 - 0.4\ln 2.5) = 5.3(\text{m})$$

由于下面土层仍软弱,在③层黏土底面以下取 Δz 厚度计算,根据表 3-3 的要求,取 $\Delta z = 0.6$ m,则 $z_n = 7.6$ m,计算得厚度 Δz 的沉降量为 0.6 mm,$\Delta s'_n = 0.6 \leqslant 0.025 \sum\limits_{i=1}^{n} \Delta S'_i = 0.025 \times 93.8 = 2.345$,满足要求。

(5)计算各分层沉降量 $\Delta s'$。由式 $\Delta s'_i = \dfrac{4\,p_0}{E_{si}}(z_i\overline{\alpha_i} - z_{i-1}\overline{\alpha_{i-1}})$ 求得各分层沉降量。计算结果见表 3-7。

(6)确定修正系数 ψ_s。

$$\overline{E_s} = \frac{\sum A_i}{\sum \dfrac{A_i}{E_{si}}} = 5\,243(\text{kPa})$$

由 $f_k = p_0$ 查表 3-2 得,$\psi_s = 1.176$

(7)计算基础最终沉降。

$$s = \psi_s s' = 1.176 \times 93.8 = 110.3(\text{mm})$$

由规范法计算得该基础最终沉降量 $s = 110.3$ mm。

📝 **知识窗**

比较规范法计算地基最终沉降量与分层综合法计算地基沉降量二者异同点,主要有以下几个方面:

(1)规范法计算地基沉降量仍采用分层总和法的基本假定。

(2)为简化计算规范法可以采用天然土层界面划分层面,可以不受分层总和法每分层厚度 $0.4b$ 的限制。

(3)规范法采用了平均附加应力系数 $\overline{\alpha}$,使计算简化。

(4)规范法采用变形比确定地基压缩层厚度 z_n 较分层总和法采用应力比确定 z_n 要更方便。

(5)规范法引入了沉降计算经验系数,修正了如假定条件、试验及排水条件等因素带来的一些误差,使得地基最终沉降量计算结果更接近实际。

3.3 地基沉降量的组成

3.3.1 土的应力历史

应力历史是指土在形成的地质年代中经受应力变化的情况。天然沉积的土层,有的是经历了很长时间沉积的,有的是新沉积的或人工填土。天然土层在历史上受过的最大固结压力(指土体在固结过程中所受的最大有效应力),称为先期固结压力。根据它与现有有效应力相

知识拓展:应力历史对土体压缩性的影响

比，将天然土层（主要为黏性土和粉土）分为正常固结土、超固结土（超压密土）和欠固结土三类。天然沉积土层的固结压力如图3-9所示。

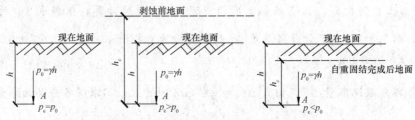

图 3-9　天然沉积土层的固结压力

在工程设计中，最常见的是正常固结土，其土层的压缩由建筑物荷载产生的附加应力引起。超固结土在其形成历史中已受过预压力，只有当地基中附加应力与自重应力之和超出其先期固结压力后，土层才会有明显压缩。因此，超固结土的压缩性较低，对工程有利。而欠固结土不仅要考虑附加应力产生的压缩，还要考虑由于自重应力作用产生的压缩，因此压缩性较高。

在实际工程中，通常用超固结比的概念来定量地表征土的天然固结状态，即

$$OCR = \frac{\sigma'_p}{\sigma_{sz}} \tag{3-20}$$

式中　OCR——土的超固结比。

若 $OCR=1$，属正常固结土；$OCR>1$，属超固结土；$OCR<1$，属欠固结土。

3.3.2　地基沉降量的组成

在荷载作用下，黏性土地基沉降量随时间变化如图3-10所示。黏性土地基的最终沉降量 s 由三部分沉降组成，即

$$s = s_d + s_c + s_s \tag{3-21}$$

式中　s_d——瞬时沉降（不排水沉降）；
　　　s_c——固结沉降（主固结沉降）；
　　　s_s——次固结沉降（蠕变沉降）。

瞬时沉降是指加载瞬间土孔隙中的水来不及排出，

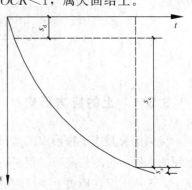

图 3-10　黏性土地基沉降量
的三个组成部分

孔隙体积尚未变化，地基土在荷载作用下仅发生剪切变形时的地基沉降。

固结沉降是指在荷载作用下，随着土孔隙水分的逐渐挤出，孔隙体积相应减少，土体逐渐压密而产生的沉降，通常采用分层总和法计算。

次固结沉降是指土中孔隙水已经消散，有效应力增长基本不变之后仍随时间而缓慢增长所引起的沉降。对于含有较多有机质的黏土，次固结沉降历时较长，实际上只能进行近似计算。

3.4　地基变形与时间的关系

在实际工程中，往往需要了解建筑物的基础在施工期间或某一时间的沉降量，以便控制施工速度或考虑建筑物正常使用的安全措施。采用堆载预压等方法处理地基时，也需要考虑地基变形与时间的关系。

知识拓展：地基变形分类

碎石土和砂土的透水性好，其变形所经历的时间很短，可以认为外荷载施加完毕时，其变形已稳定；对于黏性土，完成固结所需时间较长，其固结变形需要经过几年甚至几十年的时间才能完成。本任务只讨论饱和黏性土的变形与时间关系。

3.4.1　达西定律

1856 年，法国学者达西（Darcy）根据砂土渗透试验，如图 3-11 所示，发现水的渗透速度与水力坡降成正比，即达西定律，其数学表达式为

$$v=ki \tag{3-22}$$

式中　v——渗透速度（cm/s）；

k——土的渗透系数（cm/s）；

i——水力梯度，$i=\dfrac{h_1-h_2}{L}$。

渗透系数是表示岩土透水性的指标，一般情况下，同岩石和渗透液体的物理性质有关。根据达西定律，当水力坡度 $i=1$ 时，渗透系数在数值上等于渗透流速。松散岩石的渗透系数经验值见表 3-8。渗透系数的测定也可用现场抽水试验及室内渗透试验测得。

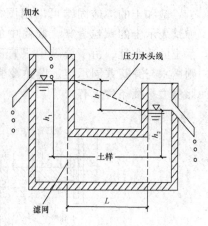

图 3-11　渗透定律及达西定律

表 3-8　不同岩性渗透系数 K 的经验值

岩性	渗透系数 $K/(\mathrm{m \cdot d^{-1}})$	岩性	渗透系数 $K/(\mathrm{m \cdot d^{-1}})$
黏土	0.001～0.054	细砂	5～15
粉质黏土	0.02～0.5	中砂	10～25
亚砂土	0.2～1.0	粗砂	25～50
粉砂	1～5	砂砾石	50～150
粉细砂	3～8	卵砾石	80～300

由于达西定律只适用层流的情况，故一般只适用中砂、细砂、粉砂等。对粗砂、砾石、卵石等粗颗粒土就不适用，因为此时水的渗透速度较大，已不是层流，而是紊流。

知识窗

影响土渗透性的主要因素如下：

（1）土粒的大小和级配。土粒越大，组成越均匀，则渗透性越强。级配良好时，如砂土中粉粒和黏粒增多，其渗透性会大大降低。

（2）土的孔隙比。孔隙比越小，土中孔隙相对较小，渗透性也小。

（3）水的温度。同样条件下，水的温度越高，其渗透性越好。影响渗透性的是水的动力黏度，水温越高，动力黏度就越低。

3.4.2 饱和土的渗透固结

饱和黏土在压力作用下，孔隙水随时间而逐渐被排出，同时孔隙体积也随之减小，这一过程称为饱和土的渗透固结。渗透固结所需时间的长短与土的渗透性和土层厚度有关，土的渗透性越小，土层越厚，孔隙水被挤出所需的时间越长。

视频：沉降
与时间的关系

饱和土的渗透固结可以用图 3-12 所示的模型说明。圆筒中充满水，弹簧表示土的颗粒骨架，圆筒中的水表示土中的自由水，带孔的活塞表示土的透水性。由于弹簧中只有固、液两相介质，则对于外力 σ 的作用则由水与弹簧共同承担。设弹簧承担的压力为有效应力 σ'，圆筒中的水为孔隙水压力 u，按照静力平衡条件，有

$$\sigma' + u = \sigma \tag{3-23}$$

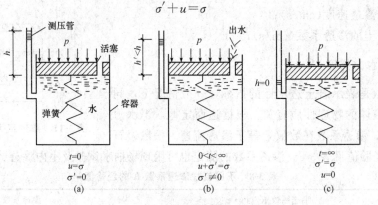

图 3-12 饱和土的渗透固结模型

（1）当 $t=0$ 时，活塞顶面受到外力 σ 的瞬间，水来不及排出，如图 3-12(a) 所示，弹簧没有变形和受力，附加应力 σ 全部由水来承担，即 $u=\sigma$，$\sigma'=0$。

（2）当 $0<t<\infty$ 时，由于荷载作用，水开始从活塞排水孔中排出，活塞下降，弹簧开始承受压力 σ' 并逐渐增长；相应 u 逐渐减小，如图 3-12(b) 所示，即 $u+\sigma'=\sigma$，$\sigma'>0$。

（3）当 $t=\infty$ 时，水从排水孔中全部排出，孔隙水压力完全消散，外力 σ 全部由弹簧承担，饱和土渗透固结完成，如图 3-12(c)所示，即 $u=0$，$\sigma'=\sigma$。

特别提醒

饱和土的渗透固结就是孔隙水压力逐渐消散和有效应力相应增长的过程。

3.4.3　单向渗透固结理论

为了求得饱和土层在渗透固结过程中某一时间的变形，通常采用太沙基提出的一维固结理论进行计算。其适用条件为荷载面积远大于压缩土层的厚度，地基中孔隙水主要沿竖向渗流。对于堤坝及其地基，孔隙水主要沿两个方向渗流，属于二维固结问题；对于高层建筑，则应考虑三维固结问题。

设厚度为 h 的饱和土层，顶面是透水层，底面是不透水和不可压缩层。假设该饱和土层在自重应力作用下的固结已经完成，顶面施加一均布荷载 p。由于土层厚度远小于荷载面积，故土中附加应力图形近似取作矩形分布，即附加应力不随深度而变化，但是孔隙压力 u 是坐标 z 和时间 t 的函数，如图 3-13 所示。

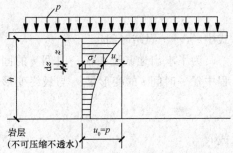

图 3-13　单向渗透固结过程

为了分析固结过程，作以下假设：

（1）土中水的渗流只沿竖向发生，而且渗流符合达西定律，土的渗透系数为常数。

（2）相对于土的孔隙，土颗粒和土中水都是不可压缩的，因此，土的变形仅是孔隙体积压缩的结果。

（3）土是完全饱和的，土的体积压缩量同孔隙中排出的水量相等，而且压缩变形速率取决于土中水的渗流速率。

从饱和土层顶面下深度 z 处取一微单元体 $1\times1\times\mathrm{d}z$，根据单元体的渗流连续条件和达西定律，可建立饱和土的一维固结微分方程：

$$\frac{\partial u}{\partial t}=c_{\mathrm{v}}\frac{\partial^2 u}{\partial z^2}\tag{3-24}$$

式中　c_{v}——土的固结系数（$\mathrm{m}^2/$年）。

$$c_{\mathrm{v}}=\frac{k(1+e_1)}{a\gamma_{\mathrm{w}}}\tag{3-25}$$

式中　k——土的渗透系数（m/年）；

　　　e_1——土层固结前的初始孔隙比；

　　　γ_{w}——水的重度，$10\ \mathrm{kN/m}^3$；

　　　a——土的压缩系数（kPa）。

式（3-24）即饱和土单向渗透固结微分方程式，一般可用分离变量法求解，解的形式可以用傅里叶级数表示。根据式（3-24）的初始条件（开始固结时的附加应力分布情况）和边界条件（可压缩土层顶、底面的排水条件），有

$t=0$ 和 $0\leqslant z\leqslant H$ 时，$u=\sigma_z$；

$0<t\leqslant\infty$ 和 $z=0$（透水面）时，$u=0$；

$0 \leqslant t \leqslant \infty$ 和 $z = H$（不透水面）时，$\dfrac{\partial u}{\partial z} = 0$；

$t = \infty$ 和 $0 \leqslant z \leqslant H$ 时，$u = 0$。

式(3-24)的傅里叶级数解如下：

$$u_{z,t} = \frac{4}{\pi}\sigma_z \sum_{m=i}^{\infty} \frac{1}{m}\sin\left(\frac{m\pi^2}{2H}\right)e^{-m^2\frac{\pi^2}{4}T_v} \tag{3-26}$$

式中　m——正整奇数（1，3，5，…）；

　　　e——自然对数的底；

　　　H——固结土层中最远的排水距离，以 m 计，当土层为单面排水时，H 即土层的厚度，当土层为上、下双面排水时，水由土层中间向上和向下同时排出，则 H 为土层厚度之半；

　　　T_v——时间因数，无因次。

$$T_v = \frac{c_v}{H^2}t \tag{3-27}$$

式中　t——固结时间。

为了求出地基土在任一时间 t 的固结沉降量，还要引入固结度的概念。地基在固结过程中任一时间 t 的变形量 s_t 与最终变形量 s 之比，称为固结度。

$$U_t = \frac{s_t}{s}$$

或

$$s_t = U_t s \tag{3-28}$$

由于饱和土的固结过程是孔隙水压力逐渐转化为有效应力的过程，且土体的压缩是由有效应力引起的，因此，任一时间 t 的土体固结度 U_t 又可用土层中的总有效应力与总应力之比来表示。可得土的固结度公式如下：

$$U_t = 1 - \frac{\displaystyle\int_0^H u_{z,t}\,\mathrm{d}z}{\displaystyle\int_0^H \sigma_z\,\mathrm{d}z} \tag{3-29}$$

将式(3-26)代入式(3-29)中，通过积分并简化便可求得地基土层某一时间 t 的固结度 U_t 的表达式为

$$U_t = 1 - \frac{8}{\pi^2}\left(e^{-\frac{\pi^2}{4}T_v} + \frac{1}{9}e^{-9\frac{\pi^2}{4}T_v} + \cdots\right) \tag{3-30}$$

由于式(3-30)中的级数收敛得很快，当 $U_t > 30\%$ 时可近似取其中第一项，即

$$U_t = 1 - \frac{8}{\pi^2}e^{-\frac{\pi^2}{4}T_v} \tag{3-31}$$

由此可见，固结度 U_t 是时间因数 T_v 的函数。

为了使用方便，已将各种附加应力呈直线分布情况下土层的平均固结度 U 与时间因数之间的关系绘制成图 3-14 所示的 U-T_v 曲线。该曲线适用于附加应力上、下均匀分布的情况，也适用于双面排水情况。对于地基为单面排水且上、下两面附加应力又不相等的情况（如 σ_z 为梯形分布或三角形分布等），可查图中相应的曲线。根据 U-T_v 关系曲线，可以求出某一时间 t 所对应的固结度，从而计算相应的沉降量 S_t；也可按照某一固结度（相应的沉降量为 S_t），推算出所需要的时间 t。

$$\alpha = \frac{排水面附加力}{不排水面附加力} = \frac{\sigma'_z}{\sigma''_z}$$

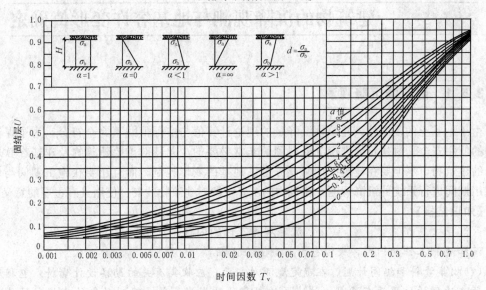

图 3-14　时间因数 T_v 与固结度 U 的关系曲线

【例 3-2】　某饱和土层的厚度为 10 m，在大面积荷载 $p_0 = 120$ kPa 的作用下，设该土层的初始孔隙比 $e = 1$，压缩系数 $\alpha = 0.3$ MPa^{-1}，渗透系数 $k = 1.8$ cm/年。按土层在双面排水条件下分别求：（1）加荷后一年的变形；（2）变形达 144 mm 所需的时间。

解：（1）求 $t = 1$ 年时的变形。

土层中附加应力沿深度为均匀分布，故 $\sigma_z = p_0 = 120$ kPa。土层的最终沉降变形：

$$s = \frac{\Delta p_i}{E_{si}} h_i = \frac{\Delta p_i a}{1 + e_1} h_i = \frac{0.12 \times 0.3}{1 + 1} \times 10\,000 = 180 (mm)$$

土的竖向固结系数：

$$C_v = \frac{k(1+e)}{a \gamma_m} = \frac{1.8 \times 10^{-2} \times (1+1)}{3 \times 10^{-4} \times 10} = 12 (m^2/年)$$

在双面排水条件下：

$$T_v = \frac{C_v t}{h^2} = \frac{12 \times 1}{5^2} = 0.48$$

查图 3-14 中曲线 $\alpha = 1$，得到相应的固结度 $U = 75\%$，因此，$t = 1$ 年时的变形：
$s_t = 0.75 \times 180 = 135 (mm)$

（2）求沉降量达 144 mm 时所需时间。固结度 $U = \dfrac{s_t}{s} = \dfrac{144}{180} = 80\%$，由图 3-14 查曲线 $\alpha = 1$，得 $T_v = 0.57$。

在双面排水条件下：

$$t = \frac{T_v h^2}{C_v} = \frac{0.57 \times 5^2}{12} = 1.19 (年)$$

3.5　建筑物的沉降观测与地基容许变形值确定

3.5.1　建筑物沉降观测

由于地基土的复杂性，建筑物沉降量的理论计算值与实际值并不完全符合。为了保证建筑物的使用安全，对建筑物进行沉降观测是非常必要的，尤其对重要建筑物及建造在软弱地基上的建筑物，不但要在建筑设计时充分考虑地基的变形控制，而且还要在施工期间与竣工后使用期间进行系统的沉降观测。建筑物的沉降观测对建筑物的安全使用具有重要的意义。

【知识链接】

沉降观测工作的内容

沉降观测工作的内容，大致包括下列五个方面：

(1)收集资料和编写计划。在确定观测对象后，应收集有关的勘察设计资料，包括观测对象所占地区的总平面布置图；该地区的工程地质勘察资料；观测对象的建筑和结构平面图、立面图、剖面图与基础平面图；结构荷载和地基基础的设计技术资料；工程施工进度计划。在收集上述资料的基础上编制沉降观测工作计划，包括观测目的和任务、水准基点和观测点的位置、观测方法和精度要求、观测时间和次数等。

(2)水准基点的设置。水准基点的设置以保证水准基点稳定可靠为原则，水准基点宜设置在基岩上或压缩性较低的土层上。水准基点的位置应靠近观测点并在建筑物产生压力影响的范围以外、不受行人车辆碰撞的地点。在一个观测区水准基点不应少于3个。

(3)观测点的设置。观测点的设置应能全面反映建筑物的变形并结合地质情况确定，如设置在建筑物4个角点、沉降缝两侧、高低层交界处、地基土软硬交界两侧等，数量不少于6个点。

(4)水准测量。水准测量是沉降观测的一项主要工作。测量精度的高低，将直接影响资料的可靠性。为保证测量精度要求，水准基点的导线测量与观测点水准测量，一般均应采用高精度水准仪和基准尺。测量精度宜采用Ⅱ级水准测量，视线长度为20～30 m，视线高度不宜低于0.3 m。水准测量宜采用闭合法。

观测次数要求前密后稀。民用建筑每建完一层(包括地下部分)应观测一次；工业建筑按不同荷载阶段分次观测，施工期间观测不应少于4次。建筑物竣工后的观测：第一年不少于3～5次，第二年不少于2次，以后每年1次，直到沉降稳定为止。

(5)观测资料的整理。沉降观测资料的整理应及时，测量后应立即算出各测点的标高、沉降量和累计沉降量，并根据观测结果绘制荷载-时间-沉降关系实测曲线和修正曲线。经过成果分析，提出观测报告。

3.5.2　地基的容许变形值

地基按其变形特征分为沉降量、沉降差、倾斜和局部倾斜。沉降量一般指基础中点的沉降量；沉降差为相邻两基础的沉降量之差；倾斜为基础两端点的沉降差与其距离之比；局部倾斜为基础两点的沉降差与其距离之比。

地基容许变形值的确定比较困难，必须考虑上部结构、基础、地基之间的共同作用。

目前，确定方法主要分为两类：一是理论分析法；二是经验统计法。目前主要应用的是后者，经验统计法是对大量的各类已建建筑物进行沉降观测和使用状况进行调查，然后结合地基地质类型，加以归纳整理，提出各种容许变形值。表 3-9 所示是《建筑地基基础设计规范》(GB 50007—2011)列出的建筑物的地基变形允许值。对表中未包括的建筑物，其地基变形允许值应根据上部结构对地基变形的适应能力和使用上的要求确定。

表 3-9　建筑物的地基变形允许值

变形特征		地基土类别	
		中、低压缩性土	高压缩性土
砌体承重结构基础的局部倾斜		0.002	0.003
工业与民用建筑相邻柱基的沉降差	框架结构	$0.002l$	$0.003l$
	砌体墙填充的边排柱	$0.000\,7l$	$0.001l$
	当基础不均匀沉降时不产生附加应力的结构	$0.005l$	$0.005l$
单层排架结构(柱距为 6 m)柱基的沉降量/mm		(120)	200
桥式吊车轨面的倾斜 (按不调整轨道考虑)	纵向	0.004	
	横向	0.003	
多层和高层建筑的整体倾斜	$H_g \leqslant 24$	0.004	
	$24 < H_g \leqslant 60$	0.003	
	$60 < H_g \leqslant 100$	0.002\,5	
	$H_g > 100$	0.002	
体型简单的高层建筑基础的平均沉降量/mm		200	
高耸结构基础的倾斜	$H_g \leqslant 20$	0.008	
	$20 < H_g \leqslant 50$	0.006	
	$50 < H_g \leqslant 100$	0.005	
	$100 < H_g \leqslant 150$	0.004	
	$150 < H_g \leqslant 200$	0.003	
	$200 < H_g \leqslant 250$	0.002	
高耸结构基础的沉降量 /mm	$H_g \leqslant 100$	400	
	$100 < H_g \leqslant 200$	300	
	$200 < H_g \leqslant 250$	200	

注：1. 本表数值为建筑物地基实际最终变形允许值；

　　2. 有括号者仅适用中压缩性土；

　　3. l 为相邻地基的中心距离(mm)；H_g 为自室外地面起算的建筑物高度(m)；

　　4. 倾斜为基础沿倾斜方向两端点的沉降差与其距离之比；

　　5. 局部倾斜——承重砌体沿纵墙 6～10 m 内基础两点的沉降差与其距离之比。

【小提示】　由于建筑地基不均匀、荷载差异很大、体型复杂等因素，不同结构有着不同的变形特征。对于砌体承重结构应由局部倾斜值控制；对于框架结构和单层排架结构应由相邻柱基的沉降差控制；对于多层或高层建筑和高耸结构应由倾斜值控制；必要时，应控制平均沉降量。

>> 任务实施

题目一 室内压缩试验

1. 目的与意义

室内压缩试验是学习土的压缩与地基沉降基本理论不可缺少的教学环节，是培养试验技能和试验结果分析应用能力的重要途径。通过试验，加深对基本理论的理解，掌握试验目的、操作方法与步骤、成果整理等环节。

2. 内容与要求

在教师的指导下，进行室内压缩试验，由于试验所需时间较长，学生应根据编写的《试验手册》要求，逐级施加荷载，按规定的时间记录读数，并进行成果整理。

题目二 现场参观

1. 目的与意义

现场荷载试验是地基检测的一项重要工作；施工现场的沉降观测是建筑工程施工现场技术人员的一项基本技能。通过参观学习，增加感性认识，积累经验，引导学生将课堂上所学的知识与实践结合起来。

2. 内容与要求

在教师或工程技术人员的指导下，选择有代表性的工地，进行现场荷载试验和沉降观测的参观学习，全面了解荷载试验的设备、方法与步骤、观测记录等过程；结合已有的测量知识，初步学会沉降观测的方法与要求。

📖 项目小结

土是一种散粒沉积物，具有压缩性。在建筑物荷载作用下，地基中产生附加应力，从而引起地基变形，建筑物基础也随之沉降，如果沉降超过容许范围，将会影响建筑物的正常使用，严重时还会危及建筑物的安全。本项目主要介绍了土的压缩性和压缩性指标、地基的最终沉降量计算、地基沉降量的组成、地基变形与时间关系、建筑物的沉降观测与地基容许变形值确定。

📖 思考与练习

1. 土体压缩体积减小的原因有哪些？

2. 为什么说土的压缩变形实际上是土的孔隙体积的减小？

3. 什么是土的固结？土的固结过程的特征如何？

4. 简述土的各压缩性指标的意义和确定方法。

5. 什么是土的压缩系数？它是怎样反映土的压缩性的？一种土的压缩系数是否为常数？它的大小还与什么因素有关？

6. 什么是超固结土、欠固结土和正常固结土？

7. 建筑物沉降观测的主要内容有哪些？地基变形特征值分为几类？

8. 某钻孔土样的室内侧限压缩试验记录见表3-10，试绘制压缩曲线，计算各土层的压缩系数 a_{1-2} 及相应的压缩模量 E_s，并评定各土层的压缩特性。

表 3-10　某土样的压缩试验记录

压力/kPa		0	50	100	200	300	400
e	1 号土样	0.982	0.964	0.952	0.936	0.924	0.914
	2 号土样	1.190	1.065	0.995	0.905	0.850	0.810

9. 某土层压缩系数为 0.50 MPa^{-1}，天然孔隙比为 0.8，土层厚度为 1 m，该土层受到的平均附加应力 $\bar{\sigma}_z = 60$ kPa，求该土层的沉降量。

10. 某柱下独立基础，底面尺寸、埋置深度、荷载条件如图 3-15 所示，地基土为均匀土，天然重度 $\gamma = 20$ kN/m^3，压缩模量 $E_s = 5\,000$ kPa。计算基础下第二层土的沉降量。

11. 矩形基础的底面尺寸为 4 m×2.5 m，基础埋深为 1 m。地下水位位于基底标高，地基土的物理指标如图 3-16 所示，室内压缩试验结果见表 3-11。用分层总和法计算基础中点的沉降量。

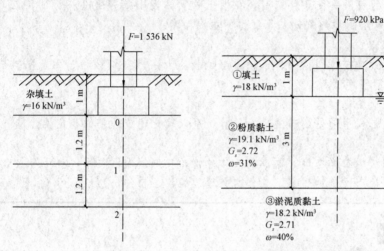

图 3-15　习题 10 图　　　　**图 3-16　习题 11 图**

表 3-11　室内压缩试验记录

e	P/kPa				
	0	50	100	200	300
粉质黏土	0.942	0.889	0.855	0.807	0.733
淤泥质粉质黏土	1.045	0.925	0.891	0.848	0.823

12. 用规范法计算题 11 中基础中点下粉质黏土层的压缩量（土层分层同上）。

13. 黏土层的厚度均为 4 m，情况之一是双面排水，情况之二是单面排水。在地面瞬时施加一无限均布荷载，两种情况下土性相同，$U = 1.128(T_v)^{1/2}$，达到同一固结度所需要的时间差是多少？

项目 4　土的抗剪强度与地基承载力

🖱 **教学目标**

知识目标

1. 了解土的抗剪强度试验方法，熟悉库仑公式，浅基础地基的破坏模式，各种地基承载力公式的假设条件；

2. 掌握土的极限平衡条件应用，黏性土和无黏性土抗剪强度指标的特点，地基承载力公式的基本组成和影响地基承载力的主要因素。

能力目标

1. 能够通过直接剪切试验、三轴压缩试验、十字板剪切试验、无侧限抗压强度试验进行土的抗剪强度试验。

2. 能正确地测定和选择土的抗剪强度指标。

3. 能够对工程中地基的荷载进行计算，用以确定建筑地基的稳定性。

素养目标

1. 具有积极的工作态度、饱满的工作热情，良好的人际关系，善于与人合作。

2. 传达正确而准确的信息，工作有条理、诚实、精细。

⏵⏵ 素养课堂

中国共产党在马克思主义理论的引领和共产主义理想的感召下，形成了伟大的建党精神，把曾被人视为"一盘散沙"的中国各族人民团结和凝聚成万众一心的不肯战胜的力量。一盘散沙想要筑成碉堡需要两个因素：一个是外部压力，即库仑公式第一项，摩擦强度要大；二是要有黏聚力，即库仑公式第二项。中华人民共和国成立同样也具备两个因素：一是外部有压力，如军阀割据、战争频仍、山河破碎、民不聊生；二是内部有凝聚力，凝聚了磅礴力量，带领中国人民在实现伟大复兴的路上不断前行。

⏵⏵ 项目导入

某在建13层住宅楼发生楼体倒覆（倾覆）事故，事故造成一名工人身亡。事发时楼里有6名工人，其他5人躲闪及时没有受伤。由于此楼尚未竣工，所以未造成居民伤亡。该小区在××区河南岸，倒塌的楼房已进入最后工期。预计于同年9月交房，所以现在小区尚无住户。目前，小区内其他几栋楼已暂停施工。除倒塌大楼外，附近其他在建的10栋楼均未发生倾斜、沉降等问题（实际上有1幢楼有开裂现象，基坑回填后控制住了）。经权威部门检测，事故楼周边地下煤气管道、电缆、水管等，没有任何渗漏、断裂、移位等问题，发生次生灾害的可能性极小。

该高楼发生了地基失稳的灾难的主要原因：失当堆放的土方在高楼北侧对地基形成了高加载；地下车库深度4.6 m的大开挖取土在高楼南侧形成了对地基的大减载；地基的土体在高楼南北两侧形成了高差较大的凌空面。于是，"大楼两侧的压力差使土体产生水平位移"，该水平位移使高差较大的凌空面处的地基发生滑动变形而使地基失稳，地基的失稳导致了高楼的整体倾斜；瞬间，建筑物对桩基础的设计轴力（垂直荷载）转化为对桩基础自上的拔力和水平力，从而导致了预应力钢筋混凝土管桩顶部与房屋底板在连接处被整齐地切开的灾难性破坏——13 层的高楼就轰然倒塌了。

4.1　土的抗剪强度理论分析

土的抗剪强度是指土体抵抗剪切破坏的极限能力，是土的重要力学性质之一。工程中的地基承载力、挡土墙土压力、土坡稳定等问题都与土的抗剪强度直接相关。

建筑物地基在外荷载作用下将产生剪应力和剪切变形，土体具有抵抗这种剪应力的能力。当剪应力达到某一极限值时，土体就要发生剪切破坏，这个极限值就是土的抗剪强度。

视频：土的
抗剪强度理论

4.1.1　库仑公式

1773 年，C. A. 库仑(Coulomb)根据砂土的试验，将土的抗剪强度 τ_f (kPa)表达为滑动面上法向总应力 σ (kPa)的函数，即

$$\tau_f = \sigma \tan\varphi \tag{4-1}$$

他之后又提出了适合黏性土的更普遍的表达式，即

$$\tau_f = c + \sigma \tan\varphi \tag{4-2}$$

式中　c——土的黏聚力(内聚力，kPa)；

　　　φ——土的内摩擦角(°)。

式(4-1)和式(4-2)统称为库仑公式或库仑定律，c、φ 称为抗剪强度指标(参数)。将库仑公式表示在 τ_f-σ 坐标中为两条直线，如图 4-1 所示。由库仑公式可以看出，无黏性土的抗剪强度与剪切面上的法向应力成正比，其本质是由于土粒之间的滑动摩擦以及凹凸面间的镶嵌作用所产生的摩阻力，其大小取决于土粒表面的粗糙度、土的密实度以及颗粒级配等因素。黏性土的抗剪强度由两部分组成，一部分是摩阻力(与法向应力成正比)；另一部分是土粒之间的黏聚力，它是由黏性土颗粒之间的胶结作用和静电引力效应等因素引起的。

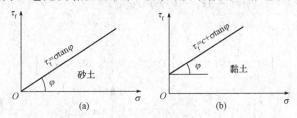

图 4-1　抗剪强度与法向应力之间的关系

长期的试验研究表明，土的抗剪强度不仅与土的性质有关，还与试验时的排水条件、剪切速率、应力状态和应力历史等许多因素有关，其中最重要的是试验时的排水条件，根据太沙基(Terzaghi)的有效应力理论，土体内的剪应力只能由土骨架承担，因此，土的抗剪强度 τ_f 应表示为剪切破坏面上的法向有效应力 σ' 的函数，即

$$\tau_f = c' + \sigma' \tan\varphi' \tag{4-3}$$

式中　σ'——剪切破坏面上的法向有效应力(kPa)；

　　　c'——有效黏聚力(kPa)；

　　　φ'——有效内摩擦角(°)。

【小提示】　土的抗剪强度有两种表达方法，一种是以总应力 σ 表示剪切破坏面上的法向应力，称为抗剪强度总应力法，相应的 c、φ 称为总应力强度指标(参数)；另一种则以有效应力 σ' 表示剪切破坏面上的法向应力，称为抗剪强度有效应力法，c' 和 φ' 称为有效应力强度指标(参数)。虽然土的抗剪强度取决于土粒间的有效应力，然而由于库仑公式建立的概念在应用上比较方便，许多土工问题的分析方法都建立在这种概念的基础上，故其在工程上仍沿用至今。

4.1.2　莫尔应力圆

1910 年，莫尔(O. Mohr)提出材料的破坏是剪切破坏，即当任一平面上的剪应力等于材料的抗剪强度时该点就发生破坏，并提出在破坏面上的剪应力，即抗剪强度 τ_f 是该面上法向应力 σ 的函数，即 $\tau_f = f(\sigma)$。土的莫尔破坏包线通常可以近似地用直线代替，如图 4-1 所示，该直线方程就是库仑公式表达的方程。由库仑公式表示莫尔破坏包线的强度理论，称为莫尔-库仑强度理论。当土体中任意一点在某一平面上发生剪切破坏时，该点即处于极限平衡状态，根据莫尔-库仑强度理论，可得到土体中一点的剪切破坏条件，即土的极限平衡条件，下面讨论平面问题的极限平衡条件。

在土体中取一微单元体，如图 4-2(a)所示，设作用在该单元体上的两个主应力为 σ_1 和 σ_3($\sigma_1 > \sigma_3$)，在单元体内与大主应力 σ_1 作用平面成任意角 α 的 mn 平面上有正应力 σ 和剪应力 τ。为了建立 σ、τ 与 σ_1、σ_3 之间的关系，取微棱柱体为隔离体，如图 4-2(b)所示，将各力分别在水平和垂直方向投影，根据静力平衡条件得

$$\sigma_1 \mathrm{d}l\cos\alpha - \sigma \mathrm{d}l\cos\alpha + \tau \mathrm{d}l\sin\alpha = 0 \tag{4-4}$$

$$\sigma_3 \mathrm{d}l\sin\alpha - \sigma \mathrm{d}l\sin\alpha + \tau \mathrm{d}l\cos\alpha = 0 \tag{4-5}$$

联立求解以上方程，可得

$$\begin{cases} \sigma = \dfrac{1}{2}(\sigma_1 + \sigma_3) + \dfrac{1}{2}(\sigma_1 - \sigma_3)\cos 2\alpha \\[2mm] \tau = \dfrac{1}{2}(\sigma_1 - \sigma_3)\sin 2\alpha \end{cases} \tag{4-6}$$

进一步整理式(4-6)得

$$\left[\sigma - \frac{1}{2}(\sigma_1 + \sigma_3)\right]^2 + \tau^2 = \left[\frac{1}{2}(\sigma_1 - \sigma_3)\right]^2 \tag{4-7}$$

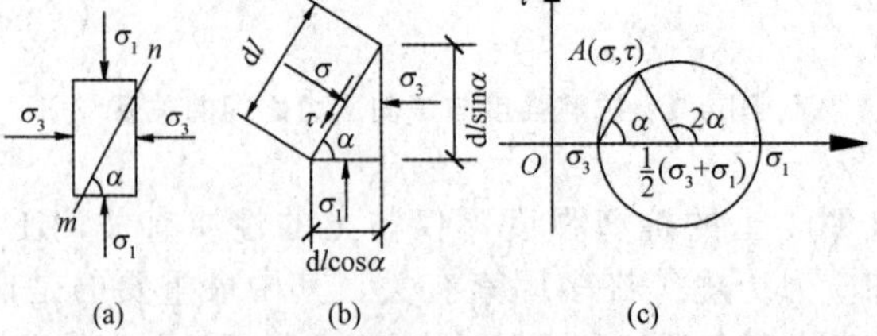

图 4-2　土体中任意点的应力

(a)微单元体上的应力；(b)隔离体上的应力；(c)莫尔圆

可见，在 $\sigma\tau$ 坐标平面内，土单元的应力状态的轨迹是一个圆，圆心坐标为 $\left(0, \dfrac{\sigma_1+\sigma_3}{2}\right)$，半径为 $\dfrac{\sigma_1-\sigma_3}{2}$，该圆就称为莫尔应力圆，简称莫尔圆，如图 4-2(c) 所示。可以证明，圆周上点 A 的横坐标、纵坐标就是与大主应力 σ_1 作用面夹 α 角斜面上的正应力 σ、剪应力 τ。这样，莫尔圆就可以表示土体中一点的应力状态，莫尔圆圆周上各点的坐标就表示该点在相应平面上的正应力和剪应力。

4.1.3 土的极限平衡条件

如果给定了土的抗剪强度参数以及土中某点的应力状态，则可将抗剪强度包线与莫尔应力圆画在同一张坐标图上，如图 4-3 所示。它们之间的关系有以下三种情况：①整个莫尔圆位于抗剪强度包线的下方（圆 I），说明该点在任何平面上的剪应力都小于土的抗剪强度（$\tau<\tau_f$），因此不会发生剪切破坏；②抗剪强度包线是莫尔圆的一条割线（圆 III），实际上这种情况是不存在的，因为该点任何方向上的剪应力都不可能超过土的抗剪强度（不存在 $\tau>\tau_f$ 的情况）；③莫尔圆与抗剪强度包线相切（圆 II），

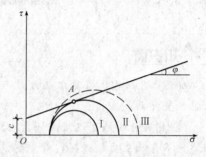

图 4-3　土中应力与土的平衡状态

切点为 A，说明在点 A 所代表的平面上，剪应力正好等于抗剪强度（$\tau=\tau_f$），该点就处于极限平衡状态。圆 II 称为极限应力圆。

根据极限应力圆与抗剪强度包线相切的几何关系，可建立下列极限平衡条件：

土体中某破裂面 mn 处于极限平衡状态的莫尔圆如图 4-4 所示，将抗剪强度包线延长与 σ 轴相交于点 R，由 $\triangle ARD$ 可得

$$\sin\varphi = \frac{\dfrac{1}{2}(\sigma_1-\sigma_3)}{c\cot\varphi + \dfrac{1}{2}(\sigma_1+\sigma_3)} \tag{4-8}$$

$$\sigma_3 = \sigma_1\tan^2\left(45°-\frac{\varphi}{2}\right) - 2c\tan\left(45°-\frac{\varphi}{2}\right) \tag{4-9}$$

$$\sigma_1 = \sigma_3\tan^2\left(45°+\frac{\varphi}{2}\right) + 2c\tan\left(45°+\frac{\varphi}{2}\right) \tag{4-10}$$

对于无黏性土，由于 $c=0$，其极限平衡条件为

$$\sigma_1 = \sigma_3\tan^2\left(45°+\frac{\varphi}{2}\right) \tag{4-11}$$

$$\sigma_3 = \sigma_1\tan^2\left(45°-\frac{\varphi}{2}\right) \tag{4-12}$$

由图 4-4 中的几何关系，可得破裂角为

$$\alpha_f = 45°+\frac{\varphi}{2} \tag{4-13}$$

这说明破坏面与大主应力 σ_1 作用面的夹角为 $\alpha_f=45°+\dfrac{\varphi}{2}$。

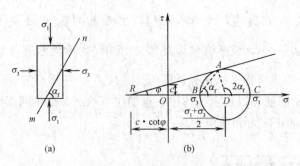

图 4-4 土体中一点达极限平衡状态时的莫尔圆

(a)微单元体；(b)极限平衡状态时的莫尔圆

📝 **知识窗**

如图 4-3 所示，将莫尔应力圆与库仑强度直线画在同一个坐标系中，圆与直线会有三种位置关系：

(1)相离：说明穿过该点任意面上的剪应力都小于抗剪强度，都不会发生剪切破坏，即该点不会发生剪切破坏，处于弹性状态。

(2)相切：说明穿过该点的所有面中只有一个面上的剪应力达到了抗剪强度，该面即将发生剪切破坏，而其他面上的剪应力均小于抗剪强度；某个面达到即将剪切破坏的极限状态，表明该点也进入了极限状态。

(3)相割：说明穿过该点的很多面上的剪应力都超过了抗剪强度，该点多个面发生了剪切破坏。

在实际施工过程中，荷载是渐渐增大的，应力圆最初是与强度包线相离的，随着荷载的增大，土中应力渐渐增大，应力圆也越来越大，直至与强度包线相切，这时应力再增大一点点，就会沿着切点 A 所代表的面发生剪切破坏，点进入塑性工作状态，剪应力不再增加，更不会出现剪应力大于抗剪强度情况。

4.2 土的抗剪强度试验

土的抗剪强度试验，在实验室内常用的有直接剪切试验、三轴压缩试验和无侧限抗压强度试验，在现场原位测试的有十字板剪切试验、大型直接剪切试验等。下面介绍前四种试验。

视频：土的
抗剪强度试验

知识拓展：工程
实践中与土的抗剪
强度有关的问题

4.2.1 直接剪切试验

直接剪切试验是最早的测定土的抗剪强度的试验方法，在世界各国中广泛应用。直接剪切试验的主要仪器为直接剪切仪(简称直剪仪)，分应变控制式和应力控制式两种。前者是等速推动试样产生位移，测定相应的剪应力；后者则是对试件分级施加水平剪应力测定相应的位移。目前我国普遍采用的是应变控制式直剪仪，如图 4-5 所示。该仪器的主要部件由固定的上盒和活动的下盒组成，试样放在盒内上下两块透水石之间。试验时，由杠杆系统通过加压活塞和透水石对试件施加某一垂直压力 p，然后等速转动手轮对下盒施加水平推力，使试样在上下盒的水平接触面上产生剪切变形，直至破坏，剪应力的大小可借助与上盒接触的量力环的变形值计算确定。

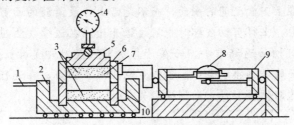

图 4-5　应变控制式直剪仪

1—轮轴；2—底座；3—透水石；4—测微表；5—活塞；
6—上盒；7—土样；8—测微表；9—量力环；10—下盒

在剪切过程中，随着上下盒相对剪切变形的发展，土样中的抗剪强度逐渐发挥出来，直到剪应力等于土的抗剪强度时，土样剪切破坏，所以土样的抗剪强度可用剪切破坏时的剪应力来量度。

图 4-6(a) 表示剪切过程中剪应力 τ 与剪切位移 δ 之间的关系，通常可取峰值或稳定值作为破坏点，如图中箭头所示。

对同一种土至少取 4 个试样，分别在不同垂直压应力 σ 下剪切破坏，一般可取垂直压应力为 100 kPa、200 kPa、300 kPa、400 kPa，将试验结果绘制成如图 4-6(b) 所示的抗剪强度 τ_f 和垂直压应力 σ 的关系。试验结果表明，对黏性土，τ_f、σ 基本上呈直线关系，该直线与横轴的夹角为内摩擦角 φ，在纵轴上的截距为黏聚力 c，直线方程可用库仑公式(4-2)表示；对无黏性土，τ_f 与 σ 之间的关系则是通过原点的一条直线，可用式(4-1)表示。

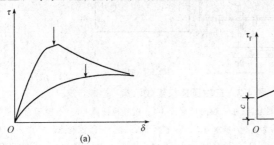

图 4-6　直接剪切试验结果

(a)剪应力与剪切位移的关系；(b)黏性土试验结果

特别提醒

为了近似模拟土体在现场受剪的排水条件，直接剪切试验可分为快剪、固结快剪和慢剪三种方法。快剪试验是在试样施加竖向压应力 σ 后，立即快速施加水平剪应力使试样剪切破坏；固结快剪是允许试样在竖向压力下充分排水，待固结稳定后，再快速施加水平剪应力使试样剪切破坏；慢剪试验则是允许试样在竖向压力下排水，待固结稳定后，以缓慢的速率施加水平剪应力使试样剪切破坏。

> ### 📝 知识窗
>
> 　　直剪仪具有构造简单、操作方便等优点，在一般工程中广泛采用，但它存在如下缺点：①剪切面限定在上下盒之间的平面，而不是沿土样最薄弱的面剪切破坏；②剪切面上剪应力分布不均匀，土样剪切破坏时先从边缘开始，在边缘发生应力集中现象；③在剪切过程中，土样剪切面逐渐缩小，而在计算抗剪强度时却是按土样的原截面积计算的；④试验时不能严格控制排水条件，不能量测孔隙水压力，在进行不排水剪切时，试件仍有可能排水，这对饱和黏性土的影响尤其显著。

4.2.2　三轴压缩试验

　　三轴压缩试验是测定土抗剪强度的一种较为完善的方法。三轴压缩仪由压力室、轴向加荷系统、施加周围压力系统、孔隙水压力量测系统等组成，如图 4-7 所示。其中，压力室是三轴压缩仪的主要组成部分，它是一个由金属上盖、底座和透明有机玻璃圆筒组成的密闭容器。

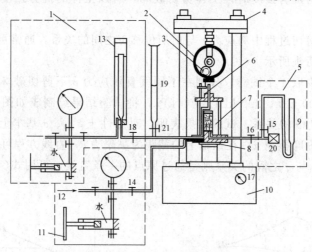

图 4-7　三轴压缩仪组成示意

1—反压力控制系统；2—轴向测力计；3—轴向位移计；4—试验机横梁；5—孔隙压力测量系统；
6—活塞；7—压力室；8—升降台；9—量水管；10—试验机；11—围压控制系统；12—压力源；
13—体变管；14—周围压力阀；15—量管阀；16—孔隙压力阀；17—手轮；18—体变管阀；
19—排水管；20—孔隙压力传感器；21—排水管阀

　　常规试验方法的主要步骤如下：将土切成圆柱体套在橡胶膜内，放在密封的压力室中，然后向压力室内压入水，使试件在各向受到周围压力 σ_3，并使液压在整个试验过程中保持不变，这时试件内各向的三个主应力都相等，因此不发生剪应力[图 4-8（a）]。然后再通过传力杆对试件施加竖向压力，这样，竖向主应力大于水平向主应力，当水平向主应力保持不变而竖向主应力逐渐增大时，最终试件由于受剪而破坏[图 4-8（b）]。设剪切破坏时由传力杆加在试件上的竖向压应力为 $\Delta\sigma_1$，则试件上的大主应力为 $\sigma_1 = \sigma_3 + \Delta\sigma_1$，而小主应力为

σ_3。以$(\sigma_1-\sigma_3)$为直径可画出一个极限应力圆，如图 4-8(c)中的圆Ⅰ，用同一种土样的若干个试件(3 个以上)按以上所述方法分别进行试验，每个试件施加不同的周围压力 σ_3，可分别得出剪切破坏时的大主应力 σ_1，将这些结果绘成一组极限应力圆，如图 4-8(c)中的圆Ⅰ、Ⅱ和Ⅲ。由于这些试件都是剪切至破坏，根据莫尔-库仑理论，作一组极限应力圆的公共切线，即为土的抗剪强度包线图[图 4-8(c)]，通常可近似取为一条直线，该直线与横坐标的夹角即土的内摩擦角 φ，直线与纵坐标的截距即为土的黏聚力 c。

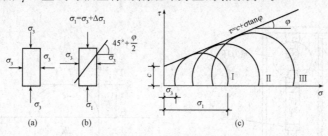

图 4-8 三轴压缩试验原理
)试件受周围压力；(b)破坏时试件上的主应力；(c)土的抗剪强度包线

如需量测试验过程中的孔隙水压力，可以打开孔隙水压力阀，在试件上施加压力以后，土中孔隙水压力会迫使零位指示器的水银面下降，然后用调压筒调整零位指示器使水银面始终保持原来的位置，这样，孔隙水压力表中的读数就是孔隙水压力值。如需量测试验过程中的排水量，可打开排水阀门，让试件中的水排入量水管中，根据量水管中水位的变化可算出在试验过程中试样的排水量。

对应于直接剪切试验的快剪、固结快剪和慢剪试验，三轴压缩试验按剪切前的固结程度和剪切时的排水条件，分为以下三种试验方法。

1. 不固结不排水试验

试样在施加周围压力和随后施加竖向压力直至剪切破坏的整个过程中都不允许排水，试验自始至终关闭排水阀门。

2. 固结不排水试验

试样在施加周围压应力 σ_3 时打开排水阀门，允许排水固结，待固结稳定后关闭排水阀门，再施加竖向压力，使试样在不排水的条件下剪切破坏。

3. 固结排水试验

试样在施加周围压应力 σ_3 时允许排水固结，待固结稳定后，再在排水条件下施加竖向压力至试件剪切破坏。

> ✒ **知识窗**
>
> 三轴压缩仪的突出优点是能较为严格地控制排水条件以及可以量测试件中孔隙水压力的变化。此外，试件中的应力状态也比较明确，破裂面是在最弱处，而不像直剪仪那样限定在上下盒之间。一般来说，三轴压缩试验的结果比较可靠，三轴压缩仪还用以测定土的其他力学性质，因此，它是土工试验不可缺少的设备。三轴压缩试验的缺点是试件中的主应力 $\sigma_2=\sigma_3$，而实际上土体的受力状态未必都属于这类轴对称情况。已经问世的真三轴压缩仪中的试件可在不同的三个主应力($\sigma_1\neq\sigma_2\neq\sigma_3$)作用下进行试验。

4.2.3 无侧限抗压强度试验

无侧限抗压强度试验如同在三轴仪中进行 $\sigma_3 = 0$ 的不排水剪切试验一样，试验时，将圆柱形试样放在如图 4-9(a) 所示的无侧限压力仪中，在不加任何侧向压力的情况下施加垂直压力，直到使试件剪切破坏为止，剪切破坏时试样所能承受的最大轴向压力 q_u 称为无侧限抗压强度。

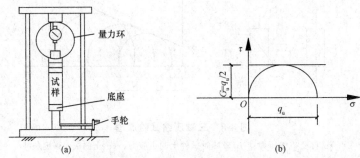

图 4-9　无侧限抗压强度试验
(a)无侧限压力仪；(b)无侧限抗压强度试验结果

根据试验结果，只能作一个极限应力圆（$\sigma_1 = q_u$，$\sigma_3 = 0$），因此对于一般黏性土就难以作出破坏包线。而对于饱和黏性土，根据在三轴不固结不排水试验的结果，其破坏包线近乎一条水平线，即 $\varphi_u = 0$。这样，如仅为了测定饱和黏性土的不排水抗剪强度，就可以利用构造比较简单的无侧限压力仪代替三轴仪。此时，取 $\varphi_u = 0$，则由无侧限抗压强度试验所得的极限应力圆的水平切线就是破坏包线，由图 4-9(b) 得

$$\tau_f = c_u = \frac{q_u}{2} \tag{4-14}$$

式中　c_u——土的不排水抗剪强度(kPa)；

　　　q_u——无侧限抗压强度(kPa)。

特别提醒

无侧限抗压强度还可以用来测定土的灵敏度。其方法是将同一种土的原状和重塑试样分别进行无侧限抗压强度试验，灵敏度 S_t 为原状土与重塑土无侧限抗压强度的比值。

4.2.4 十字板剪切试验

室内的抗剪强度测试要求取得原状土样，但由于试样在采取、运送、保存和制备等方面不可避免地受到扰动，含水量也很难保持，特别是对于高灵敏度的软黏土，室内试验结果的精度就受到了影响。因此，发展就地测定土的性质的仪器具有重要意义。十字板剪切试验不需取原状土样，试验时的排水条件、受力状态与土所处的天然状态比较接近，对于很难取得原状试样的土(如软黏土)采用十字板剪切实验进行测试有很大优势。在抗剪强度的原位测试方法中，目前国内广泛应用的是十字板剪切试验。

十字板剪切仪的构造如图 4-10 所示。试验时先将套管打到预定的深度，并将套管内的土清除。将十字板装在钻杆的下端后，通过套管压入土中，压入深度约为 750 mm，然后由

地面上的扭力设备对钻杆施加扭矩，使埋在土中的十字板扭转，直至土剪切破坏。破坏面为十字板旋转所形成的圆柱面。

设剪切破坏时所施加的扭矩为 M，则它应该与剪切破坏圆柱面（包括侧面和上下面）上土的抗剪强度所产生的抵抗力矩相等，即

$$M = \pi D H \cdot \frac{D}{2} \tau_V + 2 \cdot \frac{\pi D^2}{4} \cdot \frac{D}{3} \cdot \tau_H$$

$$= \frac{1}{2} \pi D^2 H \tau_V + \frac{1}{6} \pi D^3 \tau_H \qquad (4-15)$$

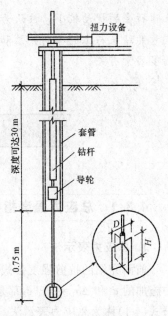

图 4-10　十字板剪切仪示意

式中　M——剪切破坏时的扭力矩（kN·m）；

　　　τ_V、τ_H——剪切破坏时圆柱体侧面和上下面土的抗剪强度（kPa）；

　　　H——十字板的高度（m）；

　　　D——十字板的直径（m）。

严格地讲，τ_V 和 τ_H 是不同的。试验结果表明：对于正常固结饱和黏性土，$\tau_H/\tau_V = 1.5 \sim 2.0$；对于稍超固结的饱和软黏土，$\tau_H/\tau_V = 1.1$。这一试验结果说明天然土层的抗剪强度是非等向的，例如正常固结的饱和软黏土 $\tau_H/\tau_V > 1$，即水平面上的抗剪强度大于垂直面上的抗剪强度，这主要是由于水平面上的固结压力大于侧向固结压力的缘故。

为了简化计算，目前在常规的十字板试验中假设 $\tau_H = \tau_V = \tau_f$，将这一假设代入式（4-15）中，得

$$\tau_f = \frac{2M}{\pi D^2 \left(H + \dfrac{D}{3} \right)} \qquad (4-16)$$

式中　τ_f——由现场十字板测定的土的抗剪强度（kPa）。

图 4-11 表示正常固结饱和软黏土用十字板测定的结果，在硬壳层以下的软土层中抗剪强度随深度基本上成直线变化，并可用式（4-17）表示：

$$\tau_f = c_0 + \lambda z \qquad (4-17)$$

式中　λ——直线段的斜率（kN/m³）；

　　　z——以地表为起点的深度（m）；

　　　c_0——直线段的延长线在水平坐标轴（原地面）上的截距（kPa）。

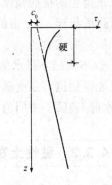

图 4-11　由十字板测定的抗剪强度随深度的变化

由于十字板在现场测定的土的抗剪强度，属于不排水剪切的试验条件，因此其结果应与无侧限抗压强度试验结果接近，即

$$\tau_f \approx \frac{q_u}{2} \qquad (4-18)$$

（4-18）

特别提醒

十字板剪切仪适用于饱和软黏土，特别适用于难于取样或试样在自重作用下不能保持原有形状的软黏土。它的优点是构造简单、操作方便，试验时对土的结构扰动也较小，故在实际中得到广泛应用。十字板剪切试验因为直接在原位进行试验，不必取土样，故地基

土体所受的扰动较小，被认为是比较能反映土体原位强度的测试方法。但是，是否能测得满意的结果与土的各向异性和不均匀性、扭转速率、插入深度对土的扰动、渐进破坏效应诸多因素有关。

4.3　土的抗剪强度指标及测定

4.3.1　总应力强度指标和有效应力强度指标

1. 总应力表示法

前面介绍的抗剪强度公式(4-1)和三轴剪切试验三种试验方法得出的抗剪强度公式，其中施加的 σ_3 和 $\Delta\sigma_1=\sigma_1-\sigma_3$ 都是总应力，都没有体现出孔隙水压力 u 的大小，故将抗剪强度公式(4-1)称为总应力表示法。

2. 有效应力表示法

如果在三轴试验过程测得了孔隙水压力 u 的数值，则抗剪强度的应力表示法可以改写为

$$\tau_f = c' + (\sigma - u)\tan\varphi' = c' + \sigma'\tan\varphi' \tag{4-19}$$

式中　φ'、c'——有效抗剪强度指标。

在一个实际工程中，当施加总应力后，一般情况下可以认为总应力是不变的常量，但是，超静孔隙水压力 u 是随着时间而逐渐变化的。因此，有效应力和抗剪强度也必然会随着时间而改变，即有 $\tau_f=f(\sigma',\ t)$。由于 u 随时间的变化是连续的，因而用有效应力表示法可以求得土的抗剪强度随时间变化过程中的任一时刻的数值。而总应力表示法则是用土的抗剪强度指标 c、φ 值的变化来反映土的抗剪强度随时间的变化，土的抗剪强度指标只有三种，如直剪试验的 φ_q、c_q(快剪)，φ_{cq}、c_{cq}(固结快剪)，φ_s、c_s(慢剪)和三轴剪切试验中的 φ_u、c_u(不固结不排水剪)，φ_{cu}、c_{cu}(固结不排水剪)和 φ_d、c_d(固结排水剪)。因而，总应力法只能得到抗剪强度随时间连续变化过程中的三个特定值，即初始值(不排水剪)、最终值(排水剪)和某一中间值(固结不排水剪)，给实际工程的应用带来很大的不便。

4.3.2　黏性土在不同排水条件下的抗剪强度指标

1. 固结不排水剪(又称固结快剪，以符号 CU 表示)

用三轴压缩仪进行固结快剪试验时，打开排水阀，让试样在施加围压 σ_3 时排水固结，试样的含水量将发生变化。待固结稳定后(至 $u_1=0$)关闭排水阀，在不排水条件下施加轴向附加压力 $\Delta\sigma$ 后，产生附加孔隙水压力 u_2。剪切过程中，试样的含水量保持不变。至剪破时，试样的孔隙水压力 $u_f=u_2$，破坏时的孔隙水压力完全由试样受剪引起。

知识拓展：不同排水条件
的强度指标的应用

用直剪仪进行固结快剪试验时，在施加垂直压力后，应使试样充分排水固结，再以较快的速度将试样剪破，尽量使试样在剪切过程中不再排水。

2. 不固结不排水剪(又称快剪，以符号 UU 表示)

用三轴压缩仪进行快剪试验时，无论施加围压 σ_3，还是轴向压力 σ_1，直至剪切破坏均关闭排水阀。整个试验过程自始至终试样不能固结排水，故试样的含水量保持不变，试样在受剪前，周围压力 σ_3 会在土内引起初始孔隙水压力 σ_1，施加轴向附加压力 $\Delta\sigma$ 后，便会产生一个附加孔隙水压力 u_2。至剪破时，试样的孔隙水压力 $u_f = u_1 + u_2$。

用直剪仪进行快剪试验时，试样上下两面可放不透水薄片。在施加垂直压力后，立即施加水平剪力。为使试样尽可能接近不排水条件，应以较快的速度(如 $3 \sim 5$ min)将试样剪破。

3. 固结排水剪(又称慢剪，以符号 CD 表示)

用三轴压缩仪进行慢剪试验时，整个实验过程中始终打开排水阀，不但要使试样在周围压力 σ_3 作用下充分排水固结(至 $u_1 = 0$)，而且在剪切过程中也要让试样充分排水固结(不产生 u_2)。因而，剪切速率应尽可能缓慢，直至试样剪破。

用直剪仪进行慢剪试验时，同样是让剪切速率尽可能地缓慢，使试样在施加垂直压力时充分排水固结，并在剪切过程中充分排水。

以上三种三轴试验方法中，试样在固结和剪切过程中的孔隙水压力变化、剪破时的应力条件和所得到的强度指标见表 4-1。

表 4-1　三种试验方法剪破时的孔隙水压力、应力条件和强度指标

试验方法	剪破时的孔隙水压力 u_f	剪破时的应力条件		强度指标
		总应力	有效应力	
CU 试验	$u_1 = 0$，$u_2 \neq 0$，$u_f = u_2$	$\sigma_{1f} = \sigma_3 + \Delta\sigma$ $\sigma_{3f} = \sigma_3$	$\sigma'_{1f} = \sigma_3 + \Delta\sigma - u_f$ $\sigma'_{3f} = \sigma_3 - u_f$	c_{cu}，φ_{cu}
UU 试验	$u_1 \neq 0$，$u_2 \neq 0$，$u_f = u_1 + u_2$	$\sigma_{1f} = \sigma_3 + \Delta\sigma$ $\sigma_{3f} = \sigma_3$	$\sigma_{1f}' = \sigma_3 + \Delta\sigma - u_f$ $\sigma_{3f}' = \sigma_3 - u_f$	c_u，φ_u
CD 试验	$u_1 = 0$，$u_2 = 0$，$u_f = 0$	$\sigma_{1f} = \sigma_3 + \Delta\sigma$ $\sigma_{3f} = \sigma_3$	$\sigma_{1f}' = \sigma_3 + \Delta\sigma - u_f$ $\sigma_{3f}' = \sigma_3$	c_d，φ_d

4. 固结不排水剪强度指标

土在剪切过程中的性状和抗剪强度在一定程度上受到应力历史的影响。天然土层中的土体或多或少受到一定的上覆土压力作用而固结到某种程度。以三轴压缩试验为例，试验中常用各向等压的周围压力 σ_c 来代替和模拟历史上曾对试样所施加的先期固结压力。因此，凡试样所受到的周围压力 $\sigma_3 < \sigma_c$，试样就处于超固结状态；反之，当 $\sigma_3 \geqslant \sigma_c$ 时试样就处于正常固结状态。两种不同固结状态的试样，在剪切试验中的孔隙水压力和体积变化规律完全不同，其抗剪强度特性也各不同。

为简单起见，针对饱和黏性土这一典型情况，研究土的强度规律时，仅考虑土在剪切过程中的孔隙水压力和体积的变化。

1955 年，英国斯肯普顿（Skempton）等人认为，土中的孔隙压力不仅是由法向应力所产生的，剪应力的作用也会产生新的孔隙压力增量。他们在三轴试验研究的基础上提出了在复杂应力状态下的孔隙压力表达式为，即

$$\Delta u = B[\Delta\sigma_3 + A(\Delta\sigma_1 - \Delta\sigma_3)] \tag{4-20}$$

式中　A、B——不同应力条件下的孔隙压力系数。

饱和黏性土的 CU 试验中，在不排水剪切条件下，试样体积始终保持不变。若控制 σ_3 不变（$\Delta\sigma_3 = 0$）而不断增加 σ_1 直至试样剪破，其孔隙压力系数 B 始终为 1.0，而系数 A 则随着 $\Delta\sigma_1$ 的增加呈非线性变化，将 $\Delta\sigma_3 = 0$ 代入式（4-20），可得

$$A = \frac{\Delta u}{\Delta\sigma_1} = \frac{\Delta u}{\sigma_1 - \sigma_3} \tag{4-21}$$

试样剪破时，对式（4-21）中各物理量添加下角标 f 表示，即

$$A_f = \frac{\Delta u_f}{\Delta\sigma_{1f}} = \frac{\Delta u_f}{\sigma_{1f} - \sigma_{3f}} \tag{4-22}$$

图 4-12 所示为黏性土固结不排水剪的应力-应变关系、孔隙水压力变化情况。由此可见，正常固结土的孔隙水压力 Δu 随 $\Delta\sigma_1$ 稳步上升，始终产生正的孔隙水压力，A 值始终大于零，且在试样剪破时 A_f 为最大。而超固结土在开始剪切时只出现微小的孔隙水压力正值，随后孔隙水压力下降，并逐渐趋于负值（A 亦为负值），至试样剪破时，A_f 负值最大。

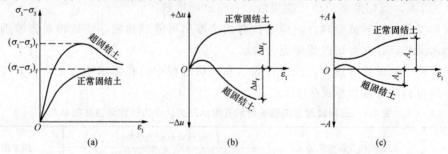

图 4-12　黏性土固结不排水剪的应力-应变关系、孔隙水压力变化
（a）应力-应变关系；（b）应变-孔压关系；（c）应变-孔压系数 A 的关系

表 4-2 为某些饱和黏性土（$B=1$）在破坏状态下 A_f 的试验统计值。从表 4-2 可知，A_f 值随其固结程度而变。超固结土的超固结比 $OCR = \sigma_c/\sigma_3$ 越大，A_f 值越低。对强超固结土而言，A_f 值出现负值，土的剪胀作用越强，A_f 的负值越大，因此，根据 A_f 值的变化，可以评价土的固结状态。$A_f > 1.0$ 的原因或是由于在围压作用下土体未完全排水固结，以致残留有固结孔隙水压力；或是由于土体结构破坏后，原来存在于结构单元内微孔隙压力释放出来。

表 4-2　饱和黏性土破坏时的 A_f 值

土类	A_f
高灵敏度黏土	0.75～1.5
正常固结黏土	0.5～1.0
弱超固结黏土	0.25～0.5
一般超固结黏土	0～0.5
强超固结黏土	−0.5～0

孔隙压力系数 A 对研究土的三维固结与沉降同样具有重要的意义。但须指出的是，在

研究土体强度理论中所用破坏时的孔隙压力系数 A_f，在数值上不同于研究土变形课题中的系数，因为随着 $\Delta\sigma_1$ 的增大，Δu 值并不呈线性增长。

如果将某一组饱和黏土试样先在不同的周围压 σ_3 下排水固结，然后再施加轴向偏应力作不排水剪切，可获得 CU 试验的抗剪强度包线。

图 4-13 中 BC 线为正常固结土的试验结果。若试样是从未固结过的土样（如泥浆状土），则不排水强度显然为零，直线 BC 的延长段将通过原点。实际上，从天然土层取出的试样，总具有一定的先期固结压力（反映在图 4-13 中点 B 对应的横坐标 σ_c 处）。因此，若土样剪切开始前固结围压 $\sigma_3 < \sigma_c$，则属超固结土的不排水剪切，其强度要比正常固结土的强度大，强度包线为一条略平缓的曲线（图 4-13 中 AB 线）。由此可见，饱和黏土试样的 CU 试验所得到的是一条曲折状的抗剪强度包线（图 4-13 中 ABC 线），前段为超固结状态，后段为正常固结状态。实用上，一般不作如此复杂的分析，只要按 4.2.2 中介绍的作多个极限应力圆的公切直线（图 4-13 中 AD 线），即可获得固结不排水剪总应力强度包线和强度指标 c_{cu}、φ_{cu}。

应指出的是，CU 试验的总应力强度指标随试验方法具有一定的离散性。由图 4-14 可看出，如果试样的先期固结压力较高，以致试验中所施的周围压力 σ_3 都小于 σ_c，那么试验所得的极限应力圆切点都落在超固结段（图 4-14 中 $A''B''$ 线），由它推算的 c_{cu} 就较大，而 φ_{cu} 则并不一定大；反之，若试验原来所受的先期固结压力较低，各试样试验时所施加的 σ_3 都超过 σ_c，则试验所得到圆切点都落在正常固结段上。于是由此推算的 c_{cu} 就会很小（图 4-14 中 $A'B'$ 线），甚至接近于零，而 φ_{cu} 则较大。因此，往往需对原状试样进行室内固结试验，求得其先期固结压力，选择适当的 σ_3 周围压力后再进行 CU 试验。

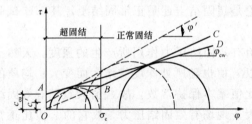

图 4-13　饱和黏性土的固结不排水试验结果

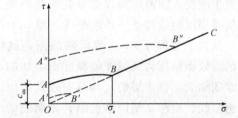

图 4-14　不同情况下的固结不排水试验结果

从三轴 CU 试验结果推求 c' 和 φ' 的方法可利用图 4-13 加以说明。根据表 4-1 中试样剪破时的应力条件，将 CU 试验所得的总应力条件下的极限应力圆（图中的各个实线圆）向左移动一个相应的 u_f 值的距离，而圆的直径保持不变，就可获得有效应力条件下的极限应力圆（图中的各个虚线圆）。按各虚线圆求其公切线，即为该土的有效应力强度包线，据之可确定 c' 和 φ'。

如前所述，正常固结土在不排水剪切试验中产生正的孔隙水压力，故其有效应力圆在总应力圆的左边；而超固结土在不排水剪切试验中产生负的孔隙水压力，故有效应力圆在总应力圆的右边。正常固结土 CU 试验的有效应力强度指标与总应力强度指标相比，通常 $c' < c_{cu}$，$\varphi' > \varphi_{cu}$。

5. 不固结不排水剪强度指标

不固结不排水剪切试验中的"不固结"是指在三轴压力室内不再固结，试样仍保持着原有的现场有效固结压力不变。图 4-15 中三个实线圆 Ⅰ、Ⅱ、Ⅲ 分别表示三个试样在不同的 σ_3 作用下 UU 试验的极限总应力圆，虚线圆则表示极限有效应力圆。其中，圆 Ⅰ 的 $\sigma_3 = 0$，相当于无侧限抗压试验。试验结果表明，在含水量恒定条件下的 UU 试验，无论在多大的 σ_3 作用下，试样破坏时所得的极限偏应力 $(\sigma_{1f} - \sigma_{3f})$ 恒为常数，即图 4-15 中三个总应力圆直

径相同，故抗剪强度包线为一条水平线，即

$$\left.\begin{aligned}\tau_f = c_u = \frac{1}{2}(\sigma_1 - \sigma_3)\\\varphi_u = 0\end{aligned}\right\}$$ (4-23)

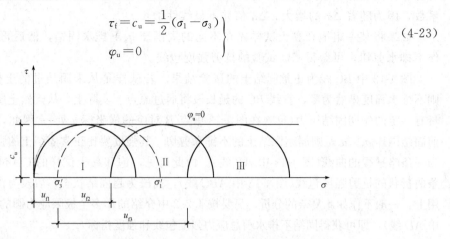

图 4-15　饱和黏性土的不固结不排水试验结果

若试验中分别量测试样破坏时的孔隙水压力 u_f，并按有效应力整理，三个试样只能得到同一个有效应力圆。由于试样总具有一定的现场固结压力，因此，对圆 I（$\sigma_3 = 0$）来说，是在超固结状态下的剪切破坏，如前所述，会产生负的孔隙水压力，有效应力圆在总应力圆的右边。上述试验现象可归结为在不排水条件下，试样在试验过程中的含水量和体积均保持不变，改变 σ_3 数值只能引起孔隙水压力同等数值变化，试样受剪前的有效固结应力却不发生改变，因而抗剪强度也就始终不变。无论是超固结土还是正常固结土，其 UU 试验的抗剪强度包线均是一条水平线，即 $\varphi_u = 0$。

从以上分析可知，c_u 值反映的正是试样原始有效固结压力作用所产生的强度。天然土层的有效固结压力是随埋藏深度而增加的，所以 c_u 值也随所处深度的增大而变大。均质的正常固结天然黏土层的 c_u 与其有效固结压力的比值基本保持常数，故 c_u 值大致随有效固结压力呈线性增加。超固结土因其先期固结压力大于现场有效固结压力，故它的 c_u 值比正常固结土大。

6. 固结排水剪强度指标

饱和黏性土的三轴压缩试验中，在排水剪切条件下，孔隙水压力始终为零，试样体积随 $\Delta\sigma_1$ 的增加而不断变化（图 4-16）。正常固结黏土的体积在剪切过程中不断减小，称为剪缩；而超固结黏土的体积在剪切过程中则是先减小，继而转向不断增加，称为剪胀。如前所述，土体在不排水剪中孔隙水压力值的变化趋势也可根据其在排水剪中的体积变化规律得到验证。如正常固结土在排水剪中有剪缩趋势，当它进行不排水剪时，由于孔隙水排不出来，剪缩趋势就转化为试样中的孔隙水压力不断增长；反之，超固结土在排水剪中不但不排出水分，反而因剪胀而有吸水的趋势，但它在不排水剪过程中却无法吸水，于是就产生负的孔隙水压力。

饱和黏土试样的 CD 试验结果与 CU 试验类似，如图 4-17 所示。但由于试样在固结和剪切全过程中始终不产生孔隙水压力，其总应力指标应等于有效应力强度指标，即 $c' = c_d$，$\varphi' = \varphi_d$。

如果将某种饱和软黏土的两组试样先在同一 $\sigma_3(=\sigma_c)$ 条件下排水固结，然后对其中一组中的若干试样施加新的围压 $\sigma_3(>\sigma_c)$，对各试样分别进行 UU、CU 和 CD 试验，并将试验结果综合表示在一张 σ-τ 坐标图上，如图 4-17 所示，则可看出三种试验结果之间的关系。很显然，正常固结土的 $\varphi_d > \varphi_{cu} > \varphi_u$，且 $\varphi_u = 0$。

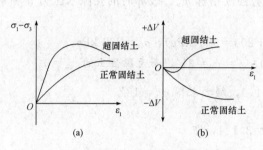

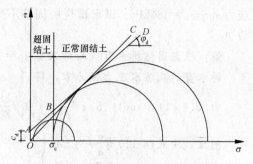

图 4-16 CU 试验的应力-应变关系和体积变化
（a）应力-应变关系；（b）体变-应变关系

图 4-17 饱和黏性土的 CD 试验结果

若对另一组中若干试样的围压从 σ_c 减低至 σ_3（$< \sigma_c$），同样进行上述三种试验，此时土具有超固结特征。超固结土在其卸载回弹过程中，UU 试验因不容许吸水，含水量保持不变，故不固结不排水剪强度比固结不排水剪和排水剪强度都高。此外，CU 和 CD 试验相比较，虽然两者在卸载回弹过程中产生的负孔隙水压力均会导致试样吸水软化（含水量增加），但由于超固结土的剪胀特性，CD 试验中试样在排水剪切过程中有可能进一步吸水软化，含水量还要增加，而 CU 试验则无此可能。因此，排水剪强度比固结不排水剪强度要低，这可从图 4-18 中 UU、CU 和 CD 试验的各强度包线在超固结状态所处位置比较而知，其情形与右边的正常固结状态正好相反。

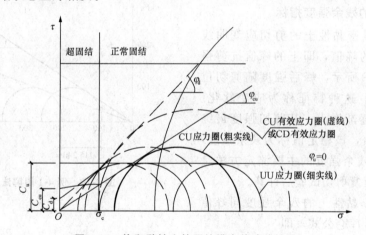

图 4-18 饱和黏性土的固结排水剪试验结果

上述试验还可证明，同一种黏性土在 UU、CU 和 CD 试验中的总应力强度包线和强度指标各不相同，但都可得到近乎同一条有效应力强度包线。因而，不同试验方法下的有效应力强度存在着唯一性的特征。

👤 **特别提醒**

直剪试验在上述三种方法中因受仪器条件限制，不能测定试样中孔隙水压力的变化，一般只能用总应力强度指标来表示其试验结果。

【例 4-1】 某无黏性土饱和试样进行排水剪试验，测得抗剪强度指标为 $c_d=0$，$\varphi_d=31°$。如果对同一试样进行固结不排水剪试验，施加的周围压力 $\sigma_3=200$kPa，试样破坏时的轴向偏应力 $\sigma_{1f}-\sigma_{3f}=180$kPa。试求试样的固结不排水剪强度指标 φ_{cu}、破坏时的孔隙水压力 u_f 和系数 A_f。

解： 根据固结排水剪试验结果有 $\sigma_{1f}=180+200=380(kPa)$，$\sigma_{3f}=200$ kPa。

排水剪的孔隙水压力恒为零，得 $c'=c_d=0$，$\varphi'=\varphi_d=31°$，而无黏性土的 $c_{cu}=0$。

由式 (4-11) 有 $\tan^2\left(45°+\dfrac{\varphi_{cu}}{2}\right)=\dfrac{\sigma_1}{\sigma_3}=\dfrac{380}{200}=1.9$，解之求得 $\varphi_{cu}=18°$。

同理，由式 (4-11) 有 $\dfrac{\sigma'_1}{\sigma'_3}=\tan^2\left(45°+\dfrac{31°}{2}\right)=3.124$，即

$$\sigma'_1=3.124\sigma'_3$$

根据 $\sigma'_{1f}-\sigma'_{3f}=\sigma_{1f}-\sigma_{3f}=180$ kPa

以上二式联立求解，可得 $\sigma'_{1f}=264.8$ kPa，$\sigma'_{3f}=84.8$ kPa。

故破坏时的孔隙水压力 $u_f=\sigma_{3f}-\sigma'_{3f}=200-84.8=115.2(kPa)$

由式 (4-22) 得 $A_f=\dfrac{u_f}{\sigma_{1f}-\sigma_{3f}}=\dfrac{115.2}{180}=0.64$。

此题也可用作图法解得。如图 4-19 所示，用 $\sigma_{1f}=380$ kPa 和 $\sigma_{3f}=200$ kPa 作莫尔极限应力圆。作过原点强度包线切于该圆，量得强度包线与水平夹角，即可得 $\varphi_{cu}=18°$。据 $c'=0$ 和 $\varphi'=31°$，作过原点有效应力强度包线，向左平移总极限应力圆与有效应力强度包线相切，即可从图中量得破坏时的孔隙水压力 $u_f=115.2$ kPa，然后由式 (4-22) 算得 $A_f=0.64$。

7. 黏性土的残余强度指标

坚硬的超压密黏性土的剪切应变曲线会出现剪应力的峰值，即土的峰值抗剪强度，如图 4-6(a) 所示，峰后强度随剪切位移增大而降低，这种特征称为应变软化。随着剪切位移逐渐增大，其剪切强度最终趋于某一稳定值，该稳定值称为残余强度，可用 τ_{fr} 表示。残余强度的主要测定方法是用直剪仪进行反复剪切试验后计算。

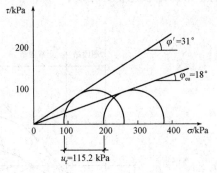

图 4-19　例 4-1 图解法

试验证明，黏性土的残余强度同峰值强度一样也符合库仑公式，即

$$\tau_{fr}=c_r+\sigma\tan\varphi_r \tag{4-24}$$

式中　τ_{fr}——土的残余抗剪强度(kPa)；

　　　σ——作用在剪切面上的法向应力(kPa)；

　　　c_r——土的残余黏聚力(kPa)；

　　　φ_r——土的残余内摩擦角(°)。

试验还证明，残余强度包线在纵坐标上的截距 $c_r\approx0$，残余内摩擦角 φ_r 略小于其峰值内摩擦角 φ，如图 4-20 所示。因此残余强度的降低主要表现为黏聚力的下降。

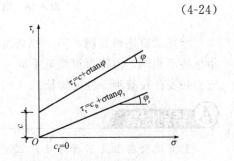

**图 4-20　黏性土的峰值强度
与残余强度包线**

残余强度对研究天然黏性土土坡的长期稳定性问题具有十分重要的实践意义。由于土坡沿滑动面剪应变的发展不是各处均衡，往往在该面上某些点发生较大的剪应变，而其他地方剪应变还较小，造成沿滑动面上的剪应力分布不均匀，滑动面上各部分的抗剪强度不能同时达到峰值。若土体具有明显的残余强度特性，则在较大剪应变处土首先抵达峰值强度，即破坏在这些点出现，但随着剪应变加大，这些点的强度又降至残余强度，从而带动滑动面其他各点也相继达到峰值强度后又降低至残余强度。可以推断，这种连锁反应造成土坡的破坏过程将是从某一点开始，并逐渐蔓延到整个滑动面，形成所谓的"渐近性破坏"现象。

4.3.3 无黏性土的抗剪强度指标

图 4-21 所示为剪切时无黏性土颗粒移动的理想化图像。当具有紧密结构的无黏性土沿破坏面滑动时，土粒 A 必须越过相邻的土粒 B，因而土体将发生膨胀，并消耗部分剪切力的功来抵抗法向应力 σ 的作用[图 4-21(a)]。若是很松的粒状土，土粒滑过相邻土粒时，便会落入孔隙之中，且恢复原有抵抗的部分法向应力，而释放出功来[图 4-21(b)]。

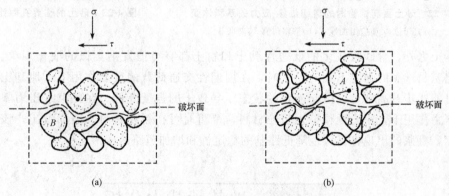

图 4-21 粒状土剪切时颗粒的位移

(a)紧密结构；(b)松散结构

图 4-22 表示具有不同初始孔隙比的松砂和密砂的排水直剪试验结果。密砂在受剪时体积膨胀，孔隙比变大，如前所述，剪胀作用将产生剪应力的增加，其剪切过程中的应力-应变关系类似超固结土的现象，即有明显的峰值强度和变形较大时的终值强度(应变软化型)。松砂的应力-应变关系类似正常固结土，其应力-应变关系无明显峰值强度(应变硬化型)，直剪时体积减小(剪缩)，孔隙比变小。试验证明，对一定侧限压力下的同种砂土来说，紧密的和松散的砂土最终殊途同归，两者的强度最终趋于同一数值，且最终孔隙比也大致趋向于某一稳定值 e_{cr}，该值称为临界孔隙比，如图 4-23 所示。在这一孔隙比下，砂土在不排水条件下受荷至破坏时，其体积变化为零。

从以上分析可知，不同密度的饱和砂性土在剪切过程中，与饱和黏性土有着相似的规律。大致是松砂具有类似正常固结黏土的特征，中密的砂相当于轻微超固结黏土，而密砂的剪胀性比超固结黏土更突出。如果松砂处于完全饱和状态，其初始孔隙比 $e_0 > e_{cr}$，则当它受到剪应力作用时，必然会产生剪缩的趋势而使粒间孔隙水压力增高，砂土的有效应力降低，其强度也随之降低。因此，饱和松砂的不排水强度是十分低的，由于砂土具有较大的渗透性，排水固结性能较好，在大多数情况下，采用其排水剪强度指标 c_d、φ_d。而进行砂土的不排水剪切，对于研究砂土的静力学问题实际意义并不大，但对研究饱和砂土受动荷载时的土动力学问题时则另当别论。试设想饱和松砂受到动荷载的作用（如地震荷载），由于动荷载作用的时间十分短促，相对来说，砂土中的孔隙水来不及排出（如大体积的松砂）。因此，在反复的动剪应力作用下，孔隙水压力就不断增加。若砂体中的有效应力降至零，则砂土就会发生流动。这种饱和砂土在动荷载作用下，其强度全部丧失而会像流体一样流动的现象称为砂土液化。因此，临界孔隙比对研究砂土液化具有重要的意义。

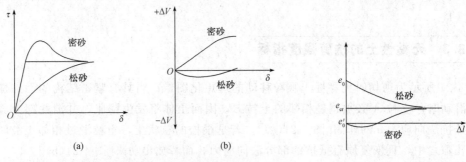

图 4-22　砂土直剪试验时的剪切位移-应力关系和体变　　图 4-23　砂土的临界孔隙比
(a)剪切位移-剪应力曲线；(b)剪切位移-体变曲线

除砂土之外，含砂粒较多的低塑性黏土和粉土都有可能发生类似的液化现象。例如，当道路路基是饱和的强度不大的粉土时，在周期性交通荷载的反复作用下，地基土的孔隙水压力可能逐步升高到足以引起液化的状态，导致土的强度降低。在孔隙水压力骤增引起的渗透压力作用下，粉土颗粒挤入粗粒材料，严重时可在粗粒材料的表面冒出，该现象称为"翻浆"，翻浆的出现将极大地降低路基的稳定性和增加道路的变形。

4.4　地基承载力分析

地基承载力是指地基土单位面积上所能承受荷载的能力，以 kPa 计。在工程设计中为了保证地基土不发生剪切破坏而失去稳定，同时还要保证建(构)筑物不致因基础产生过大的沉降和不均匀沉降而影响其正常使用，必须限制基础底面的压力，使其不得超过地基承载力。因此，恰当地确定地基承载力是工程实践中最为迫切需要解决的问题之一。

4.4.1　浅基础地基的破坏模式

工程实践、试验研究以及理论分析都表明：地基的破坏主要是由于基础下持力层抗剪强度不够，土体产生剪切破坏所致。地基的剪切破坏模式总体可以分为整体剪切破坏、冲剪破坏和局部剪切破坏三种，如图 4-24 所示。

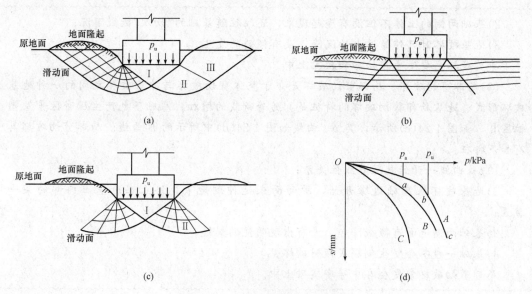

图 4-24　浅基础地基的破坏模式
(a)整体剪切破坏；(b)冲剪破坏；(c)局部剪切破坏；(d)$p\text{-}s$ 关系曲线

✏️ **知识窗**

(1)整体剪切破坏。整体剪切破坏的过程，可以通过荷载试验得到地基压力 p 与相应的稳定沉降量 s 之间的关系曲线来描述，如图 4-24(d)中的 A 曲线，该曲线有如下特征：

1)当基础上荷载 p 比较小时(小于比例荷载 p_a)，基础下形成一个三角压密区Ⅰ，如图 4-24(a)所示。随荷载增大，基础压入土中，$p\text{-}s$ 曲线呈直线变化，直至荷载增大到比例荷载 p_a，对应 $p\text{-}s$ 曲线的 Oa 段。

2)随着荷载继续增大，压密区Ⅰ向两侧挤压，土中产生塑性区。塑性区先在基础边缘产生，然后逐步扩大形成塑性区Ⅱ。地基土内部出现剪切破坏区，土体进入塑性阶段，基础沉降速率加快，对应 $p\text{-}s$ 曲线的 ab 段。

3)当荷载再增加，达到某一极限值后，土体中形成连续的滑动面并延伸至地面，土从基础两侧挤出并隆起，基础沉降急剧增加，$p\text{-}s$ 曲线发生转折呈陡直线 bc，整个地基失稳破坏。$p\text{-}s$ 曲线转折点 b 对应的荷载称为极限荷载 p_u。

整体剪切破坏常发生在浅埋基础下的密砂或硬黏土等坚实地基中。

(2)冲剪破坏。冲剪破坏一般发生在基础刚度很大同时地基十分软弱的情况。在荷载的作用下，地基发生破坏形态往往是沿基础边缘垂直剪切破坏，好像基础"切入"地基中，如图 4-24(b)所示。与整体剪切破坏相比，该破坏形式下其 $p\text{-}s$ 曲线无明显的直线段、曲线段和陡段，如图 4-24(d)中的曲线 C。基础的沉降随着荷载的增大而增加，其 $p\text{-}s$ 曲线没有明显的转折点，找不到比例荷载和极限荷载。地基发生冲剪破坏时具有如下特征：

1)基础发生垂直剪切破坏，地基内部不形成连续的滑动面；

2)基础两侧的土体不但没有隆起现象，还往往随基础的"切入"微微下沉；

3)地基破坏时只伴随过大的沉降，没有倾斜的发生。

冲剪破坏主要发生在松砂和软黏土中。

(3)局部剪切破坏。局部剪切破坏是介于整体剪切破坏与冲剪破坏之间的一种地基破坏形式。地基局部剪切破坏的特征是：随着荷载的增加，基础下也产生压密区 I 及塑性区 II，如图 4-24(c)所示，其 p-s 曲线如图 4-24(d)中所示的 B 曲线。局部剪切破坏具有如下特征：

1)p-s 曲线一开始就呈非线性关系；

2)地基破坏从基础边缘开始，滑动面未延伸到地表，终止在地基土内部的某一位置；

3)基础两侧地面有微微隆起，没有出现明显的裂缝；

4)基础一般不会发生倒塌或倾斜破坏。

局部剪切破坏常发生在中等密实砂土中。

4.4.2 地基的临塑荷载和临界荷载

1. 地基的临塑荷载

对整体剪切破坏的地基，在 p-s 曲线上的直线段终点，如图 4-24(d)中曲线 A 上的点 a，其对应的荷载就是地基土即将进入塑性状态时的荷载，称为临塑荷载，用 p_{cr} 表示。

(1)地基中任意一点 M 的主应力。地基中的任意一点 M 的应力由以下三部分叠加形成：基础底面的附加应力 p_0；基础底面以下深度 z 处土的自重应力 $\gamma_1 z$；基础由埋深 d 引起的旁载 $\gamma_2 d$。

为了简化计算，假设由自重应力 $\gamma_1 z$ 和旁载 $\gamma_2 d$ 在地基中任意点 M 的各个方向引起的应力大小是相等的。因此，点 M 的总主应力 σ_1 和 σ_3 可表示为

$$\sigma_1 = \frac{p_0}{\pi}(\beta_0 + \sin\beta_0) + \gamma_1 z + \gamma_2 d \tag{4-25}$$

$$\sigma_3 = \frac{p_0}{\pi}(\beta_0 - \sin\beta_0) + \gamma_1 z + \gamma_2 d \tag{4-26}$$

式中 σ_1、σ_2——地基中任意点 M 的大、小主应力(kPa)；

p_0——基底附加应力(kPa)；

β_0——点 M 与基础两边缘连线的夹角(°)；

γ_1——基底下土的重度(kN/m³)；

γ_2——基础埋深范围内土的加权重度(kN/m³)；

z——点 M 距基底的距离(m)；

d——基础埋深(m)。

(2)塑性区边界方程。根据莫尔-库仑理论，当单元土体处于极限平衡状态时，作用在单元上的大、小主应力满足如下极限平衡条件：

$$\sigma_1 - \sigma_3 = (\sigma_1 + \sigma_3)\sin\varphi + 2c\cos\varphi$$

将式(4-25)和式(4-26)代入上式得

$$\frac{p_0}{\pi}\sin\beta_0 = \left(\frac{p_0\beta_0}{\pi} + \gamma_1 z + \gamma_2 z\right)\sin\varphi + c\cos\varphi \tag{4-27}$$

进一步整理式(4-27)得

$$z = \frac{p_0}{\pi\gamma_1}\left(\frac{\sin\beta_0}{\sin\varphi} - \beta_0\right) - \frac{c\cos\varphi}{\gamma_1\sin\varphi} - \frac{\gamma_2 d}{\gamma_1} \tag{4-28}$$

式(4-28)即塑性区边界方程。它是 β_0、p_0、d、γ_1、γ_2、φ、c 的函数。若 β_0、p_0、d、γ_1、γ_2、φ、c 已知，则塑性区具有确定的边界形状。

(3)临塑荷载 p_{cr} 的公式。将基底附加应力 p_0 用基底压力 p 表示，则式(4-28)变为

$$z = \frac{p - \gamma_2 d}{\pi\gamma_1}\left(\frac{\sin\beta_0}{\sin\varphi} - \beta_0\right) - \frac{c\cos\varphi}{\gamma_1\sin\varphi} - \frac{\gamma_2 d}{\gamma_1} \tag{4-29}$$

根据定义，临塑荷载是地基刚开始产生塑性区时基础底面所承受的荷载，可以用塑性区的最大深度 $z_m = 0$ 来表示。为此需先求解 z_m 的计算公式。

令

$$\frac{\mathrm{d}z}{\mathrm{d}\beta_0} = \frac{p - \gamma_2 d}{\pi\gamma_1}\left(\frac{\cos\beta_0}{\sin\varphi} - 1\right) = 0$$

得

$$\cos\beta_0 = \sin\varphi$$

根据三角函数关系，有

$$\beta_0 = \frac{\pi}{2} - \varphi \tag{4-30}$$

将式(4-30)代入式(4-29)，可求得 $z_{\max}$，即

$$z_{\max} = \frac{p_0 - \gamma_2 d}{\pi\gamma_1}\left(\frac{\cos\varphi}{\sin\varphi} - \frac{\pi}{2} + \varphi\right) - \frac{c\cos\varphi}{\gamma_1\sin\varphi} - \frac{\gamma_2 d}{\gamma_1} \tag{4-31}$$

再令 $z_{\max} = 0$，即得到临塑性荷载 p_{cr} 的计算公式：

$$p_{cr} = \frac{\pi(\gamma_2 d + c\cot\varphi)}{\cot\varphi + \varphi - \frac{\pi}{2}} + \gamma_2 d \tag{4-32a}$$

为简化计算，可将式(4-32a)写成

$$p_{cr} = N_c c + N_q \gamma_2 d \tag{4-32b}$$

$$N_c = \frac{\pi\cot\varphi}{\cot\varphi + \varphi - \frac{\pi}{2}} \quad N_q = \frac{\cot\varphi + \varphi + \frac{\pi}{2}}{\cot\varphi + \varphi - \frac{\pi}{2}} \tag{4-32c}$$

式中 N_c，N_q——地基土内摩阻力角 φ 的函数，称为地基承载力系数。

2. 地基的临界荷载

(1)临界荷载的定义。在中心荷载和偏心荷载的作用下，当地基中塑性区的最大发展深度 $z_{\max}$ 分别达到基础宽度的 1/4 和 1/3 时，对应的基础底面压力称为临界荷载，用 $p_{1/4}$、$p_{1/3}$ 表示。

(2)临界荷载公式。在中心荷载的作用下，令 $z_{\max} = \frac{b}{4}$，则由式(4-31)整理可得

$$p_{1/4} = \frac{\pi\left(\gamma_2 d + c\cot\varphi + \dfrac{1}{4}b\gamma_1\right)}{\cot\varphi + \varphi - \dfrac{\pi}{2}} + \gamma_2 d \tag{4-33}$$

同理，在偏心荷载的作用下，令 $z_{\max} = \dfrac{b}{3}$，可由式(4-31)整理得

$$p_{1/3} = \frac{\pi\left(\gamma_2 d + c\cot\varphi + \dfrac{1}{3}b\gamma_1\right)}{\cot\varphi + \varphi - \dfrac{\pi}{2}} + \gamma_2 d \tag{4-34}$$

式中，b 为基础宽度(m)。若基础是矩形，则 b 为短边边长；若基础为方形，则 b 为方形边长；若基础是圆形，则取 $b=\sqrt{A}$，A 为圆形基础的底面积。

式(4-33)和式(4-34)简化写成如下统一的表达式：

$$p_{1/4 \text{或} 1/3} = N_c c + N_q \gamma_2 d + N_\gamma \gamma_1 b \tag{4-35a}$$

$$N_\gamma = \frac{\pi}{\kappa\left(\cot\varphi + \varphi - \dfrac{\pi}{2}\right)} \tag{4-35b}$$

式中，N_γ 也是地基承载力系数，计算 $p_{1/4}$ 时取 $\kappa=4$，计算 $p_{1/3}$ 时取 $\kappa=3$。其他符号意义和式(4-32c)相同。

【例 4-2】 某学校教学楼设计拟采用墙下条形基础，基础宽度 $b=3$ m，埋置深度 $d=2.5$ m，地基土的物理性质：天然重度 $\gamma=19$ kN/m³，饱和重度 $\gamma_{sat}=20$ kN/m³，黏聚力 $c=12$ kPa，内摩阻力角 $\varphi=12°$。

(1)试求该教学楼地基的塑性荷载 p_{cr} 和界限荷载 $p_{1/4}$、$p_{1/3}$；

(2)若地下水位上升到基础底面，其值有何变化？

解： (1)先由 $\varphi=12°$ 代入式(4-32c)和式(4-35b)，可得

$$N_c = 4.4, \quad N_q = 1.9, \quad N_{\gamma(1/4)} = 0.2, \quad N_{\gamma(1/3)} = 0.3$$

把上述承载力系数代入式(4-32b)和式(4-35a)，即可分别求得

$$p_{cr} = N_c c + N_q \gamma_2 d = 4.4 \times 12 + 1.9 \times 19 \times 2.5 = 143.1(\text{kPa})$$

$$p_{1/4} = N_c c + N_q \gamma_2 d + N_{\gamma(1/4)} \gamma_1 b = 4.4 \times 12 + 1.9 \times 19 \times 2.5 + 0.2 \times 19 \times 3 = 154.5(\text{kPa})$$

$$p_{1/3} = N_c c + N_q \gamma_2 d + N_{\gamma(1/3)} \gamma_1 b = 4.4 \times 12 + 1.9 \times 19 \times 2.5 + 0.3 \times 19 \times 3 = 160.2(\text{kPa})$$

(2)当地下水位上升到基础底面时，若假定土的抗剪强度指标 c、φ 值不变，则地基承载力系数与(1)中相同，但地下水位以下土体重度采用有效重度 γ' 计算。

$$\gamma' = \gamma_{sat} - \gamma_w = 20 - 10 = 10(\text{kN/m}^3)$$

$$p_{cr} = N_c c + N_q \gamma_2 d = 4.4 \times 12 + 1.9 \times 10 \times 2.5 = 100.3(\text{kPa})$$

$$p_{1/4} = N_c c + N_q \gamma_2 d + N_{\gamma(1/4)} \gamma_1 b = 4.4 \times 12 + 1.9 \times 10 \times 2.5 + 0.2 \times 10 \times 3 = 106.3(\text{kPa})$$

$$p_{1/3} = N_c c + N_q \gamma_2 d + N_{\gamma(1/3)} \gamma_1 b = 4.4 \times 12 + 1.9 \times 10 \times 2.5 + 0.3 \times 10 \times 3 = 109.3(\text{kPa})$$

可见，当地下水位上升时，土的有效重度减小，地基的承载力降低了。

4.4.3 地基极限承载力

地基极限承载力是指地基土达到整体剪切破坏时的最小荷载。求极限荷载的理论方法有两种，其一是弹塑性理论求解法，根据弹性理论建立微分方程，并由边界条件求地基整

体达到极限平衡时的地基承载力的精确解，但该法只在边界条件极其简单时才能使用；其二是假设滑动面法，即先假设滑动面形状，然后取滑动土体为隔离体，根据静力平衡求地基承载力。由于所假设的滑动面形状不同，解答结果有差异。下面介绍两个有代表性的地基极限承载力公式。

1. 普朗特尔极限承载力公式

(1)基本假设。普朗特尔(1920)在推导极限承载力计算公式时做了如下基本假设：介质是无质量的；外荷载为地面上无限长的条形荷载；荷载板是光滑的，即荷载板与介质之间无摩擦。

(2)滑动面形状。普朗特尔根据极限平衡理论及上述三个基本假设，得出图 4-25 所示的滑动面形状：两端为直线，中间为对数螺旋线，左右对称。整个滑动体可分成以下三个区：

1) Ⅰ区：位于荷载板底面下，由于假设荷载板底面是光滑的，因此Ⅰ区中竖向应力即大主应力，称为朗肯主动区，滑动面与水平面的夹角为 $45° + \varphi/2$；

2) Ⅱ区：称为过渡区，滑动面为曲面，曲线为对数螺旋线，并且与Ⅰ区和Ⅲ区的滑动面相切。对数螺旋线方程为

$$r = r_0 e^{\theta \tan\varphi} \tag{4-36}$$

式中 r_0——起始径距，即图 4-25 中 ad、a_1d 的长度；

r——任一射线长度，即从 $a_1(a)$ 点到 $de(de_1)$ 曲线上任意点的距离；

φ——射线 r 与 r_0 的夹角。

3) Ⅲ区：由于Ⅰ区的土体向下位移，附近的土体就向两侧挤，从而使Ⅲ区成为朗肯被动区，滑动面与水平面的夹角为 $45° - \varphi/2$。

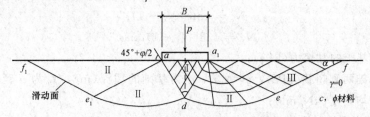

图 4-25   普朗特尔理论假设的滑动面

(3)普朗特尔极限承载力计算公式为

$$p_u = N_c c \tag{4-37a}$$

$$N_c = \cot\varphi \left[e^{\pi\tan\varphi} \tan^2\left(\frac{\pi}{2} + \varphi\right) - 1 \right] \tag{4-37b}$$

式中 N_c——地基承载力系数；

c——地基土的黏聚力(kPa)。

【小提示】 实际上，地基土并非无重介质，而且基础必有一定的埋置深度，因此，普朗特尔公式还需进行修正和完善。

2. 太沙基极限承载力公式

(1)基本假设。太沙基(1943)基于以下基本假设提出条形基础的极限荷载计算公式：基础底面是粗糙的；条形基础受均布荷载作用。

(2)滑动面形状。如图 4-26 所示，滑动面也可以分为以下三个区：

1）Ⅰ区：位于基础底面下，由于假定基础底面是粗糙的，移动时具有很大的摩阻力，可认为与基础底面接触的土体不会发生剪切位移，所以，Ⅰ区土体不是处于朗肯主动状态，而是处于弹性压密状态且和基础一起位移，滑动面与基础底面的夹角为φ。

2）Ⅱ区：与普朗特尔滑动面一样，是一组对数螺旋曲面连接Ⅰ区和Ⅲ区的过渡区。

3）Ⅲ区：仍然是朗肯被动区，滑动面与水平面的夹角为$45°-\varphi/2$。

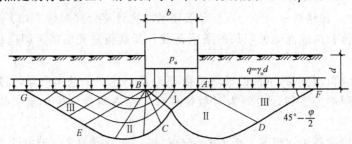

图 4-26 太沙基理论假设的滑动面

（3）太沙基极限承载力基本公式。太沙基认为，按实际工程要求的精度，可用简化方法分别计算由以下三种情况产生的地基承载力：土无质量、有黏聚力和内摩擦角，没有超载；土无质量、无黏聚力，有内摩擦角、有超载；土有质量，无黏聚力，有内摩擦角，无超载。叠加得到：

$$p_u = N_c c + N_q q + \frac{1}{2} N_\gamma \gamma b \tag{4-38a}$$

$$N_q = \frac{1}{2}\left[\frac{e^{\left(\frac{3}{4}\pi - \frac{\varphi}{2}\right)\tan\varphi}}{\cos(45° + \varphi/2)}\right]^2 \tag{4-38b}$$

$$N_c = \cot\varphi(N_q - 1) \tag{4-38c}$$

$$N_\gamma = 1.8(N_q - 1)\tan\varphi \tag{4-38d}$$

式中　c——地基土的黏聚力(kPa)；

　　　q——基础两侧超载(kPa)，$q = \gamma_m d$，d 为基础的埋深(m)，γ_m 为 d 范围内土的加权平均重度(kN/m^3)；

　　　γ——基底下土的重度(kN/m^3)；

　　　b——基础的宽度(m)；

　　　$N_\gamma、N_c、N_q$——地基承载力系数，是内摩擦角 φ 的函数。

【例 4-3】某条形基础宽为 1.5 m，埋置深度为 1.2 m。地基为均匀粉质黏土，土的重度为 17.6 kN/m^3，黏聚力 $c = 15$ kPa，内摩擦角 $\varphi = 24°$，问：

(1)用太沙基公式计算的地基极限承载力是多大？

(2)当基础宽度为 3 m，其他条件不变时，地基极限承载力是多大？

(3)当基础宽度为 3 m，埋置深度为 2.4 m，其他条件不变时，地基极限承载力是多大？

解：(1)根据 $\varphi = 24°$，先由式(4-38b)～式(4-38d)算得：$N_\gamma = 8.6$，$N_c = 23.4$，$N_q = 11.4$。再代入式(4-38a)即求得地基极限承载力为

$$p_u = \frac{1}{2} N_\gamma \gamma b + N_c c + N_q \gamma d$$

$$= 0.5 \times 8.6 \times 17.6 \times 1.5 + 23.4 \times 15 + 11.4 \times 17.6 \times 1.2 = 705.29(kPa)$$

(2)承载力系数同上，基础宽度由 1.5 m 改为 3 m，其他条件不变，则

$$p_u = \frac{1}{2}N_\gamma \gamma b + N_c c + N_q \gamma d$$

$$= 0.5 \times 8.6 \times 17.6 \times 3 + 23.4 \times 15 + 11.4 \times 17.6 \times 1.2 = 818.8 (\text{kPa})$$

可见，基础宽度增大，地基的承载力随之增大。

(3)在(2)的基础上，基础埋置深度由1.2 m改为2.4 m，其他条件不变，则

$$p_u = \frac{1}{2}N_\gamma \gamma b + N_c c + N_q \gamma d$$

$$= 0.5 \times 8.6 \times 17.6 \times 3 + 23.4 \times 15 + 11.4 \times 17.6 \times 2.4 = 1\,059.58 (\text{kPa})$$

可见，基础的埋置深度增大，地基的承载力也随之增大，而且增加基础的埋置深度能更有效地提高地基的承载力。

▶▶ 任务实施

土的抗剪强度试验

1. 目的与意义

土的直接剪切试验是学习土的抗剪强度与地基承载力基本理论不可缺少的教学环节，是培养试验技能和试验结果分析应用能力的重要途径。通过试验，加深对基本理论的理解，测定土的抗剪强度指标，掌握试验目的、操作方法与步骤、成果整理等环节。

2. 内容与要求

在教师的指导下，进行直接剪切试验，测定土的抗剪强度指标，试验方法应遵循《土工试验方法标准》(GB/T 50123—2019)。

📖 项目小结

工程中强度破坏引发的事故往往要比变形严重得多，建筑物地基承载力、挡土墙及地下结构的土压力、土坡稳定性都与土地强度有关，而剪切破坏是土体强度破坏的重要特点。本项目主要介绍了土的抗剪强度理论分析、土的抗剪强度试验、土的抗剪强度指标及测定、地基承载力分析。

📖 思考与练习

1. 土的抗剪强度是如何构成的？它与钢材、混凝土等材料的抗剪强度相比最大的特点是什么？

2. 同一种土用不同的方法所测定的抗剪强度指标是不同的，为什么？

3. 何谓土的极限平衡条件？黏性土和粉土与无黏性土的表达式有何不同？

4. 为什么土中某点剪应力最大的平面不是剪切破坏面？如何确定剪切破坏面与小主应力作用方向的夹角？

5. 地基破坏模式有几种？发生整体剪切破坏时 p-s 曲线的特征如何？

6. 何谓地基的临塑荷载、临界荷载和极限荷载？它们对应的地基应力状态有何不同？

7. 已知地基土的抗剪强度指标 $c = 10$ kPa，$\varphi = 30°$。问当地基中某点的大主应力 $\sigma_1 = 400$ kPa，而小主应力 σ_3 为多少时，该点刚好发生剪切破坏？

8. 某饱和黏性土试样在三轴仪中进行固结不排水试验，施加周围压力 $\sigma_3 = 200$ kPa，试样破坏时的主应力差 $\sigma_1 - \sigma_3 = 300$ kPa，测得孔隙水压力 $u_f = 180$ kPa，整理试验成果得有效

应力强度指标 $c'=75.1$ kPa，$\varphi'=30°$。问：

(1)该试样是否发生剪切破坏？

(2)剪切面上的法向应力和剪应力以及试样中的最大剪应力为多少？

(3)试样的破坏面与大主应面的夹角为多大？

9. 某条形基础，宽度 $b=10$ m，埋置深度 $d=2$ m，建于均质黏土地基上，黏土的 $\gamma=16.5$ kN/m³，$\varphi=150$，$c=15$ kPa，试求：

(1)临塑荷载 p_{cr} 和临界荷载 $p_{1/4}$；

(2)按太沙基公式计算地基极限承载力 p_u；

(3)若地下水位在基础底面处($\gamma'=8.7$ kN/m³)，则上述 p_{cr}、$p_{1/4}$、p_u 又各是多少？

项目5 土压力与土坡稳定

教学目标

知识目标

1. 了解土的抗剪强度指标的选用对边坡稳定性分析的影响，熟悉库仑土压力理论及数值解法。

2. 理解土坡滑动失稳的原因及影响因素，熟悉土压力的概念、类型及产生的条件。

3. 掌握朗肯土压力理论及计算方法，无黏性土坡稳定分析方法，黏性土坡圆弧滑动面整体稳定性分析，条分法的基本原理、方法和步骤。

能力目标

1. 根据墙身位移情况，能分析作用在墙背上的土压力属于那种类型。

2. 能根据实际工程中支挡结构的形式，土层分布特点，土层上的荷载分布情况，地下水情况等计算出作用在支挡结构上的土压力、水压力及总压力。

3. 具备应用朗肯主动土压力、被动土压力的计算方法于工程实际的能力。

4. 通过库仑理论能进行土压力的计算。

5. 通过现场参观基坑支护工程，能分析土坡滑动失稳的原因。

素养目标

1. 具有做事的干劲，对于本职工作要能用心去投入。

2. 要拥有充沛的体力，在工作时才能充满活力。

素养课堂

学生应在准备对土压力计算的同时形成严谨理性的思维习惯与精益求精的科研精神，对一切事情都有认真、负责的态度，一丝不苟，于细微之处见精神，于细微之处见境界，于细微之处见水平；把做好每件事情的着力点放在每一个环节、每一个步骤上，不心浮气躁，不好高骛远；就是从一件一件的具体工作做起，从最简单、最平凡、最普通的事情做起，特别注重把自己岗位上的、自己手中的事情做精做细，做得出彩，做出成绩。

项目导入

新滩地区，位于长江上游 72 km 处西陵峡西段兵书宝剑峡口处的湖北宜昌市复秭归县龙口区，自古以来就是一个滑坡地带。根据国务院指示，西陵峡岩崩调查处的测绘工作者从 20 世纪 70 年代初就开始对新滩岩崩、滑坡进行监测预报工作，利用大地形变测量手段，监测掌握滑坡形变发展规律。测绘工作者踏遍新滩地区的崇山峻岭，行程约 8 万 km，布设了 72 个仪器测站和 9 个观测点，测量了 15 个交会点、5 条水准路线和由 6 个点组成的三角网，对整个滑坡地段形成了严密的科学监视网络，易滑动坡体的任何轻微滑动，都被准确地记录下来，可以预先掌握滑坡的动态。利用持续不断的观测结果分析，终于成功地预报了发生在 1985 年 6 月 12 日凌晨 3 点 45 分至 4 点 20 分的大滑坡。

"新滩滑坡"是一起震惊全国的大滑坡，3 000 余万方土石自 100 m 高处的广家岩坡脚以排山倒海之势，高速下滑，将古镇新滩全部摧毁，江中激起巨浪高达 54 m，涌浪波及上下游江段 42 公里。

这次滑坡的预报成功，是工程测量应用于地壳形变监测的成功范例，是测绘史上光辉的一页，为国家避免了重大损失，保护了千百人的生命财产，是测绘工作为国计民生服务的直接体现。

挡土结构是土木工程中常用的结构物。例如桥梁工程中的桥台，除了承受桥梁荷载外，还抵挡台后填土压力；道路工程中穿越边坡而修筑的挡土墙，基坑工程中的支挡结构，隧道工程中的衬砌以及码头、水闸等工程中采用的各种形式的挡土结构等，如图 5-1 所示。这些挡土结构都承受来自它们与土体接触面上的侧向压力作用，土压力就是这些侧向压力的总称，它是设计挡土结构物断面及验算其稳定性的主要荷载。

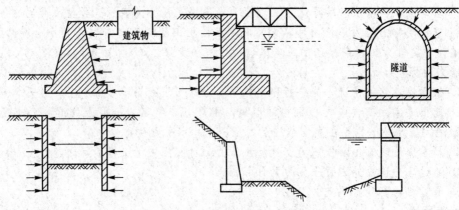

图 5-1　各种形式的挡土结构

土坡分为天然土坡和人工土坡。天然土坡是由于地质作用自然形成的土坡，如山坡、江河的岸坡等；人工土坡是经过人工挖、填的土工建筑物，如基坑、渠道、土坝、路堤等的边坡。如图 5-2 所示，当土坡内某一滑动面上作用的滑动力达到土的抗剪强度时，土坡即发生滑动破坏。滑坡会给工农业生产以及人民生命财产造成巨大损失，有的甚至是毁灭性的灾难，因此土坡稳定性分析和防止土坡失稳对工程设计施工都十分重要。

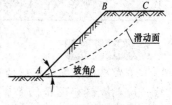

图 5-2　土坡滑动破坏

本项目重点介绍挡土结构土压力的类型及计算方法，土坡稳定性分析的原理和方法。

5.1　土压力的类型

土压力的大小受较多因素的影响，主要有：填土的性质，包括填土的重度、含水率、内摩擦角、黏聚力及填土表面的形状（水平、向上倾斜、向下倾斜）等；挡土墙的形状、墙背的光滑程度和结构形式；挡土墙的位移方向和位移量。在影响土压力的诸多因素中，墙体位移条件是最

视频：三种土压力

主要的因素。墙体位移的方向和位移量决定着所产生的土压力性质和土压力大小。根据墙身位移情况，作用在墙背上的土压力可分为静止土压力(earth pressure at rest)、主动土压力(active earth pressure)和被动土压力(passive earth pressure)。

5.1.1 静止土压力

当挡土墙具有足够的截面，并且建立在坚实的地基上(例如岩基)，墙在墙后填土的推力作用下，不产生任何移动、转动时[图 5-3(a)]，墙后土体没有破坏，处于弹性平衡状态，这时，作用于墙背上的土压力称为静止土压力。

特别提醒

作用在每延米挡土墙上静止土压力的合力用 E_0(kN/m)表示，静止土压力强度用 p_0(kPa)表示。

5.1.2 主动土压力

如果墙基可以变形，墙在土压力作用下产生向着离开填土方向的移动或绕墙根的转动时[图 5-3(b)]，墙后土体因侧面所受限制的放松而有下滑的趋势。为阻止其下滑，土内潜在滑动面上剪应力增加，从而使作用在墙背上的土压力减小。当墙的移动或转动达到某一数量时，滑动面上的剪应力等于抗剪强度，墙后土体达到主动极限平衡状态，发生一般为曲线形的滑动面 AC，这时作用在墙上的土压力达到最小值，称为主动土压力。

特别提醒

作用在每延米挡土墙上主动土压力的合力用 E_a(kN/m)表示，主动土压力强度用 p_a(kPa)表示。

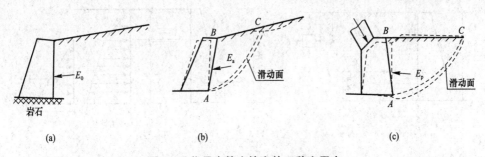

(a)   (b)   (c)

图 5-3 作用在挡土墙上的三种土压力
(a)静止土压力；(b)主动土压力；(c)被动土压力

5.1.3 被动土压力

当挡土墙在外力作用下向着填土方向移动或转动时(如拱桥桥台)，墙后土体受到挤压，有上滑的趋势[图 5-3(c)]。为阻止其上滑，土内剪应力反向增加，使得作用在墙背上的土压力加大，直到墙的移动量足够大时，滑动面上的剪应力又等于抗剪强度。墙后土体达到被动极限平衡状态，土体发生向上滑动，滑动面为曲面 AC，这时作用在墙上的土压力达到最大值，称为被动土压力。

 **特别提醒**

作用在每延米挡土墙上被动土压力的合力 E_p(kN/m) 表示，被动土压力强度用 p_p(kPa) 表示。

三种土压力有如下关系：

$$E_a < E_0 < E_p$$

5.2 静止土压力计算

当挡土墙绝对不动时，土体中的应力状态相当于自重下的应力状态。此种应力状态下土体处于弹性平衡。在岩石地基上的重力式挡土墙，或上下端有顶、底板固定的重力式挡土墙，实际变形极小，就会产生这种土压力。这时，墙后土体应处于侧限压缩应力状态，与土的自重应力状态相同，因此，可用项目2计算自重应力的方法确定静止土压力的大小。

视频：静止土压力

5.2.1 静止土压力强度及分布

墙背后 z 深度处的土压力强度按式(5-1)计算。

$$p_0 = K_0 \sigma_{cz} = K_0 \gamma z \tag{5-1}$$

式中 K_0——土的侧压力系数，也称为静止土压力系数。

由式(5-1)可知，p_0 沿墙高呈三角形分布，如图5-4(a)所示。

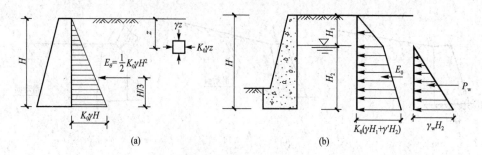

图5-4 静止土压力的分布

(a)均质土时；(b)有地下水时

对于成层土和有超载情况，静止土压力强度可按下式计算：

$$p_0 = K_0 \left(\sum \gamma_i h_i + q \right) \tag{5-2}$$

式中 γ_i——计算点以上第 i 层土的重度(kN/m³)；

h_i——计算点以上第 i 层土的厚度(m)；

q——填土面上的均布荷载(kPa)。

若墙后填土中有地下水，计算静止土压力时，水下土应考虑水的浮力作用，对于透水性好的土，应采用浮容重 γ' 计算，同时考虑作用在挡土墙上的静水压力，如图 5-4(b)所示。

5.2.2　总静止土压力

若墙高为 H，则作用于单位长度墙上的总静止土压力为

$$E_0 = \frac{1}{2}K_0\gamma H^2 \tag{5-3}$$

E_0 作用点应在墙高 $\frac{1}{3}$ 处，如图 5-4(a)所示。

5.2.3　静止土压力系数

静止土压力系数 K_0 理论上为 $\frac{\mu}{1-\mu}$，μ 为土体的泊松比。实际 K_0 由试验确定，可由常规三轴仪或应力路径三轴仪测得，在原位可用自钻式旁压仪测得。在缺乏试验资料时，可用下述经验公式估算，也可参考表 5-1 的经验值。

正常固结土：

砂性土，$K_0 = 1 - \sin\varphi'$；

黏性土，$K_0 = 0.95 - \sin\varphi'$。

超固结土：$K_0 = OCR^{0.5}(1 - \sin\varphi')$。

式中　φ'——土的有效内摩擦角(°)；

OCR——土的超固结比。

一般地下室外墙、岩基上挡土墙和拱座均按静止土压力计算。

表 5-1　静止土压力系数 K_0 值

土的种类及状态	碎石土	砂土	粉土	粉质黏土			黏土		
				坚硬	可塑	软塑～流塑	坚硬	可塑	软塑～流塑
K_0	0.18～0.25	0.25～0.33	0.33	0.33	0.43	0.53	0.33	0.53	0.72

📝 **知识窗**

静止土压力的工程应用 $\begin{cases} \text{地下室、隧道、涵洞等侧墙} \\ \text{岩基挡土墙} \\ \text{拱座（没有位移）} \\ \text{水闸、船闸边墙（与闸底边连成整体）} \end{cases}$

【例 5-1】　地下室外墙高 $H=6$ m，墙后填土的重度 $\gamma=18.5$ kN/m³，土的有效内摩擦角 $\varphi'=30°$，黏聚力为零。试计算作用在挡土墙上的土压力。

解：对地下室外墙，可按静止土压力公式计算单位长度墙体上的土压力：

$$E_0 = \frac{1}{2}K_0\gamma H^2 = \frac{1}{2}\times(1-\sin30°)\times18.5\times6^2$$

$$= 166.5(\text{kN/m})$$

【**例 5-2**】 如图 5-5(a)所示，已知挡土墙后填土面上的均布荷载 $q=20$ kPa，计算作用于挡土墙上的静止土压力分布值、合力 E_0 及作用点位置 C_0。

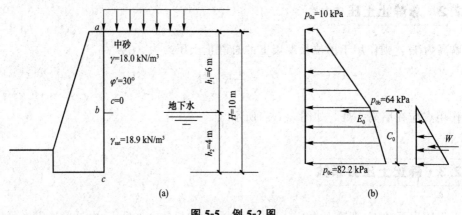

图 5-5 例 5-2 图

解：静止土压力系数为

$$K_0 = 1-\sin\varphi' = 1-\sin30° = 0.5$$

按式(5-2)计算土中各点静止土压力 p_0 值：

a 点：$p_{0a} = K_0 q = 0.5\times20 = 10(\text{kPa})$

b 点：$p_{0b} = K_0(q+\gamma h_1) = 0.5\times(20+18\times6) = 64(\text{kPa})$

c 点：$p_{0c} = K_0(q+\gamma h_1+\gamma' h_2) = 0.5\times[20+18\times6+(18.9-9.81)\times4] = 82.2(\text{kPa})$

静止土压力的合力 E_0 为

$$E_0 = \frac{1}{2}(p_{0a}+p_{0b})h_1 + \frac{1}{2}(p_{0b}+p_{0c})h_2$$

$$= \frac{1}{2}\times(10+64)\times6 + \frac{1}{2}\times(64+82.2)\times4 = 222+292.4 = 514.4(\text{kN/m})$$

E_0 作用点的位置 C_0 为

$$C_0 = \frac{1}{E_0}\left[p_{0a}h_1\left(\frac{h_1}{2}+h_2\right)+\frac{1}{2}(p_{0b}-p_{0a})h_1\left(h_2+\frac{h_1}{3}\right)+p_{0b}\times\frac{h_2^2}{2}+\frac{1}{2}(p_{0c}-p_{0b})\frac{h_2^2}{3}\right]$$

$$= \frac{1}{514.4}\times\left[6\times10\times7+\frac{1}{2}\times54\times6\times\left(4+\frac{6}{3}\right)+64\times\frac{4^2}{2}+\frac{1}{2}\times(82.2-64)\times\frac{4^2}{3}\right]$$

$$= \frac{1}{514.4}\times[420+972+512+48.5] = \frac{1952.5}{514.4} = 3.80(\text{m})$$

作用在墙上的静水压力合力为

$$W = \frac{1}{2}\gamma_w h_2^2 = \frac{1}{2}\times9.81\times4^2 = 78.5(\text{kN/m})$$

静止土压力 p_0 及水压力的分布图如图 5-5(b)所示。

5.3 朗肯土压力理论认知与计算

朗肯土压力理论(Rankine's earth pressure theory)是指刚性挡土墙墙背竖直、光滑，墙后地面水平，假设墙后土体为刚塑性体，当挡土墙位移，墙后土体达极限平衡状态时的墙背土压力。在 1857 年，英国学者朗肯(William John Maquorn Rankine)根据半空间应力状态和土的极限平衡条件得出一种土压力计算方法，由于其概念明确，方法简便，至今仍被广泛应用。

视频：朗肯土压力(一)

视频：朗肯土压力(二)

5.3.1 基本原理

朗肯研究自重应力作用下，半无限土体内各点的应力从弹性平衡状态发展为极限平衡状态的应力条件，提出计算挡土墙土压力的理论，其分析方法如下。

如图 5-6(a)所示，具有水平表面的半无限土体静止不动时，深度 z 处土单元体的应力为 $\sigma_z = \gamma z$，$\sigma_x = K_0 \gamma z$，该点的应力状态如图 5-6(g)中应力圆I所示。若以某一竖直光滑面 AB 代替挡土墙墙背，用以代替 AB 左侧的土体而不影响右侧土体中的应力状态[图 5-6(b)、(c)]，则当 AB 面向外平移时，右侧土体中的水平应力 σ_x 将逐渐减小，而 σ_z 保持不变[图 5-6(d)]。因此，应力圆的直径逐渐加大，当侧向位移至 $A'B'$，其量已足够大，以至应力圆与土体的抗剪强度包线相切，如图 5-6(g)中应力圆II，表示土体达到主动极限平衡状态。这时 $A'B'$ 后面的土体进入破坏状态[图 5-6(e)]，土体中的抗剪强度已全部发挥出来，使得作用在墙上的土压力 σ_x 达到最小值，即为主动土压力强度 p_a。

相反，若 AB 面在外力作用下向着填土方向移动，挤压土体[图 5-6(d)]，σ_x 将逐渐增加，土中剪应力最初减小，后来又逐渐反向增加，直至剪应力增加到土的抗剪强度时，应力圆又与强度包线相切，达到被动极限平衡状态，如图 5-6(g)中的圆III所示。这时，在 AB 面上的土压力 σ_x 达到最大值，即为被动土压力强度 p_p，土体破坏后，如图 5-6(f)所示，即使 $A''B''$ 面再继续移动，土压力也不会进一步增大。

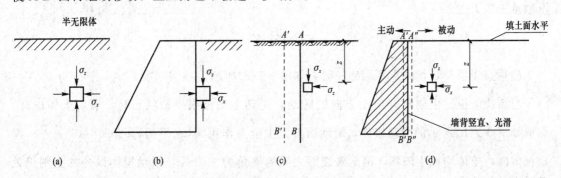

图 5-6 朗肯主动与被动状态

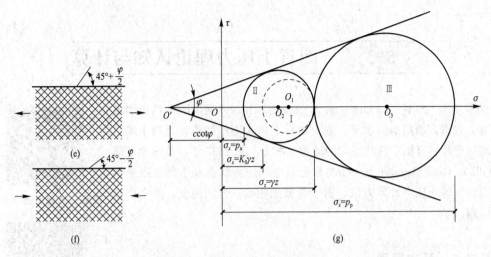

图 5-6　朗肯主动与被动状态(续)

以上两种极限平衡状态又称朗肯主动状态和朗肯被动状态。朗肯土压力理论的适用条件为：挡土墙墙背垂直；墙后填土表面水平；挡土墙墙背光滑，没有摩擦力因而没有剪应力，即墙背为主应力面。

5.3.2　朗肯主动土压力计算

根据前述分析可知，当墙后填土达主动极限平衡状态时，作用于任意 z 深度处土单元上的竖直应力 $\sigma_z = \gamma z$，应是大主应力 σ_1，而作用在墙背的水平向土压力 p_a 应是小主应力 σ_3。因此，利用项目 4 所述的极限平衡条件下 σ_1 与 σ_3 的关系，即可直接求出主动土压力的强度 p_a。

1. 无黏性土

根据极限平衡条件，$\sigma_3 = \sigma_1 \cdot \tan^2\left(45° - \dfrac{\varphi}{2}\right)$，将 $\sigma_3 = p_a$，$\sigma_1 = \gamma z$ 代入，可得

$$p_a = \gamma z \tan^2\left(45° - \frac{\varphi}{2}\right) = \gamma z K_a \tag{5-4}$$

式中，$K_a = \tan^2\left(45° - \dfrac{\varphi}{2}\right)$，称为朗肯主动土压力系数。

p_a 的作用方向垂直于墙背，沿墙高呈三角形分布。若墙高为 H，则作用于单位长度墙上的总土压力 E_a 为

$$E_a = \frac{\gamma H^2}{2} K_a \tag{5-5}$$

E_a 垂直于墙背，作用点距墙底 $\dfrac{H}{3}$ 处，如图 5-7(a)所示。

当墙绕墙根发生向离开填土方向的转动，达到主动极限平衡状态时，墙后土体破坏，形成如图 5-7(b)所示的滑动楔体，滑动面与大主应力作用面(水平面)夹角 $\alpha = 45° + \dfrac{\varphi}{2}$。滑动楔体内，土体均发生破坏，两组破裂面之间的夹角为 $90° - \varphi$。滑动楔体以外的土则仍处于弹性平衡状态。

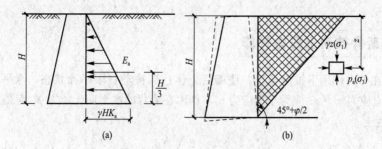

图 5-7 无黏性土的主动土压力

（a）主动土压力分布；（b）墙后破裂面形状

2. 黏性土

根据极限平衡条件，$\sigma_3 = \sigma_1 \tan^2\left(45° - \dfrac{\varphi}{2}\right) - 2c \cdot \tan\left(45° - \dfrac{\varphi}{2}\right)$，将 $\sigma_3 = p_a$，$\sigma_1 = \gamma z$ 代入，得

$$p_a = \gamma z \tan^2\left(45° - \frac{\varphi}{2}\right) - 2c \cdot \tan\left(45° - \frac{\varphi}{2}\right) = \gamma z K_a - 2c\sqrt{K_a} \tag{5-6}$$

式(5-6)说明，黏性土的主动土压力由两部分组成：第一项为土重产生的土压力 $\gamma z K_a$，是正值，随着深度呈三角形分布；第二项为黏性土 c 引起的土压力 $2c\sqrt{K_a}$，是负值，起减少土压力的作用，其值是常量，不随深度变化，如图 5-8(a)所示，两项之和使墙后土压力在 z_0 深度以上出现负值，即拉应力，但实际上墙和填土之间没有抗拉强度，故拉应力的存在会使填土与墙背脱开，出现 z_0 深度的裂缝，如图 5-8(b)所示。因此，在 z_0 以上可以认为土压力为零；z_0 以下，土压力强度按三角形 abc 分布。z_0 位置可令 $p_a = 0$，由式(5-6)求出，即

$$\gamma z_0 K_a - 2c\sqrt{K_a} = 0$$

$$z_0 = \frac{2c}{\gamma \sqrt{K_a}} \tag{5-7}$$

总主动土压力 E_a 应为三角形 abc 的面积，即

$$E_a = \frac{1}{2}\gamma H^2 K_a - 2cH\sqrt{K_a} + \frac{2c^2}{\gamma} \tag{5-8}$$

E_a 作用点则位于墙底以上 $\dfrac{1}{3}(H - z_0)$ 处。

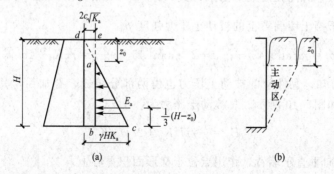

图 5-8 黏性土的主动土压力

（a）主动土压力分布；（b）墙后裂缝

5.3.3 朗肯被动土压力计算

若挡土墙在外力作用下推向填土，使墙后土体达到被动极限平衡状态，水平压力比竖直压力大，此时竖直应力 $\sigma_z = \gamma z$ 应为小主应力 σ_3，作用在墙背的水平向土压力 p_p 应是大主应力 σ_1。

1. 无黏性土

根据极限平衡条件，$\sigma_1 = \sigma_3 \cdot \tan^2\left(45° + \dfrac{\varphi}{2}\right)$，将 $p_p = \sigma_1$，$\gamma z = \sigma_3$ 代入，可得

$$p_p = \gamma z \cdot \tan^2\left(45° + \frac{\varphi}{2}\right) = \gamma z K_p \tag{5-9}$$

式中，$K_p = \tan^2\left(45° + \dfrac{\varphi}{2}\right)$，称为朗肯被动土压力系数。

p_p 沿墙高的分布及单位长度墙体上土压力合力 E_p 作用点的位置均与主动土压力相同，如图 5-9(a)所示，E_p 值为

$$E_p = \frac{1}{2}\gamma H^2 K_p \tag{5-10}$$

达到极限平衡状态时，墙后土体破坏，形成的滑动楔体如图 5-9(b)所示，滑动面与小主应力作用面(水平面)之间的夹角 $\alpha = 45° - \dfrac{\varphi}{2}$，两组破裂面之间的夹角则为 $90° + \varphi$。

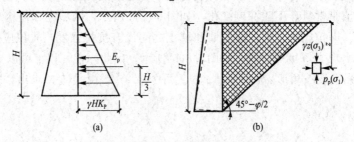

图 5-9　无黏性土的被动土压力
(a)被动土压力分布；(b)墙后破裂面形状

2. 黏性土

将 $p_p = \sigma_1$，$\gamma z = \sigma_3$ 代入极限平衡条件式，$\sigma_1 = \sigma_3 \cdot \tan^2\left(45° + \dfrac{\varphi}{2}\right) + 2c \cdot \tan\left(45° + \dfrac{\varphi}{2}\right)$，可得黏性土作用于挡土墙墙背上的被动土压力强度 p_p。

$$p_p = \gamma z \tan^2\left(45° + \frac{\varphi}{2}\right) + 2c \cdot \tan\left(45° + \frac{\varphi}{2}\right) = \gamma z K_p + 2c\sqrt{K_p} \tag{5-11}$$

由式(5-11)可知，黏性土的被动土压力也由两部分组成，叠加后，其压力强度 p_p 沿墙高呈梯形分布，如图 5-10 所示。总被动土压力为

$$E_p = \frac{1}{2}\gamma H^2 K_p + 2cH\sqrt{K_p} \tag{5-12}$$

E_p 的作用方向垂直于墙背，作用点位于梯形面积重心上。

特别提醒

朗肯土压力理论应用弹性半空间体的应力状态，根据土的极限平衡理论推导和计算土

压力。其概念明确，计算公式简便，但由于假定墙背竖直、光滑、填土面水平，使计算条件和适用范围受到限制，计算结果与实际有出入，所得主动土压力值偏大，被动土压力值偏小，其结果偏于安全。

【例5-3】 重力式挡土墙，墙高 5 m，墙背垂直光滑，墙后填无黏性土，填土面水平，填土性质指标如图 5-11 所示。求作用于挡土墙上的静止、主动及被动土压力的大小及分布。

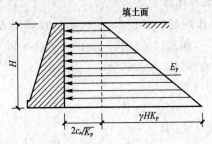

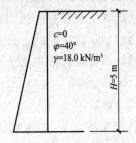

图 5-10 黏性土的被动土压力分布   图 5-11 例 5-3 图

解：(1)计算土压力系数 K。

静止土压力系数，近似取 $\varphi' = \varphi$，$K_0 = 1 - \sin\varphi' = 1 - \sin 40° = 0.357$。

主动土压力系数 $K_a = \tan^2\left(45° - \dfrac{\varphi}{2}\right) = \tan^2(45° - 20°) = 0.217$

被动土压力系数 $K_p = \tan^2\left(45° + \dfrac{\varphi}{2}\right) = \tan^2(45° + 20°) = 4.599$

(2)计算墙底处土压力强度。

静止土压力 $p_0 = \gamma H K_0 = 18 \times 5 \times 0.357 = 32.13 (\text{kPa})$

主动土压力 $p_a = \gamma H K_a = 18 \times 5 \times 0.217 = 19.53 (\text{kPa})$

被动土压力 $p_p = \gamma H K_p = 18 \times 5 \times 4.599 = 413.9 (\text{kPa})$

(3)计算单位长度墙上的总土压力 E。

静止土压力 $E_0 = \dfrac{1}{2}\gamma H^2 K_0 = \dfrac{1}{2} \times 18 \times 5^2 \times 0.357 = 80.3 (\text{kN/m})$

主动土压力 $E_a = \dfrac{1}{2}\gamma H^2 K_a = \dfrac{1}{2} \times 18 \times 5^2 \times 0.217 = 48.8 (\text{kN/m})$

被动土压力 $E_p = \dfrac{1}{2}\gamma H^2 K_p = \dfrac{1}{2} \times 18 \times 5^2 \times 4.599 = 1034.8 (\text{kN/m})$

三者比较可以看出 $E_p > E_0 > E_a$。

(4)土压力强度分布如图 5-12 所示。

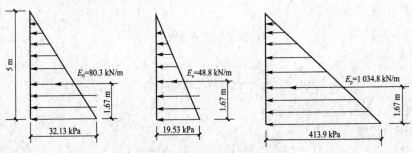

图 5-12 土压力强度分布

(5)总土压力作用点均在距墙底$\dfrac{H}{3}=\dfrac{5}{3}=1.67(\text{m})$处。

5.3.4　几种特殊情况下的朗肯土压力计算

1. 填土表面有连续均布荷载时朗肯土压力计算

当挡土墙后填土表面有连续均布荷载 q 作用时，如图 5-13 所示，计算时相当于深度 z 处的竖向应力增加 q 值，因此，只要将式(5-4)和式(5-6)中的 γz 代之以 $(q+\gamma z)$，就得到填土表面有连续均布荷载时的主动土压力强度计算式。

(1)无黏性土，如图 5-13(a)所示。

主动土压力强度为

$$p_a=(q+\gamma z)K_a \tag{5-13}$$

总主动土压力为

$$E_a=\frac{1}{2}\gamma H^2 K_a+qHK_a \tag{5-14}$$

E_a 作用点距墙底的距离为

$$h=\frac{2\,p_1+p_2}{3(p_1+p_2)}H \tag{5-15}$$

(2)黏性土，如图 5-13(b)、(c)所示。

主动土压力强度为

$$p_a=(q+\gamma z)K_a-2c\sqrt{K_a} \tag{5-16}$$

拉力区高度为

$$z_0=\frac{2c}{\gamma\sqrt{K_a}}-\frac{q}{\gamma} \tag{5-17}$$

总主动土压力如下：

$z_0>0$

$$E_a=\frac{1}{2}\big[\gamma HK_a-(2c\sqrt{K_a}-qK_a)\big](H-z_0) \tag{5-18}$$

$z_0<0$

$$E_a=\frac{1}{2}\gamma H^2 K_a+qHK_a-2cH\sqrt{K_a} \tag{5-19}$$

当挡土墙后填土表面有连续均布荷载 q 作用时，被动土压力的计算如下。

(1)无黏性土如图 5-14(a)所示。

被动土压力强度为

$$p_a=(q+\gamma z)K_p \tag{5-20}$$

总被动土压力为

$$E_a=\frac{1}{2}\gamma H^2 K_p+qHK_p \tag{5-21}$$

(2)黏性土，如图 5-14(b)所示。

被动土压力强度为

$$p_a=(q+\gamma z)K_p+2c\sqrt{K_p} \tag{5-22}$$

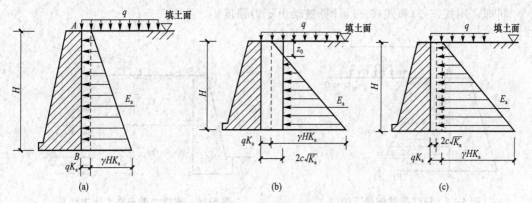

图 5-13　填土表面有连续均布荷载时的主动土压力计算

(a)无黏性土；(b)黏性土有拉应力区($z_0 > 0$)；(c)黏性土无拉应力区($z_0 < 0$)

总被动土压力为

$$E_a = \frac{1}{2}\gamma H^2 K_p + qHK_p + 2cH\sqrt{K_p} \tag{5-23}$$

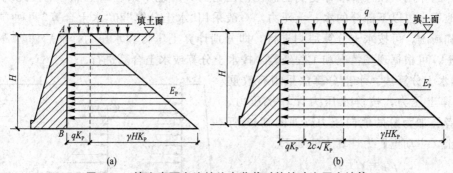

图 5-14　填土表面有连续均布荷载时的被动土压力计算

(a)无黏性土；(b)黏性土

若填土表面上为局部荷载时，如图 5-15 所示，主动土压力计算时，从荷载的两点 O 及 O' 点作两条辅助线 $\overline{OC}$ 和 $\overline{O'D}$，它们都与水平面成 $45° + \dfrac{\varphi}{2}$ 角度，认为 C 点以上和 D 点以下的土压力不受地面荷载的影响，C、D 之间的土压力按均布荷载计算，AB 墙面上的土压力如图 5-15 阴影部分。

2. 成层填土中的朗肯土压力计算

图 5-16 所示挡土墙后填土为成层土，仍可按式(5-4)和式(5-6)计算主动土压力强度。但应注意在土层分界面上，由于两层土的抗剪强度指标不同，其传递由于自重引起的土压力作用不同，使土压力的分布有突变，如图 5-16 所示。其计算方法如下：

a 点：$p_{a1} = -2c_1\sqrt{K_{a1}}$

b 点上(在第一层土中)：$p'_{a2} = \gamma_1 h_1 K_{a1} - 2c_1\sqrt{K_{a1}}$

b 点下(在第二层土中)：$p''_{a2} = \gamma_1 h_1 K_{a2} - 2c_2\sqrt{K_{a2}}$

c 点：$p_{a3} = (\gamma_1 h_1 + \gamma_2 h_2)K_{a2} - 2c_2\sqrt{K_{a2}}$

式中，$K_{a1} = \tan^2\left(45° - \dfrac{\varphi_1}{2}\right)$，$K_{a2} = \tan^2\left(45° - \dfrac{\varphi_2}{2}\right)$，其余字母意义如图 5-16 所示。

同理，用式(5-9)和式(5-11)计算被动土压力强度。

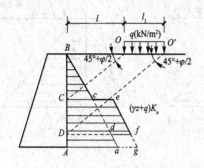

图 5-15　局部荷载作用下的
主动土压力计算

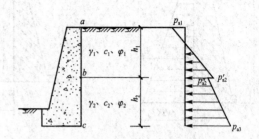

图 5-16　成层土的主动土压力计算

3. 墙后填土中有地下水的朗肯土压力计算

墙后填土常会部分或全部处于地下水位以下，这时作用在墙体上除了土压力外，还受到水压力的作用，在计算墙体受到的总侧向压力时，对地下水位以上部分的土压力计算同前，对地下水位以下部分的水、土压力，一般采用"水土分算"和"水土合算"两种方法。对砂性土和粉土，可按水土分算原则进行，即分别计算土压力和水压力，然后两者叠加；对于黏性土，可根据现场情况和工程经验，按水土分算或水土合算进行。

（1）水土分算法。水土分算法采用有效重度 γ' 计算土压力，按静水压力计算水压力，然后两者叠加为总的侧向压力。如图 5-17 所示砂性土，主动土压力计算方法如下。

$$p_{aB} = \gamma H_1 K_a$$

$$p_{aC} = \gamma H_1 K_a + \gamma' H_2 K_a$$

$$p_{wC} = \gamma_w H_2$$

$$E_a = \frac{1}{2}\gamma H_1^2 K_a + \gamma H_1 H_2 K_a + \frac{1}{2}\gamma' H_2^2 K_a$$

$$P_w = \frac{1}{2}\gamma_w H_2^2$$

$$E = E_a + P_w$$

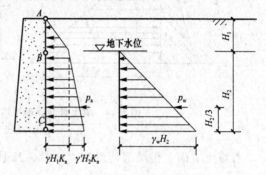

图 5-17　地下水位以下砂
性土的主动土压力计算

同理，黏性土水下部分 $p_a = \gamma' H K'_a - 2c'\sqrt{K'_a} + \gamma_w h_w$。

式中　γ'——土的有效重度（kN/m³）；

K'_a——按有效应力强度指标计算的主动土压力系数，$K'_a = \tan^2\left(45° - \dfrac{\varphi'}{2}\right)$；

c'——有效内聚力（kPa）；

φ'——有效内摩擦角（°）；

γ_w——水的重度（kN/m³）；

h_w——从墙底起算地下水位高度（m）。

在实际使用时，上述公式中有效强度指标 c'、φ' 常用总应力强度指标 c、φ 代替。

（2）水土合算法。对地下水位下的黏性土，也可用土的饱和重度 γ_{sat} 计算总的水土压力，即

$$p_a = \gamma_{sat}HK_a - 2c\sqrt{K_a} \tag{5-24}$$

式中　γ_{sat}——土的饱和度，地下水位下可近似采用天然重度；

K_a——按总应力强度指标计算的主动土压力系数，$K_a = \tan^2\left(45° - \dfrac{\varphi}{2}\right)$。

【例 5-4】 挡土墙高 5 m，墙背直立、光滑，墙后填土表面水平，共分两层，各层土的物理力学指标如图 5-18(a)所示，挡土墙后填土表面作用着连续均布荷载，试绘制朗肯主动土压力分布图，并计算合力。

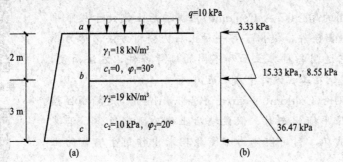

图 5-18　例 5-4 图

解： a 点：第一层顶面

$$p_{a0} = (\gamma_1 z + q)\tan^2\left(45° - \frac{\varphi_1}{2}\right) = 10 \times \tan^2\left(45° - \frac{30°}{2}\right) = 3.33\text{(kPa)}$$

b 点：第一层底面

$$p_{a1} = (\gamma_1 h_1 + q)\tan^2\left(45° - \frac{\varphi_1}{2}\right) = (18 \times 2 + 10) \times \tan^2\left(45° - \frac{30°}{2}\right) = 15.33\text{(kPa)}$$

第二层顶面

$$p'_{a1} = (\gamma_1 h_1 + q)\tan^2\left(45° - \frac{\varphi_2}{2}\right) - 2c_2\tan\left(45° - \frac{\varphi_2}{2}\right)$$

$$= (18 \times 2 + 10) \times \tan^2\left(45° - \frac{20°}{2}\right) - 2 \times 10 \times \tan\left(45° - \frac{20°}{2}\right)$$

$$= 22.55 - 14.00 = 8.55\text{(kPa)}$$

c 点：第二层底面

$$p_{a2} = (\gamma_1 h_1 + \gamma_2 h_2 + q)\tan^2\left(45° - \frac{\varphi_2}{2}\right) - 2c_2 \cdot \tan\left(45° - \frac{\varphi_2}{2}\right)$$

$$= (18 \times 2 + 19 \times 3 + 10) \times \tan^2\left(45° - \frac{20°}{2}\right) - 2 \times 10 \times \tan\left(45° - \frac{20°}{2}\right)$$

$$= 103 \times 0.49 - 14.00 = 36.47\text{(kPa)}$$

主动土压力为

$$E_a = \frac{1}{2} \times (3.33 + 15.33) \times 2 + \frac{1}{2} \times (8.55 + 36.47) \times 3$$

$$= 18.66 + 67.53 = 86.19\text{(kN/m)}$$

E_a 作用点距墙脚为 C_1：

$$C_1 = \frac{1}{86.19} \times \left[3.33 \times 2 \times 4 + \frac{1}{2} \times 12 \times 2 \times \left(\frac{2}{3} + 3\right) + 8.55 \times 3 \times 1.5 + \frac{1}{2} \times 27.92 \times 3 \times 1\right]$$

$$= \frac{1}{86.19} \times (26.64 + 44 + 38.475 + 41.88) = 1.75(\text{m})$$

朗肯主动土压力分布如图 5-18(b)所示。

5.4 库仑土压力理论认知与计算

1776 年，法国的库仑(C. A. Coulomb)根据墙后土楔处于极限平衡状态时的力系平衡条件，提出了另一种土压力分析方法，称为库仑土压力理论。它适用各种填土面和不同的墙背条件，方法简便，有足够的计算精度，在工程设计中广泛应用。

库仑土压力理论(Coulomb's earth pressure theory)是指刚性挡土墙移动达到极限平衡状态时，假设墙后土体为刚塑性体，沿某一斜面发生滑动破坏，利用楔体力平衡原理求出作用于墙背的土压力。

视频：库仑土压力

知识拓展：查利·奥古斯丁·库仑

5.4.1 库仑理论基本原理

1. 公式推导的出发点

库仑理论与朗肯理论相比有两点区别：第一，挡土墙及填土的边界条件，库仑理论考虑的挡土墙，可以是墙背倾斜，倾角 α；墙背粗糙，与填土之间存在摩擦力，摩擦角为 δ；墙后填土面有倾角 β，如图 5-19 所示。第二，库仑不是从研究墙后土体中一点的应力状态出发，求出作用在墙背上的土压力强度 p，而是从考虑墙后某个滑动楔体的整体平衡条件出发，直接求出作用在墙背上的总土压力 E。

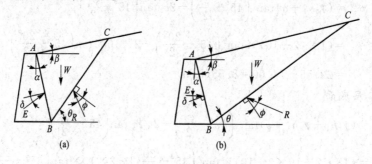

图 5-19 库仑土压力理论

（a）主动应力状态；（b）被动应力状态

2. 假设条件

库仑土压力公式最早是从填土为无黏性土条件得出，研究中作了如下几点基本假设。

(1)平面滑裂面假设。墙向前或向后移动，使墙后填土达到破坏时，填土将沿两个平面同时下滑或上滑；一个是墙背 AB 面，另一个是土体某一滑动面 BC，BC 与水平面成 θ 角度。平面滑裂面假设是库仑理论的最主要假设，库仑在当时已认识这一假设与实际情况不符，但它可使计算工作大大简化，在一般情况下精度能满足工程的要求。

（2）刚体滑动假设。将破坏土楔 ABC 视为刚体，不考虑滑动楔体内部的应力和变形条件。

（3）楔体 ABC 整体处于极限平衡状态。在 AB 和 BC 滑动面上，抗剪强度均已充分发挥，即滑动面上的剪应力 τ 均已达抗剪强度 τ_f。

3. 取滑动楔体 ABC 为隔离体进行受力分析

假设滑动土楔自重为 W，下滑时受到墙面给予的支撑反力 E（其反方向就是土压力）和土体支承反力 R，则

（1）根据楔体整体处于极限平衡状态的条件，可得知 E、R 的方向。反力 R 的方向与 BC 面的法线成夹角 φ（土的内摩擦角）。

反力 E 的方向则应与墙 AB 面的法线成夹角 δ。只是当土体处于主动状态时，为阻止楔体下滑，R、E 在法线的下方；被动状态时，为阻止楔体被挤而向上滑动，R、E 在法线的上方，如图 5-19 所示。

（2）根据楔体应满足静力平衡力三角形闭合的条件，可知 E、R 的大小，如图 5-20 所示。

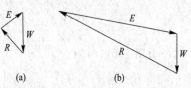

图 5-20　求 E 值的力三角形
（a）主动状态；（b）被动状态

（3）求极值，找出真正滑裂面，从而得出作用在墙背上的总主动土压力 E_a 和被动土压力 E_p。

图 5-19 中的 BC 面是任意假设的，不一定就是真正的破坏面。为了找出土中真正的滑裂面，可假定不同 θ 角的几个滑裂面，分别算出维持各个滑裂楔体保持极限平衡时的土压力 E 值。其中，对于主动状态来说，要求 E 值最大的滑裂面，是最容易下滑的面，因而也是真正的滑裂面，其他的面都不会滑裂；对于被动状态来说，需要 E 值最小的滑裂面应是最容易上滑的面，也就是真正的滑裂面。总之都是一个求极值的问题，利用 $\dfrac{\mathrm{d}E}{\mathrm{d}\theta}=0$ 的条件，即可求得作用于挡土墙上的总土压力 E_a 或 E_p。

5.4.2　库仑主动土压力计算（数解法）

1. 无黏性土的主动土压力

设挡土墙如图 5-21（a）所示，墙高为 H，墙后为无黏性填土。当墙向前移动时，BC 面为其潜在的滑动面，与水平面夹角为 θ。取土楔 ABC 为隔离体，根据静力平衡条件，作用于隔离体 ABC 上的力 W、E、R 组成力的闭合三角形，如图 5-21（b）所示。根据几何关系可知，W 与 E 之间的夹角 $\psi=90°-\delta-\alpha$，δ 和 α 为已知量，故 ψ 为常数；W 与 R 之间的夹角，按图 5-21（a）的几何关系应为 $\theta-\varphi$。利用正弦定律可得

$$\frac{E}{\sin(\theta-\varphi)}=\frac{W}{\sin[180°-(\theta-\varphi+\psi)]}$$

则

$$E=\frac{W\sin(\theta-\varphi)}{\sin(\theta-\varphi+\psi)} \tag{5-25}$$

由于式（5-25）中的土楔自重 W 也是 θ 的函数，故当 φ 和 ψ 值为定值时，E 就只是 θ 的单值函数，即 $E=f(\theta)$。令 $\dfrac{\mathrm{d}E}{\mathrm{d}\theta}=0$，用数解法解出 θ 值，再代入式（5-25），即得出最后作用于墙背上的总主动土压力 E_a 的大小。

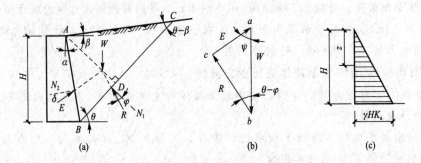

图 5-21 库仑主动土压力计算

由图 5-21(a)知

$$W = \frac{1}{2}\overline{AD} \cdot \overline{BC} \cdot \gamma$$

$$\overline{AD} = \overline{AB} \cdot \sin(90° + \alpha - \theta) = H \cdot \frac{\cos(\alpha - \theta)}{\cos\alpha}$$

$$\overline{BC} = \overline{AB} \cdot \frac{\sin(90° + \beta - \alpha)}{\sin(\theta - \beta)} = H \cdot \frac{\cos(\beta - \alpha)}{\cos\alpha \cdot \sin(\theta - \beta)}$$

所以

$$W = \frac{1}{2}\gamma H^2 \cdot \frac{\cos(\alpha - \theta)\cos(\beta - \alpha)}{\cos^2\alpha \sin(\theta - \beta)} \tag{5-26}$$

将式(5-26)代入式(5-25)得

$$E = \frac{W\sin(\theta - \varphi)}{\sin(\theta - \varphi + \psi)} = \frac{1}{2}\gamma H^2 \cdot \frac{\cos(\alpha - \theta)\cos(\beta - \alpha) \cdot \sin(\theta - \varphi)}{\cos^2\alpha\sin(\theta - \beta) \cdot \sin(\theta - \varphi - \alpha - \delta)} \tag{5-27}$$

式中，γ、H、α、β、δ、φ 均为常数。

E 随滑动面 BC 的倾角 θ 而变化，当 $\theta = 90° + \alpha$ 时，$W = 0$，则 $E = 0$；当 $\theta = \varphi$ 时，R 与 W 重合，则 $E = 0$。因此，当 θ 在 $90° + \alpha$ 和 φ 之间变化时，E 将有一个极大值，这个极大值 E_{max} 即为所求的主动土压力 E_a。

令 $\dfrac{dE}{d\theta} = 0$，解得 θ，代入式(5-27)，得库仑主动土压力表达式为

$$E_a = \frac{1}{2}\gamma H^2 K_a \tag{5-28}$$

$$K_a = \frac{\cos^2(\varphi - \alpha)}{\cos^2\alpha \cdot \cos(\alpha + \delta)\left[1 + \sqrt{\dfrac{\sin(\varphi + \delta) \cdot \sin(\varphi - \beta)}{\cos(\alpha + \delta) \cdot \cos(\alpha - \beta)}}\right]^2} \tag{5-29}$$

式中　K_a——库仑主动土压力系数(可以看出，K_a 只与 α、β、δ、φ 有关，而与 γ、H 无关，因而可制成相应表格，供计算时查用，当 $\beta = 0$ 时，K_a 可由表5-2查得)；

　　γ、φ——墙后填土的重度与内摩擦角；

　　H——挡土墙高度；

　　α——墙背与竖直线之间的夹角[以竖直线为准，逆时针为正，称为俯斜墙背，如图 5-21(a)所示；顺时针为负，称为仰斜墙背]；

　　β——填土面与水平面之间的夹角[水平面以上为正，如图 5-22(a)所示，水平面以下为负]；

δ——墙背与填土之间的摩擦角，其值可由试验确定，一般可取 $\delta = \varphi/2$。

表 5-2　$\beta = 0$，库仑主动土压力系数 K_a

墙背倾斜情况		$\alpha(°)$	填土与墙背摩擦角 $\delta(°)$	不同摩擦角的主动土压力系数 K_a					
				土的内摩擦角 $\varphi(°)$					
				20	25	30	35	40	45
仰斜		-15	$\frac{1}{2}\varphi$	0.357	0.274	0.208	0.156	0.114	0.081
			$\frac{2}{3}\varphi$	0.346	0.266	0.202	0.153	0.112	0.079
		-10	$\frac{1}{2}\varphi$	0.385	0.303	0.237	0.184	0.139	0.104
			$\frac{2}{3}\varphi$	0.375	0.295	0.232	0.180	0.139	0.104
		-5	$\frac{1}{2}\varphi$	0.415	0.334	0.268	0.214	0.168	0.131
			$\frac{2}{3}\varphi$	0.406	0.327	0.263	0.211	0.138	0.131
竖直		0	$\frac{1}{2}\varphi$	0.447	0.367	0.301	0.246	0.199	0.160
			$\frac{2}{3}\varphi$	0.438	0.361	0.297	0.244	0.200	0.162
俯斜		$+5$	$\frac{1}{2}\varphi$	0.482	0.404	0.338	0.282	0.234	0.193
			$\frac{2}{3}\varphi$	0.450	0.398	0.335	0.282	0.236	0.197
		$+10$	$\frac{1}{2}\varphi$	0.520	0.444	0.378	0.322	0.273	0.230
			$\frac{2}{3}\varphi$	0.514	0.439	0.377	0.323	0.277	0.237
		$+15$	$\frac{1}{2}\varphi$	0.564	0.489	0.424	0.368	0.318	0.274
			$\frac{2}{3}\varphi$	0.559	0.486	0.425	0.371	0.325	0.284
		$+20$	$\frac{1}{2}\varphi$	0.615	0.541	0.476	0.463	0.370	0.325
			$\frac{2}{3}\varphi$	0.611	0.540	0.479	0.474	0.381	0.340

　　可以证明，当 $\alpha = 0$、$\delta = 0$、$\beta = 0$ 时，由式(5-28)可得出 $E_a = \frac{1}{2}\gamma H^2 \tan^2\left(45° - \frac{\varphi}{2}\right)$ 的表达式，与前述的朗肯总主动土压力式(5-5)完全相同，说明在这种条件下，库仑与朗肯理论的结果一致。

　　关于土压力强度沿墙高的分布形式，可通过对式(5-28)求导得出，即

$$p_{az} = \frac{dE_a}{dz} = \frac{d}{dz}\left(\frac{1}{2}\gamma z^2 K_a\right) = \gamma z K_a \tag{5-30}$$

　　式(5-30)说明 p_{az} 沿墙高呈三角形分布，如图 5-21(c)所示。值得注意的是，这种分布形式只表示土压力大小，并不代表实际作用于墙背上的土压力方向。土压力合力 E_a 的作用方

向仍在墙背法线上方，并与法线成δ角或与水平面成$\alpha+\delta$角，如图 5-22(a)所示；E_a作用点在距墙底$\frac{1}{3}H$处，如图 5-22(b)所示。

作用在墙背上的主动土压力E_a可以分解为水平分力E_{ax}和竖向分力E_{ay}。

$$E_{ax}=E_a\cos(\alpha+\delta)=\frac{1}{2}\gamma H^2 K_a\cos(\alpha+\delta)$$

$$E_{ay}=E_a\sin(\alpha+\delta)=\frac{1}{2}\gamma H^2 K_a\sin(\alpha+\delta)$$

E_{ax}、E_{ay}都为线性分布。

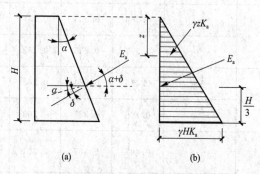

图 5-22　库仑主动土压力强度分布

为了计算滑动楔体(也称破坏棱体)的长度AC，需求得最危险滑动面BC的倾角θ值。若填土面AC面是水平面，即$\beta=0$时，根据$\dfrac{\mathrm{d}E}{\mathrm{d}\theta}=0$，求得$\theta$的计算式如下。

墙背俯斜时(即$\alpha>0$)：

$$\cot\theta=-\tan(\varphi+\delta+\alpha)+\sqrt{[\cot\varphi+\tan(\varphi+\delta+\alpha)][\tan(\varphi+\delta+\alpha)-\tan\alpha]} \tag{5-31}$$

墙背仰斜时(即$\alpha<0$)：

$$\cot\theta=-\tan(\varphi+\delta-\alpha)+\sqrt{[\cot\varphi+\tan(\varphi+\delta-\alpha)][\tan(\varphi+\delta-\alpha)+\tan\alpha]} \tag{5-32}$$

墙背垂直时(即$\alpha=0$)：

$$\cot\theta=-\tan(\varphi+\delta)+\sqrt{\tan(\varphi+\delta)[\cot\varphi+\tan(\varphi+\delta)]} \tag{5-33}$$

2. 无黏性土的被动土压力

设挡土墙如图 5-23(a)所示，若挡土墙在外力下推向填土，当墙后土体达到极限平衡状态时，假定滑动面是通过墙角的两个平面AB和BC。取土楔ABC为隔离体，根据静力平衡条件，作用于隔离体ABC上的力W、E、R组成力的闭合三角形，如图 5-23(b)所示。由正弦定律可得

$$\frac{E}{\sin(\theta+\varphi)}=\frac{W}{\sin(90°+\alpha-\delta-\theta-\varphi)}$$

$$E=\frac{W\sin(\theta+\varphi)}{\sin(90°+\alpha-\delta-\theta-\varphi)}$$

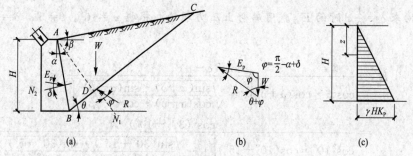

图 5-23　库仑被动土压力计算

对于被动状态，E 值最小的滑裂面应是最容易上滑的面，也是一个求极值的问题。

令 $\dfrac{\mathrm{d}E}{\mathrm{d}\theta}=0$，用同样的方法可得总被动土压力 E_p 值，$E_p=E_{\min}$。

$$E_p=\frac{1}{2}\gamma H^2 K_p \tag{5-34}$$

其中

$$K_p=\frac{\cos^2(\varphi+\alpha)}{\cos^2\alpha\cdot\cos(\alpha-\delta)\left[1-\sqrt{\dfrac{\sin(\varphi+\delta)\cdot\sin(\varphi+\beta)}{\cos(\alpha-\delta)\cdot\cos(\alpha-\beta)}}\right]^2} \tag{5-35}$$

式中　K_p——库仑被动土压力系数。

被动土压力强度 p_{pz} 沿墙也呈三角形分布，如图 5-23(c) 所示。合力 E_p 作用方向在墙背法线下方，与法线成 δ 角，与水平面成 $\delta-\alpha$ 角，如图 5-24(a) 所示，作用点距墙底 $\dfrac{1}{3}H$ 处，如图 5-24(b) 所示。

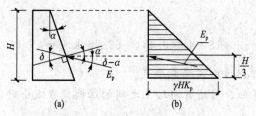

图 5-24　库仑被动土压力分布

【例 5-5】　如图 5-25 所示，某重力式挡土墙高 $H=4.0$ m，$\alpha=10°$，$\beta=5°$，墙后回填砂土，$c=0$，$\varphi=30°$，$\gamma=18$ kN/m³。试分别求当 $\delta=\dfrac{1}{2}\varphi$ 和 $\delta=0$ 时，作用于墙背上的 E_a 的大小、方向及作用点。

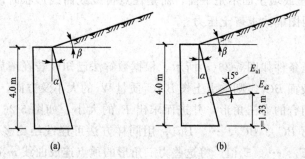

图 5-25　例 5-5 图

解： (1) 求 $\delta=\dfrac{1}{2}\varphi$ 时的 E_{a1}。用库仑土压力理论，根据 $\alpha=10°$，$\beta=5°$，$\delta=\dfrac{1}{2}\varphi=15°$，计算 K_{a1}。

$$K_{a1}=\cfrac{\cos^2(\varphi-\alpha)}{\cos^2\alpha\cdot\cos(\alpha+\delta)\left[1+\sqrt{\cfrac{\sin(\varphi+\delta)\cdot\sin(\varphi-\beta)}{\cos(\alpha+\delta)\cdot\cos(\alpha-\beta)}}\right]^2}$$

$$=\cfrac{\cos^2(30°-10°)}{\cos^2 10°\cdot\cos(10°+15°)\left[1+\sqrt{\cfrac{\sin(30°+15°)\cdot\sin(30°-5°)}{\cos(10°+15°)\cdot\cos(10°-5°)}}\right]^2}$$

$$=\cfrac{0.883}{0.969\,8\times0.906\,3\times\left[1+\sqrt{\cfrac{0.707\times0.422\,6}{0.906\,3\times0.996\,2}}\right]^2}$$

$$=\frac{0.883}{0.878\,9\times2.481\,4}$$

$$=0.405$$

$$E_{a1}=\frac{1}{2}\gamma H^2 K_{a1}=\frac{1}{2}\times18\times4^2\times0.405=58.3\,(\text{kN/m})$$

E_{a1} 作用点位置在距墙底 $\dfrac{1}{3}H$ 处，即 $y=\dfrac{4}{3}=1.33(\text{m})$。$E_{a1}$ 作用方向与墙背法线夹角成 $\delta=15°$，如图 5-25 所示。

(2) 求 $\delta=0$ 时的 E_{a2}。根据 $\alpha=10°$，$\beta=5°$，$\delta=0$，代入下式

$$K_{a2}=\cfrac{\cos^2(\varphi-\alpha)}{\cos^2\alpha\cdot\cos(\alpha+\delta)\left[1+\sqrt{\cfrac{\sin(\varphi+\delta)\cdot\sin(\varphi-\beta)}{\cos(\alpha+\delta)\cdot\cos(\alpha-\beta)}}\right]^2}$$

求得 $K_{a2}=0.431$

则 $E_{a2}=\dfrac{1}{2}\gamma H^2 K_{a2}=\dfrac{1}{2}\times18\times4^2\times0.431=62.06(\text{kN/m})$

E_{a2} 作用点同 E_{a1}，作用方向与墙背垂直。

由例 5-5 计算比较得知，当墙背与填土之间的摩擦角 δ 减小时，作用墙背上的总主动土压力将增大。

5.4.3 图解法求解土压力

库仑理论本来只讨论了 $c=0$ 的砂性土的土压力问题，而且要求填土面为平面，所以当填土为 $c\neq0$ 的黏性土或填土面不是平面，而是任意折线或曲线形状时，库仑公式就不能应用，这种情况下可用图解法求解土压力。

1. 基本方法

挡土墙及其填土条件如图 5-26(a) 所示，根据数解法已知，若在墙后填土中任选一与水平面夹角为 θ_1 的滑裂面 BC_1，则求出土楔 BAC_1 质量 W_1 的大小及方向，以及反力 E_1 及 R_1 的方向，从而可绘制闭合的力三角形，并进而求出 E_1 的大小，如图 5-26(b) 所示。然后再任选多个不同的滑裂面 BC_2、BC_3、$\cdots$、BC_n；用同样方法可连续绘出多个闭合的力三角形，并得出相应的 E_1、E_2、$\cdots$、E_n 值。将这些力三角形的顶点连成曲线 m_1m_n，作曲线 m_1m_n 的

竖直切线（平行于 W 方向），得到切点 m，自 m 点作 E 方向的平行线交 OW 线于 n 点，则 mn 所代表的 E 值为诸多 E 值中的最大值，即为主动土压力 E_a 值。

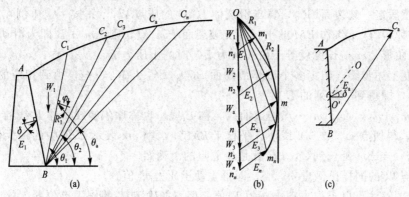

图 5-26　用图解法求主动土压力的原理

为找出填土中真正的滑裂面位置，考虑图 5-26(b) 中的力三角形 Omn，根据前面图 5-22(b) 可知，对应于土压力 E_a 的 R_a(om) 与 W_a(on) 之间的夹角应为 $\theta_a - \varphi$，土的内摩擦角 φ 已知，故可求出 θ_a 角，从而可在图 5-26(a) 中确定出滑裂面 $\overline{BC_a}$。

由图解法只能确定总土压力 E_a 的大小和滑裂面位置，而不能求出 E_a 的作用点位置。为此，太沙基(1943)建议可用下述近似方法确定。如图 5-26(c) 所示，在得出滑裂面位置 $\overline{BC_a}$ 后，再找出滑裂体 BAC_a 的重心 O，过 O 点作滑裂面 $\overline{BC_a}$ 的平行线，交墙背于 O' 点，可以认为 O' 点就是 E_a 的作用点。

2. 库尔曼图解法

库尔曼(C. Culmann)在 1875 年提出的图解法是对上述基本方法的一种改进与简化，因此在工程中得到广泛应用。其简化之处在于把图 5-27(a) 中的闭合三角形的顶点 O 直接放在墙根 B 处，并使之逆时针方向旋转 $90°+\varphi$ 角度，使力三角形中矢量 R 的方向与所假定的滑裂面相一致，如图 5-27(b) 所示。这时矢量 W 的方向与水平线之间的夹角为 φ，W 与 E 之间的夹角应为 ψ，均为常数。然后沿 W 方向即可绘出图 5-27(a) 所示的一系列闭合的三角形，从而使上述基本图解法得到简化。下面介绍库尔曼图解法的具体步骤。

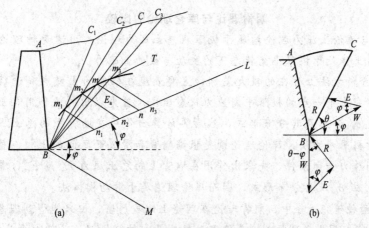

图 5-27　库尔曼图解法求主动土压力

（1）过 B 点作两条辅助线，一条为 BL，令其与水平线成夹角 φ，代表矢量 W 的方向；另一条为 BM，与 AL 线成夹角 ψ，代表矢量 E 的方向。

（2）任意假定一破裂面 BC_1，算出滑裂体 BAC_1 的质量 W_1，并按一定比例在 BL 线上截取 Bn_1 代表 W_1，自 n_1 点作 BM 的平行线交破裂面于 m_1 点，则 $\triangle m_1 n_1 B$ 即为滑动土体 BAC_1 闭合的力三角形，$m_1 n_1$ 长度就等于破裂面为 BC_1 时的土压力 E_1。

（3）重复上述步骤，假定多个试算滑动面 BC_2、BC_3、BC_4、…，得到相应的 $m_2 n_2$、$m_3 n_3$、$m_4 n_4$…，即得到一系列的 E 值。

（4）将 m_1、m_2、m_3、m_4…点连成曲线，称 E 线，也称库尔曼线。作 E 线的切线，它与 BL 线平行，得切点 m，作 mn 线使它平行于 BM 线，则 mn 表示 E 值中的最大值 E_{max}，且知 $E_{max}=E_a$，连 Bm 延长到 C，BC 就是最危险的滑动面。

（5）按与 W 的同样比例量 mn 线，即得主动土压力 E_a 值。

库尔曼图解法可以求得主动土压力 E_a 值，但不能确定 E_a 的作用点位置。这时可采用一种近似方法。如图 5-28 所示，根据库尔曼图解法求得的最危险滑动面 BC 和滑动土楔 BAC 的重心 O 点，通过 O 点作平行于滑动面 BC 的平行线交墙背于 O' 点，O' 点即为 E_a 的作用点。

如果在填土表面作用任意分布的荷载时，仍可用库尔曼图解法求主动土压力。这时可把假定滑动土楔 BAC_1 范围内的分布荷载的合力 Σq 和滑动土楔的重力 W_1 叠加后，按上述作图法求解，如图 5-29(a)、(b)所示。

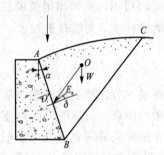
图 5-28　主动土压力作用点近似图解

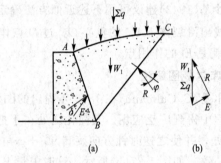
图 5-29　填土面作用荷载时主动土压力图解法

朗肯理论与库仑理论的比较

（1）朗肯与库仑土压力理论均属于极限状态土压力理论。用这两种理论计算出的土压力都是墙后土体处于极限平衡状态下的主动与被动土压力。

（2）两种分析方法上存在的较大差别，主要表现在研究的出发点和途径的不同。朗肯理论是从研究土中一点的极限平衡应力状态出发，首先求出的是作用在土中竖直面上的土压力强度 σ_a 或 σ_p 及其分布形式，然后再计算出作用在墙背上的总土压力和，因而朗肯理论属于极限应力法。库伦理论则是根据墙背和滑裂面之间的土楔，整体处于极限平衡状态，用静力平衡条件，先求出作用在墙背上的总土压力 E_a 或 E_p，需要时再算出土压力强度 σ_a 或 σ_p 及其分布形式，因而库伦理论属于滑动楔体法。

（3）上述两种研究途径中，朗肯理论在理论上比较严密，但只能得到理想简单边界条件下的解答，在应用上受到限制。库伦理论显然是一种简化理论，但由于其能适用较为复杂的各种实际边界条件，且在一定范围内能得出比较满意的结果，因而应用广泛。

（4）朗肯理论的应用范围：墙背垂直、光滑、墙后填土面水平，即 $\alpha=0$，$\beta=0$，$\delta=0$。无黏性土与黏性土均可用。库伦理论的应用范围：用于包括朗肯条件在内的各种倾斜墙背的陡墙，填土面不限，即 α，β，δ 可以不为零或等于零，故较朗肯公式应用范围更广。

5.5　土坡稳定性分析

土坡是指具有倾斜坡面的土体。简单土坡的几何形态及各部位名称如图 5-30 所示。土体自重以及渗透力等在坡体内引起剪应力，如果剪应力大于土的抗剪强度，就要产生剪切破坏，一部分土体相对于另一部分土体滑动的现象，称为滑坡。建筑边坡（building slope）是指在建筑场地或其周边的对建筑物有影响的自然边坡，或由于土方开挖、填筑形成的人工边坡。

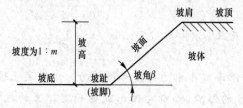

图 5-30　边坡的几何形态及各部位名称

知识拓展：土坡稳定
分析的几个问题

5.5.1　土坡滑动失稳的原因及影响土坡稳定性的因素

1. 土坡滑动失稳的原因

土坡滑动失稳的原因一般有以下两类情况。

（1）外界力的作用破坏了土体内原来的应力平衡状态。如基坑的开挖、路堤的填筑、土坡顶面上作用外荷载、土体内水的渗流、地震力的作用等都会破坏土体内原有的应力平衡状态，导致土坡坍塌。

（2）土的抗剪强度由于受到外界各种因素的影响而降低，促使土坡失稳破坏。如外界气候等自然条件的变化、土坡附近因打桩、爆破或地震力的作用将引起土的液化或触变，使土的强度降低。

2. 影响土坡稳定性的因素

（1）土坡的外形。坡角 β 大，土坡稳定性差。坡角过小，则不经济。因此，应选择合理的坡角，达到既安全又经济的目的。土坡的坡高 H 增大，土坡稳定性降低。

（2）土的性质。它包括土的密实性、含水率和强度指标 c、φ。土的密实性越高，强度指标 c、φ 越大，土坡稳定性就越好。含水率增加，土坡稳定性降低。土的含水率是影响土坡稳定性的重要因素。在斜坡上堆有较厚的土层，特别是当下伏土层（或岩层）不透水时，容易在交界上发生滑动。

（3）降水或地下水的作用。持续的降雨或地下水渗入土层中，使土中含水率增高，土中易溶盐溶解，土质变软，强度降低；还可使土的重度增加，以及孔隙水压力的产生，使土体作用有动、静水压力，促使土体失稳。因此，在土坡设计时应采用相应的排水措施。

（4）震动的作用。如在地震荷载作用下，砂土极易发生液化。黏性土震动时，易使土的结构破坏，从而降低土的抗剪强度。施工打桩或爆破，由于震动也可使邻近土坡变形或失稳等。

（5）人为影响。由于人类不合理地开挖，特别是开挖坡脚，或开挖基坑、沟渠、道路边坡时将弃土堆在坡顶附近，在斜坡上建房或堆放重物时，都可引起斜坡变形破坏。

5.5.2 无黏性土的土坡稳定分析

在分析由砂、卵石、砾石等组成的无黏性土土坡稳定时，根据实际情况，同时为了计算简便，一般均假定滑动面是平面。

如图 5-31 所示的均质无黏性土简单土坡，已知土坡高度为 H，坡角为 β，土的重度为 γ，土的抗剪强度为 $\tau_f = \sigma \tan\varphi$。若假定滑动面是通过坡脚 A 的平面 AC，AC 的倾角为 α，则可计算滑动土体 ABC 沿 AC 面上滑动的稳定安全系数 K 值。

视频：无黏性土坡稳定性分析

沿土坡长度方向截取单位长度土坡，作为平面应变问题分析。已知滑动土体 ABC 的重力 W 为

$$W = \gamma V_{\triangle ABC}$$

式中　$V_{\triangle ABC}$——单位长度土体 ABC 的体积。

W 在滑动面 AC 上的法向分力 N 及正应力 σ 为

$$N = W\cos\alpha$$

$$\sigma = \frac{N}{AC} = \frac{W\cos\alpha}{AC}$$

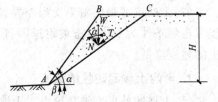

图 5-31　均质无黏性土边坡稳定性分析

W 在滑动面 AC 上的切向分力 T 及剪应力 τ 为

$$T = W\sin\alpha$$

$$\tau = \frac{T}{AC} = \frac{W\sin\alpha}{AC}$$

土坡的滑动稳定安全系数 K 为

$$K = \frac{\tau_f}{\tau} = \frac{\sigma\tan\varphi}{\tau} = \frac{\dfrac{W\cos\alpha}{AC}\tan\varphi}{\dfrac{W\sin\alpha}{AC}} = \frac{\tan\varphi}{\tan\alpha} \tag{5-36}$$

从式(5-36)可见，当 $\alpha = \beta$ 时稳定安全系数最小，即此时土坡面上的一层土是最易滑动的。因此，砂性土的土坡滑动稳定安全系数为

$$K = \frac{\tan\varphi}{\tan\beta} \tag{5-37}$$

一般要求 $K > 1.25 \sim 1.30$。

5.5.3 黏性土的土坡稳定分析

视频：黏性
土坡稳定性分析

黏性土土坡的坍滑和工程地质条件有关，在非均质土层中，如果土坡下面有软弱层，则滑动面很大部分将通过软弱土层，形成曲折的复合滑动面，如图 5-32(a)所示。如果土坡位于倾斜的岩层面上，则滑动面往往沿岩层面产生，如图 5-32(b)所示。

均质黏性土的土坡失稳破坏时，其滑动面常常是一曲面，通常近似

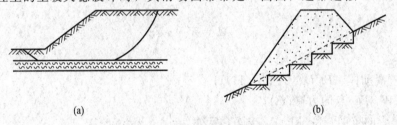

(a)   (b)

图 5-32 非均质土中的滑动面

(a)边坡滑动面通过软弱层；(b)边坡沿岩层面滑动

地假定为圆弧滑动面。圆弧滑动面的形式一般有三种。

(1)圆弧滑动面通过坡脚 B 点[如图 5-33(a)]，称为坡脚圆。

(2)圆弧滑动面通过坡面 E 点[如图 5-33(b)]，称为坡面圆。

(3)圆弧滑动面发生在坡脚以外的 A 点[如图 5-33(c)]，称为中点圆。

上述三种圆弧滑动面的产生，与土坡的坡角 β 大小、土的强度指标以及土中硬层的位置等因素有关。

土坡稳定分析时采用圆弧滑动面首先由瑞典工程师彼得森(K. E. Petterson，1916)提出，此后费伦纽斯(W. Fellenius，1927)和泰勒(D. W. Taylor，1948)做了研究和改进。他们提出的分析方法可以分成两种：①土坡圆弧滑动体按整体稳定分析法，主要适用均质简单土坡。简单土坡是指土坡上、下两个土面是水平的，坡面 BC 是一平面，如图 5-34

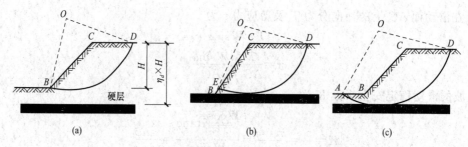

图 5-33　均质黏性土边坡的三种圆弧滑动面

(a)坡脚圆；(b)坡面圆；(c)中点圆

所示。②用条分法分析土坡稳定性，对于非均质土坡、土坡外形复杂、土坡部分在水下时适用。

1. 土坡圆弧滑动面的整体稳定分析

（1）圆弧滑动面法。圆弧滑动面法（swedish circle method)也称为瑞典圆弧滑动面法，是由瑞典人提出并发展，假定滑动面为圆弧形，用抗滑力矩与滑动力矩之比定义抗滑稳定安全系数的方法。

分析图 5-34 所示均质简单土坡，若可能的圆弧滑动面为 AD，其圆心为 O，半径为 R。分析时在土坡长度方向上截取单位长土坡，按平面问题分析。滑动土体 $ABCDA$ 的

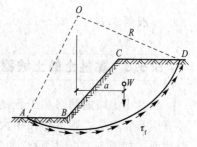

图 5-34　边坡的整体稳定性分析

重力为 W，它是促使土坡滑动的力；沿着滑动面 AD 上分布的土的抗剪强度 τ_f 是抵抗土坡滑动的力。将滑动力 W 及抗滑力 τ_f 分别对滑动面圆心 O 取力矩，得滑动力矩 M_s 及抗滑力矩 M_r 为

$$M_s = W \cdot a \qquad (5\text{-}38)$$

$$M_r = \tau_f \widehat{L} R \qquad (5\text{-}39)$$

式中　W——滑动体 $ABCDA$ 的重力（kN）；

　　　a——W 对 O 点的力臂（m）；

　　　τ_f——土的抗剪强度（kPa），按库仑定律，$\tau_f = c + \sigma\tan\varphi$；

　　　$\widehat{L}$——滑动圆弧 AD 的长度（m）；

　　　R——滑动圆弧面的半径（m）。

土坡滑动的稳定安全系数 K 用抗滑力矩 M_r 与滑动力矩 M_s 的比值表示，即

$$K = \frac{M_r}{M_s} = \frac{\tau_f \widehat{L} R}{W \cdot a} \qquad (5\text{-}40)$$

由于土的抗剪强度 τ_f 沿滑动面 AD 分布不均匀，因此直接按式(5-40)计算土坡的稳定安全系数有一定的误差。

（2）摩擦圆法。摩擦圆法由泰勒提出，他认为，图 5-35 所示滑动面 AD 上的抵抗力包括土的摩擦力及黏聚力两部分，它们的合力分别为 F 及 C。假定滑动面上的摩擦力首先得到充分发挥，然后才由土的黏聚力补充。下面分别讨论作用在滑动土体 $ABCDA$ 上的 3 个力。

第一个力是滑动土体的重力 W，它等于滑动土体 $ABCDA$ 的面积与土的重度 γ 的乘积，

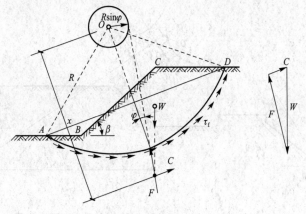

图 5-35　摩擦圆法

其作用点位置在滑动土体面积 $ABCDA$ 的形心。因此，W 的大小和作用点都是已知的。

第二个力是作用在滑动面 AD 上黏聚力的合力 C。为了维持土坡稳定，沿滑动面 AD 上分布的需要发挥的黏聚力为 c_1，可以求得黏聚力的合力 C 及其对圆心 O 的力臂 x，分别为

$$C = c_1 \cdot \overline{AD} \tag{5-41}$$

$$x = \frac{AD}{\overline{AD}} \cdot R$$

式中　AD 及 $\overline{AD}$——AD 的弧长及弦长。

所以 C 的作用线已知，大小未知，因此 c_1 未知。

第三个力是作用在滑动面 AD 上的法向力及摩擦力的合力，用 F 表示。泰勒假定 F 的作用线与圆弧 AD 的法线成 φ 角，也即 F 与圆心 O 点处半径为 $R \cdot \sin\varphi$ 的圆相切，同时 F 还一定通过 W 与 C 的交点。因此，F 的作用线已知，其大小未知。

根据滑动土体 $ABCDA$ 上 3 个作用力 W、F、C 的静力平衡条件，可以从图 5-35 所示的力三角形中求得 C 值，由式(5-41)可求得维持土坡平衡时滑动面上所需要发挥的黏聚力 c_1 值。这时土体的稳定安全系数 K 为

$$K = \frac{c}{c_1} \tag{5-42}$$

式中　c——土的实际黏聚力(kPa)。

上述计算中，滑动面 AD 是任意假定的。因此，需要试算多个可能的滑动面。相应于最小稳定安全系数 $K_{\min}$ 的滑动面才是最危险的滑动面，因此 $K_{\min}$ 值必须满足规定数值。由此可以看出，土坡稳定分析的计算工作量很大。为此，费伦纽斯和泰勒对均质的简单土坡做了大量的计算分析工作，提出了确定最危险滑动面圆心的方法，以及计算土坡稳定安全系数的图表。

(3)费伦纽斯确定最危险滑动面圆心的方法。

1)土的内摩擦角 $\varphi = 0$ 时。费伦纽斯提出当土的内摩擦角 $\varphi = 0$ 时，土坡的最危险滑动面通过坡脚，其圆心为 D 点，如图 5-36(a)所示。D 点是由坡脚 B 及坡顶 C 分别作 BD 及 CD 线的交点，BD 与 CD 线分别与坡面及水平面成 β_1 及 β_2 角。β_1 及 β_2 角与土坡坡角 β 有关，可由表 5-3 查得。

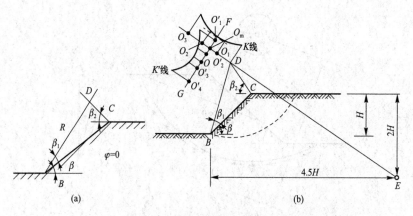

图 5-36 按费伦纽斯的理论确定最危险滑动面圆心位置

(a)$\varphi=0$；(b)$\varphi>0$

表 5-3 β_1 与 β_2

土坡坡度(竖直∶水平)	坡角 β	β_1	β_2
1∶0.58	60°	29°	40°
1∶1	45°	28°	37°
1∶1.5	33°41′	26°	35°
1∶2	26°34′	25°	35°
1∶3	18°26′	25°	35°
1∶4	14°02′	25°	37°
1∶5	11°19′	25°	37°

2)土的内摩擦角 $\varphi>0$ 时。费伦纽斯提出这时最危险滑动面也通过坡脚，其圆心在 ED 的延长线上，如图 5-36(b)所示。E 点的位置距坡脚 B 点的水平距离为 $4.5H$，竖直距离为 H。φ 值越大，圆心越向外移。计算时从 D 点向外延伸取几个试算圆心 O_1、O_2、…，分别求得其相应的滑动稳定安全系数 K_1、K_2、…，绘 K 值曲线，可得到最小安全系数值 K_{min}，其相应的圆心 O_m 即为最危险滑动面的圆心。

实际上土坡的最危险滑动面的圆心有时不一定在 ED 的延长线上，而可能在其左右，因此圆心 O_m 可能并不是最危险滑动面的圆心，这时可以通过 O_m 点作 DE 线的垂线 FG，在 FG 上取几个试算滑动面的圆心 O'_1、O'_2、…，求得其相应的滑动稳定安全系数 K'_1、K'_2、…，绘得 K' 值曲线，相应于 K'_{min} 值的圆心 O 才是最危险滑动面圆心。

由上述可见，根据费伦纽斯提出的方法，虽然可以把最危险滑动面圆心的位置缩小到一定范围，但其试算工作量还是很大。泰勒对此作了进一步的研究，提出了确定均质简单土坡稳定安全系数的图表。

（4）泰勒的分析方法。泰勒认为圆弧滑动面的三种形式同土的内摩擦角 φ 值、坡角 β 以及硬层埋置深度等因素有关。泰勒经过大量计算分析后提出：

1）当 $\varphi > 3°$ 时，滑动面为坡脚圆，其最危险滑动面圆心位置，可根据 φ 及 β 角值，从图 5-37 中的曲线查得 θ 及 α 值后作图求得。

2）当 $\varphi = 0°$，且 $\beta > 53°$ 时，滑动面也是坡脚圆，其最危险滑动面圆心位置，同样可根据 φ 及 β 角值，从图 5-38 中的曲线查得 θ 及 α 值后作图求得。

3）当 $\varphi = 0°$，且 $\beta < 53°$ 时，滑动面可能是中点圆，也有可能是坡脚圆或坡面圆，它取决于硬层的埋置深度。当土坡高度为

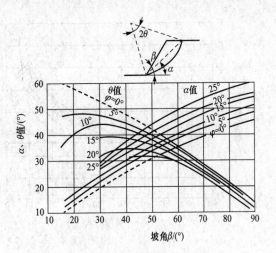

图 5-37　按泰勒的方法确定最危险滑动面圆心位置（一）

（当 $\varphi > 3°$ 或 $\varphi = 0°$，且 $\beta > 53°$ 时）

H，硬层的埋置深度为 $n_d H$，如图 5-38（a）所示。若滑动面为中点圆，则圆心位置在坡面中点 M 的铅垂线上，且与硬层相切，如图 5-38（a）所示，滑动面与土面的交点为 A，A 点距坡脚 B 的距离为 $n_x H$，n_x 值可根据 n_d 及 β 值由图 5-38（b）求得。若硬层埋置较浅，则滑动面可能是坡脚圆或坡面圆，其圆心位置需试算确定。

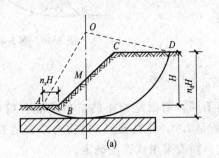

(a)

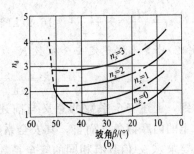

(b)

图 5-38　按泰勒的方法确定最危险滑动面圆心位置（二）

（当 $\varphi = 0°$，且 $\beta < 53°$ 时）

泰勒提出在土坡稳定分析中共有 5 个计算参数，即土的重度 γ、土坡高度 H、坡角 β 以及土的抗剪强度指标 c、φ 值，知道其中 4 个参数时就可以求出第五个参数。为了简化计算，泰勒把 3 个参数 c、γ、H 组成一个新的参数 N_s，称为稳定因数，即

$$N_s = \frac{\gamma H}{c} \tag{5-43}$$

通过大量计算，可以得到 N_s 与 φ 及 β 之间的关系曲线，如图 5-39 所示。图 5-39（a）给出 $\varphi = 0°$ 时稳定因数 N_s 与 β 的关系曲线；在图 5-39（b）中给出 $\varphi > 0°$ 时稳定因数 N_s 与 β 的关系曲线，从图中可以看到，当 $\beta < 53°$ 时，滑动面形式与硬层埋置深度 $n_d H$ 值有关。

泰勒分析简单土坡的稳定性时，假定滑动面上土的摩擦力首先得到充分发挥，然后才由土的黏聚力补充。因此，在求得满足土坡稳定时滑动面上所需要的黏聚力 c_1 与土的实际黏聚力 c 进行比较，即可求得土坡的稳定安全系数。

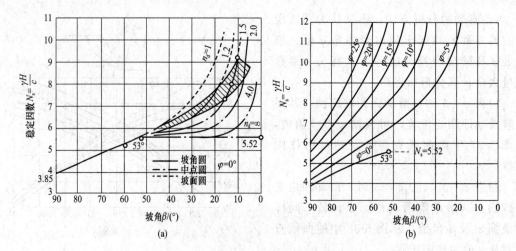

图 5-39　泰勒的稳定因数 N_s 与坡角 β 的关系

(a)$\varphi=0°$时；(b)$\varphi>0°$时

【例 5-6】　图 5-40 所示简单土坡，已知土坡高度 $H=8$ m，坡角 $\beta=45°$，土的性质为：$\gamma=19.4$ kN/m³，$\varphi=10°$，$c=25$ kPa。试用泰勒的稳定因数曲线计算土坡的稳定安全系数。

解：当 $\varphi=10°$、$\beta=45°$ 时，由图 5-39(b)查得 $N_s=9.2$。由式(5-43)可求得此时滑动面上所需要的黏聚力 c_1 为

$$c_1=\frac{\gamma H}{N_s}=\frac{19.4\times8}{9.2}=16.9(\text{kPa})$$

由式(5-42)计算土坡稳定安全系数 K 为

图 5-40　例 5-6 图

$$K=\frac{c}{c_1}=\frac{25}{16.9}=1.48$$

应当看到，上述安全系数的意义与前述不同，前面是指土的抗剪强度与剪应力之比。在本例中对土的内摩擦角 φ 而言，其安全系数是 1.0，而黏聚力 c 的安全系数是 1.48，两者不一致。若要求 c、φ 值具有相同的安全系数，则需采用试算法确定。

【例 5-7】　一简单土坡，$\gamma=17.8$ kN/m³，$\varphi=15°$，$c=12.0$ kPa。若坡高 $H=5$ m，试确定安全系数 $K=1.2$ 时的稳定坡角。若坡角 $\beta=60°$，试确定安全系数 $K=1.5$ 时的最大坡高。

解：(1)稳定坡角时的临界高度 $H_{cr}=KH=1.2\times5=6(\text{m})$

稳定因数 $N_s=\dfrac{\gamma H_{cr}}{c}=\dfrac{17.8\times6}{12.0}=8.9$

由 $\varphi=15°$，$N_s=8.9$ 时，查图 5-39(b)得稳定坡角 $\beta=57°$。

(2)由 $\varphi=15°$，$\beta=60°$，查图 5-39(b)得泰勒稳定因数 $N_s=8.6$。

由 $N_s=\dfrac{\gamma H_{cr}}{c}=\dfrac{17.8\times H_{cr}}{12.0}=8.6$，求得坡高 $H_{cr}=5.8(\text{m})$。

稳定安全系数 $K=1.5$ 时的最大坡高 $H_{max}=\dfrac{5.8}{1.5}=3.87(\text{m})$。

2. 用条分法分析土坡稳定性

(1)费伦纽斯条分法。从前面分析可知，由于圆弧滑动面上各点的法向应力不同，因此

土的抗剪强度各点也不相同，这样就不能直接应用式(5-42)计算土坡的稳定安全系数。而泰勒的分析方法是对滑动面上的抵抗力大小及方向作了一些假定的基础上，才得到分析均质简单土坡稳定的计算图表。它对于非均质的土坡或比较复杂的土坡(如土坡形状比较复杂、土坡上有荷载作用、土坡中有水渗流时等)均不适用。费伦纽斯提出的条分法是解决这一问题的基本方法，至今仍得到广泛应用。

条分法(slice method)是将滑动面以上滑动体分成若干个竖向土条进行稳定分析的方法。

1)基本原理。如图 5-41 所示土坡，取单位长度土坡按平面问题计算。设可能滑动面是一圆弧 AD，圆心为 O，半径为 R，将滑动土体 $ABCDA$ 分成许多竖向土条，土条宽度一般可取 $b=0.1R$，任一土条 i 上的作用力包括：

土条的重力 W_i，其大小、作用点位置及方向均已知。

滑动面 ef 上的法向反力为 N_i、切向反力为 T_i，假定 N_i、T_i 作用在滑动面 ef 的中点，它们的大小均未知。

土条两侧的法向力为 E_i、E_{i+1}，竖向剪切力为 X_i、X_{i+1}，其中 E_i 和 X_i 可由前一个土条的平衡条件求得，而 E_{i+1} 和 X_{i+1} 的大小未知，E_{i+1} 的作用点位置也未知。

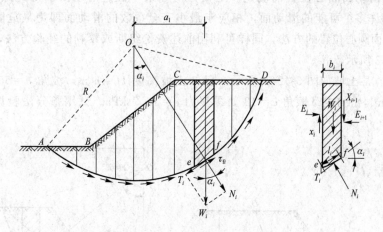

图 5-41　用条分法计算边坡稳定性

由此可以看到，作用在土条 i 上的作用力中有 5 个未知数，但只能建立 3 个平衡方程，故为超静定问题。为了求得 N_i、T_i 值，必须对土条两侧作用力的大小和位置作适当假定。费伦纽斯的条分法是不考虑土条两侧的作用力，即假定 E_i 和 X_i 的合力等于 E_{i+1} 和 X_{i+1} 的合力，同时它们的作用线重合，因此土条两侧的作用力相互抵消。这时土条 i 上仅有作用力 W_i、N_i、T_i，根据平衡条件可得

$$N_i = W_i\cos\alpha_i$$

$$T_i = W_i\sin\alpha_i$$

滑动面 ef 上土的抗剪强度为

$$\tau_{\mathrm{f}i} = \sigma_i\tan\varphi_i + c_i = \frac{1}{l_i}(N_i\tan\varphi_i + c_i l_i) = \frac{1}{l_i}(W_i\cos\alpha_i\tan\varphi_i + c_i l_i)$$

式中　α_i——土条 i 滑动面的法线(即半径)与竖直线的夹角；

l_i——土条 i 滑动面 ef 的弧长；

c_i、φ_i——滑动面上土的黏聚力及内摩擦角。

土条 i 上的作用力对圆心 O 产生的滑动力矩 M_s 及稳定力矩 M_r 分别为

$$M_s = T_i R = W_i R \sin\alpha_i$$

$$M_r = \tau_{fi} l_i R = (W_i \cos\alpha_i \tan\varphi_i + c_i l_i)R$$

整个土坡相应于滑动面 AD 时的稳定安全系数为

$$K = \frac{m_r}{m_s} = \frac{R \sum\limits_{i=1}^{n}(W_i \cos\alpha_i \tan\varphi_i + c_i l_i)}{R \sum\limits_{i=1}^{n} W_i \sin\alpha_i} \tag{5-44}$$

对于均质土坡，$\varphi_i = \varphi$，$c_i = c$，则

$$K = \frac{\tan\varphi \sum\limits_{i=1}^{n} W_i \cos\alpha_i + c\widehat{L}}{\sum\limits_{i=1}^{n} W_i \sin\alpha_i} \tag{5-45}$$

式中　$\widehat{L}$——滑动面 AD 的弧长；

　　　n——土条分条数。

2)最危险滑动面圆心位置的确定。上面是对于某一假定滑动面求得的稳定安全系数，因此需要试算许多个可能的滑动面，相应于最小安全系数的滑动面即为最危险滑动面。确定最危险滑动面圆心位置的方法，同样可利用前述费伦纽斯或泰勒的经验方法，如图 5-37～图 5-39、表 5-3 所示。

【例 5-8】 某土坡如图 5-42(a)所示，已知土坡高度 $H = 6$ m，坡角 $\beta = 55°$，土的重度 $\gamma = 18.6$ kN/m³，土的内摩擦角 $\varphi = 12°$，黏聚力 $c = 16.7$ kPa。试用条分法验算土坡的稳定安全系数。

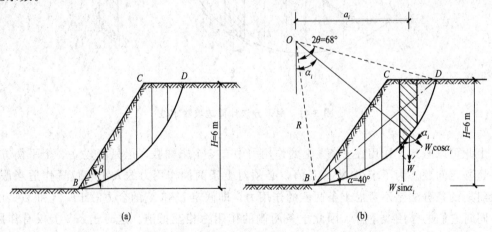

图 5-42　例 5-8 图

解： 1)按比例绘出土坡的剖面图，如图 5-42(b)所示。按泰勒的经验方法确定最危险滑动面圆心位置及滑动面形式。当 $\varphi = 12°$、$\beta = 55°$ 时，可知土坡的滑动面是坡脚圆，其最危险滑动面圆心的位置，可从图 5-37 中的曲线得到，即 $\alpha = 40°$，$\theta = 34°$，由此作图求得圆心 O。

2)将滑动土体 $BCDB$ 划分成若干竖直土条。滑动圆弧 BD 的水平投影长度为 $H \cdot \cot\alpha = 6 \times \cot 40° = 7.15$(m)，把滑动土体划分成 7 个土条，从坡脚 B 开始编号，把 1～6 条的宽度 b 均取为 1 m，而余下的第 7 条的宽度则为 1.15 m。

3)各土条滑动面中点与圆心 O 的连线同竖直线间的夹角 α_i 值可按下式计算。

$$\sin\alpha_i = \frac{a_i}{R}$$

$$R = \frac{d}{2\sin\theta} = \frac{H}{2\sin\alpha \cdot \sin\theta}$$

式中　α_i——土条 i 的滑动面中点与圆心 O 的水平距离；

　　　R——圆弧滑动面 BD 的半径；

　　　d——BD 弦的长度，$d = \dfrac{H}{\sin\alpha}$；

　　　θ、α——求圆心 O 位置时的参数，其意义如图 5-37 所示。

$$R = \frac{6}{2 \times \sin40° \cdot \sin34°} = 8.35(\text{m})$$

将求得的各土条 α_i 值列于表 5-4 中。

表 5-4　土坡稳定计算结果

土条编号	土条宽度 b_i/m	土条中心高 h_i/m	土条重力 W_i/kN	α_i(°)	$W_i\sin\alpha_i$/kN	$W_i\cos\alpha_i$/kN	$\widehat{L}$/m
1	1	0.60	11.16	9.5	1.84	11.0	—
2	1	1.80	33.48	16.5	9.51	32.1	—
3	1	2.85	53.01	23.8	21.39	48.5	—
4	1	3.75	69.75	31.6	36.55	59.41	—
5	1	4.10	76.26	40.1	49.12	58.33	—
6	1	3.05	56.73	49.8	43.33	36.62	—
7	1.15	1.50	27.90	63.0	24.86	12.67	—
合计	—	—	—	—	186.60	258.63	9.91

4）从图中量取各土条的中心高度 h_i，计算各土条的重力 $W_i = \gamma b_i h_i$ 及 $W_i\sin\alpha_i$、$W_i\cos\alpha_i$ 值，将结果列于表 5-4。

5）计算滑动面圆弧长度 $\widehat{L}$。

$$\widehat{L} = \frac{\pi}{180} 2\theta R = \frac{2 \times \pi \times 34 \times 8.35}{180} = 9.91(\text{m})$$

6）按式（5-45）计算土坡的稳定安全系数 K。

$$K = \frac{\tan\varphi \sum\limits_{i=1}^{i=7} W_i\cos\alpha_i + c\widehat{L}}{\sum\limits_{i=1}^{i=7} W_i\sin\alpha_i} = \frac{258.63 \times \tan12° + 16.7 \times 9.91}{186.6} = 1.18$$

（2）毕肖普条分法。用条分法分析土坡稳定问题时，任一土条的受力情况是一个静不定问题。为了解决这一问题，费伦纽斯的简单条分法假定不考虑土条间的作用力，一般这样得到的稳定安全系数是偏小的。在工程实践中，为了改进条分法的计算精度，许多人都认为应该考虑土条间的作用力，以求得比较合理的结果。目前已有许多解决的方法，其中毕肖普提出的简化方法比较合理实用。

如图 5-41 所示土坡，土条 i 上的作用力中有 5 个未知，故属二次静不定问题。毕肖普在求解时补充了两个假设条件，忽略土条间的竖向剪切力 X_i 及 X_{i+1} 的作用；对滑动面上的切向力 T_i 的大小作了规定。

根据土条 i 的竖向平衡条件可得

$$W_i - X_i + X_{i+1} - T_i \sin\alpha_i - N_i \cos\alpha_i = 0$$

即

$$N_i \cos\alpha_i = W_i + (X_{i+1} - X_i) - T_i \sin\alpha_i \tag{5-46}$$

若土坡的稳定安全系数为 K，则土条 i 滑动面上的抗剪强度 $\tau_{\mathrm{f}i}$ 也只发挥了一部分，毕肖普假设 $\tau_{\mathrm{f}i}$ 与滑动面上的切向力 T_i 相平衡，即

$$T_i = \tau_{\mathrm{f}i} l_i = \frac{1}{K}(N_i \tan\varphi_i + c_i l_i) \tag{5-47}$$

将式(5-47)代入式(5-46)得

$$N_i = \frac{W_i + (X_{i+1} - X_i) - \dfrac{c_i l_i}{K}\sin\alpha_i}{\cos\alpha_i + \dfrac{1}{K}\tan\varphi_i \sin\alpha_i} \tag{5-48}$$

由式(5-44)得知土坡的稳定安全系数 K 为

$$K = \frac{m_{\mathrm{r}}}{m_{\mathrm{s}}} = \frac{\sum\limits_{i=1}^{n}(N_i \tan\varphi_i + c_i l_i)}{\sum\limits_{i=1}^{n} W_i \sin\alpha_i} \tag{5-49}$$

将式(5-48)代入式(5-49)得

$$K = \frac{\sum\limits_{i=1}^{n} \dfrac{\left[W_i + (X_{i+1} - X_i)\right]\tan\varphi_i + c_i l_i \cos\alpha_i}{\cos\alpha_i + \dfrac{1}{K}\tan\varphi_i \sin\alpha_i}}{\sum\limits_{i=1}^{n} W_i \sin\alpha_i} \tag{5-50}$$

由于式(5-50)中 X_i 及 X_{i+1} 未知，故求解有困难。毕肖普假定土条间的竖向剪切力均略去不计，即 $(X_{i+1} - X_i) = 0$，则式(5-50)可简化为

$$K = \frac{\sum\limits_{i=1}^{n} \dfrac{1}{m_{a_i}}(W_i \tan\varphi_i + c_i l_i \cos\alpha_i)}{\sum\limits_{i=1}^{n} W_i \sin\alpha_i} \tag{5-51}$$

$$m_{a_i} = \cos\alpha_i + \frac{1}{K}\tan\varphi_i \sin\alpha_i \tag{5-52}$$

式(5-51)就是简化毕肖普条分法计算土坡稳定安全系数的公式。由于式中 m_{a_i} 也包含 K 值，因此式(5-51)须用迭代法求解，即先假定一个 K 值，按式(5-52)求得 m_{a_i} 值，代入式(5-51)求出 K 值，若此 K 值与假定值不符，则用此 K 值重新计算 m_{a_i} 求得新的 K 值，如此反复迭代，直至假定的 K 值与求得的 K 值相近为止。为了计算方便，可将式(5-52)的 m_{a_i} 值制成曲线，如图 5-43 所示，可按 α_i 及 $\dfrac{\tan\varphi_i}{K}$ 值直接查得 m_{a_i} 值。

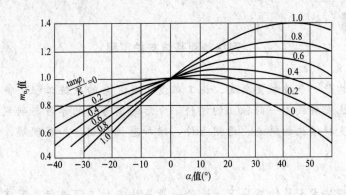

图 5-43 m_{α_i} 曲线

最危险滑动面圆心位置仍可按前述经验方法确定。

【例 5-9】 用简化毕肖普条分法计算例 5-8 土坡的稳定安全系数。

解：土坡的最危险滑动面圆心 O 的位置以及土条划分情况与例 5-8 相同。

按式(5-51)计算各土条的有关各项，见表 5-5。

表 5-5 例 5-9 土坡稳定计算

土条编号	$\alpha_i(°)$	l_i/m	W_i/kN	$W_i\sin\alpha_i/\text{kN}$	$W_i\tan\varphi_i/\text{kN}$	$c_il_i\cos\alpha_i$	m_{α_i}		$\frac{1}{m_{\alpha_i}}(W_i\tan\varphi_i+c_il_i\cos\alpha_i)$	
							$K=1.20$	$K=1.19$	$K=1.20$	$K=1.19$
1	9.5	1.01	11.16	1.84	2.37	16.64	1.016	1.016	18.71	18.71
2	16.5	1.05	33.48	9.51	7.12	16.81	1.009	1.010	23.72	23.69
3	23.8	1.09	53.01	21.39	11.27	16.66	0.986	0.987	28.33	28.30
4	31.6	1.18	69.75	36.55	14.83	16.78	0.945	0.945	33.45	33.45
5	40.1	1.31	76.26	49.12	16.21	16.73	0.879	0.880	37.47	37.43
6	49.8	1.56	56.73	43.33	12.06	16.82	0.781	0.782	36.98	36.93
7	63.0	2.68	29.70	24.86	5.93	20.32	0.612	0.613	42.89	42.82
合计	—	—		186.60	—				221.55	221.33

第一次试算假定稳定安全系数 $K=1.20$，计算结果见表 5-5。

按式(5-51)求得稳定安全系数 K。

$$K=\frac{\sum\limits_{i=1}^{n}\frac{1}{m_{\alpha_i}}(W_i\tan\varphi+c_il_i\cos\alpha_i)}{\sum\limits_{i=1}^{n}W_i\sin\alpha_i}=\frac{221.55}{186.6}=1.187$$

第二次试算假定稳定安全系数 $K=1.19$，计算结果如表 5-5。

按式(5-51)求得稳定安全系数 $K=\frac{221.33}{186.6}=1.186$。

计算结果与假定接近，故得土坡稳定安全系数 $K=1.19$。

现场参观基坑支护工程

1. 目的与意义

基坑支护结构是一个技术要求高、施工难度大且复杂的系统工程，特别是大型基坑工程更是如此。它已发展成为一门独立的学科，今后还需专门的学习与研究。通过参观，了解一般工程常见支护结构的特点、适用条件，增加感性认识，加深理解，能正确实施基坑支护方案。

2. 内容与要求

在教师或工程技术人员的指导下，选择一般基坑支护工程进行参观实训，针对支护结构的形式、特点、施工方法、质量控制、技术安全措施等方面进行全面了解，重点把基坑支护结构的专项施工方案和现场工程实际结合起来，加深理解方案的实施。

📖 项目小结

本项目主要介绍了土压力的类型、静止土压力的计算、朗肯土压力理论计算、库仑土压力理论计算、土坡稳定性分析。重点讨论了朗肯土压力理论和库仑土压力理论，几种常见情况的土压力计算，影响土压力的因素和土坡稳定的影响因素等。

📖 思考与练习

1. 何谓静止土压力、主动土压力及被动土压力？

2. 静止土压力属于哪一种平衡状态？它与主动土压力及被动土压力的状态有何不同？

3. 朗肯土压力理论与库仑土压力理论的基本原理有何异同之处？

4. 分别指出下列变化对主动土压力及被动土压力的影响：δ 变小、φ 增大、β 增大、α 减少。

5. 土坡失稳破坏的原因有哪几种？

6. 土坡稳定安全系数的意义是什么？在本项目中有哪几种表达方式？

7. 何谓坡脚圆、中点圆、坡面圆？其产生的条件与土质、土坡形状及土层构造有何关系？

8. 砂性土土坡的稳定性——只要坡角不超过其内摩擦角，坡高 H 可不受限制；而黏性土土坡的稳定性还与坡高有关，试分析其原因。

9. 试述摩擦圆法的基本原理。

10. 试述条分法的基本原理及计算步骤。

11. 按朗肯土压力理论计算图 5-44 所示挡土墙上的主动土压力 E_a 并绘出其分布图。

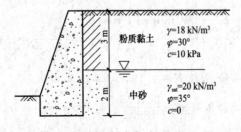

图 5-44　习题 11 图

12. 用库仑土压力理论计算图 5-45 所示挡土墙上的主动土压力值及滑动面方向。已知墙高 $H=6$ m，墙背倾角 $\alpha=10°$，墙背摩擦角 $\delta=\dfrac{\varphi}{2}$；填土面水平，$\beta=0$，$\gamma=19.7$ kN/m³，$\varphi=35°$，$c=0$。

13. 用库仑土压力理论计算图 5-46 所示挡土墙上的主动土压力。已知填土 $\gamma=20.0$ kN/m³，$\varphi=30°$，$c=0$；挡土墙高度 $H=5$ m，墙背倾角 $\alpha=10°$，墙背摩擦角 $\delta=\dfrac{\varphi}{2}$。

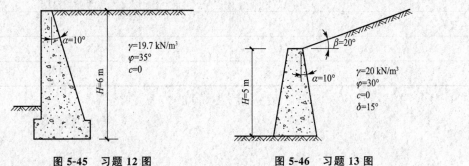

图 5-45　习题 12 图　　　　　　图 5-46　习题 13 图

14. 有一土坡高 $H=5$ m，已知土的重度 $\gamma=18.0$ kN/m³，土的强度指标 $\varphi=10°$，$c=12.5$ kPa，要求土坡的稳定安全系数 $K\geqslant1.25$，试用泰勒图表法确定土坡的容许坡角 β 值及最危险滑动面圆心位置。

15. 已知某土坡坡角 $\beta=60°$，土的内摩擦角 $\varphi=0°$。按费伦纽斯方法及泰勒方法确定其最危险滑动面圆心位置，并比较用两种方法所得到的结果是否相同。

16. 土坡高度 $H=5$ m，坡角 $\beta=30°$，土的重度 $\gamma=18.0$ kN/m³，土的抗剪强度指标 $\varphi=0°$，$c=18.0$ kPa。试用泰勒方法计算在坡角下 2.5 m、0.75 m、0.25 m 处有硬层时，土坡稳定安全系数及分析圆弧滑动面的形式。

17. 用条分法计算图 5-47 所示土坡的稳定安全系数（按有效应力法计算）。已知土坡高度 $H=5$ m，边坡度为 $1:1.6$（即坡角 $\beta=32°$），土的性质及试算滑动面圆心位置如图 5-47 所示。计算时将土条分成 7 条，各土条宽度 b_i、平均高度 h_i、倾角 α_i、滑动面弧长 l_i 及作用在土条底面的平均孔隙水压力 u_i 均列于表 5-6 中。

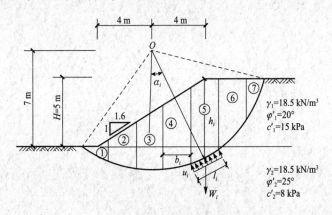

图 5-47　习题 17 图

表 5-6 习题 17 土条计算数据

土条编号	b_i/m	h_i/m	$\alpha_i/(°)$	l_i/m	$u_i/(kN \cdot m^{-2})$
1	2	0.7	−27.7	2.3	2.1
2	2	2.6	−13.4	2.1	7.1
3	2	4.0	0	2.0	11.1
4	2	5.1	13.4	2.1	13.8
5	2	5.4	27.7	2.3	14.8
6	2	4.0	44.2	2.8	11.2
7	1.3	1.8	68.5	3.2	5.7

项目6 建筑场地的工程地质勘察

📌 教学目标

知识目标

1. 了解工程地质勘察分级、内容以及勘探点的布置；

2. 熟悉常用工程地质勘察方法以及工程地质勘察报告书的内容；

3. 掌握验槽的目的、内容、方法以及局部处理。

能力目标

1. 通过工程地质测绘、调查、勘探、室内试验、现场测试等方法查明场地的地形地貌特征、地层条件、地质构造、水文地质条件等工程地质条件，并能进行岩土地质勘察的分级划分。

2. 根据具体的勘察目的、要求和岩土的特性，能够使用工程地质勘察方法对工业与民用建筑中常用的工程地质进行勘探。

3. 结合工程实际，能进行工程地质勘察报告的编写、阅读与使用。

4. 能够按照基槽检验方法对工程现场的基槽进行检验，能同时对基槽检验成果进行整理。

5. 能够按照基槽检验方法对工程现场的基槽进行检验，能同时对基槽检验成果进行整理。

素养目标

1. 要善于应变、善于预测、处事果断，能对实施进行决策。

2. 要尊贤爱才、宽容大度，善于组织，充分发挥每个人的才能。

>> 素养课堂

作为一名工程地质勘察者，勘察前要进行场地等级划分、地基等级划分、初步勘察、详细勘察等，为保证勘察质量环环相扣稳妥推进。作为一名学生要学习这种专心做事的态度、精益求精的精神。我们所从事职业的各项技艺，都要敬业地完成工作，同时也要求人们在工作中保持精益求精的品质，并对所从事职业有正确的价值观。敬业价值观是爱岗敬业的精髓，是做好工作的前提，而专注与执着是一种工作态度，认真的工作态度是成功的一半。同时，责任心是大学生在校期间需要学习的一门必修课。责任心不仅是工作中不可或缺的职业道德，还是作为一名社会人的道德准则。

>> 项目导入

某公司产品结构调整高炉水处理系统地下管廊工程，是两座高炉运营的重要命脉。高炉水循环冷却塔循环利用，水的利用率达到97%。该工程系统传导项目管廊为现浇钢筋混凝土箱式结构，全长450 m，管廊基底从地表往下10.5 m深，是高炉套工程中最深的一项工程。地表至地下4~6 m深为某市二电厂粉煤灰填埋场。从地质资料中得知，下层粉质黏土深度2 m，6 m深以下为淤泥质灰粉黏土。因坐落在江边，地下水丰富，地质条件极为复杂，开挖时容易造成塌方、滑坡等事故。

本工程土方开挖根据地质报告，开挖井点布置沟槽、布管抽水；第一层和粉煤灰层开挖（挖土标高−2.5 m，长度80 m，四段，做第一平台）；第二层土方开挖（标高−5.5 m，做第二平台）；第三层土方开挖（标高−8.5 m，局部超深，及时修坡，随挖随用20 槽钢@2 m加固边坡）；超深部分垫层施工。基槽边坡放坡系数1：1.5、排水沟@20 m设集水坑。

6.1　工程地质勘察认知

工程地质勘察是工程建设的先行工作，各项工程建设在设计和施工之前，必须按基本建设程序进行工程地质勘察。工程地质勘察是根据建设工程的要求，查明、分析、评价建设场地的地质、环境特征和岩土工程条件，编制勘察文件的活动。

6.1.1　工程地质勘察的目的

工程地质勘察的目的是以各种勘察手段和方法，调查研究和分析评价建筑场地和地基的工程地质条件，为工程建设规划、设计、施工提供可靠的地质依据，以充分利用有利的自然地质条件，避开或改造不利的地质因素，保证建筑物的安全和正常使用。

知识拓展：工程地质
勘察的任务

6.1.2　工程地质勘察的分级

综合工程重要性等级、场地复杂程度等级和地基复杂程度等级对岩土工程地质勘察进行等级划分。其目的是针对不同等级的岩土工程地质勘察项目，划分勘察阶段，制定有效的勘察方案，解决主要工程问题。具体的划分条件分类如下。

1. 工程重要性等级

根据工程的规模和特征以及由于岩土工程问题造成工程破坏或影响正常使用的后果，可分为三个工程重要性等级，见表6-1。

表6-1　工程重要性等级划分

设计等级	划分依据
一级	重要工程，后果很严重
二级	一般工程，后果严重
三级	次要工程，后果不严重

2. 场地等级

根据场地的复杂程度，可分为三个场地等级，见表6-2。

表 6-2　场地等级划分

场地等级	符合条件	备注
一级场地（复杂场地）	①对建筑抗震危险的地段；②不良地质作用强烈发育：指泥石流、崩塌、土洞、塌陷、岸边冲刷、地下潜蚀等极不稳定的场地，这些不良地质现象直接威胁着工程安全；③地质环境已经或可能受到强烈破坏：指人为原因或自然原因引起的地下采空、地面沉降、地裂缝、化学污染、水位上升等对工程安全构成直接威胁；④地形地貌复杂；⑤有影响工程的多层地下水、岩溶裂隙水或其他水文地质复杂、需专门研究	①每项符合所列条件之一即可；②在确定场地复杂程度的等级时，从一级开始，向二级、三级推定，以最先满足者为准；③对抗震有利、不利和危险地段的划分，应按现行国家标准《建筑抗震设计规范（2016 年版）》（GB 50011—2010）的规定确定
二级场地（中等复杂场地）	①对建筑抗震不利的地段；②不良地质作用一般发育：指虽有不良地质现象但并不十分强烈，对工程安全影响不严重；③地质环境已经或可能受到一般破坏：指已有或将有地质环境问题，但不强烈，对工程安全影响不严重；④地形地貌较复杂；⑤基础位于地下水位以下的场地	
三级场地（简单场地）	①抗震设防烈度小于或等于 6 度，或对建筑抗震有利的地段；②不良地质作用不发育；③地质环境基本未受破坏；④地形地貌较简单；⑤地下水对工程无影响	

3. 地基等级

根据地基的复杂程度，可分为三个地基等级，见表 6-3。

表 6-3　地基等级划分

地基等级	符合条件	备注
一级地基（复杂地基）	①岩土种类多，很不均匀，性质变化大，需特殊处理；②严重湿陷、膨胀、盐渍、污染的特殊性岩土以及其他情况复杂，需作专门处理的岩土	①符合所列条件之一即可；②从一级开始向二级、三级推定，以最先满足的为准
二级地基（中等复杂地基）	①岩土种类较多，不均匀，性质变化较大；②除一级地基符合一级地基条件第②条以外的特殊性岩土	
三级地基（简单地基）	①岩土种类单一、均匀、性质变化不大；②无特殊性岩土	

4. 岩土工程勘察等级

根据工程重要性等级、场地复杂程度等级和地基复杂程度等级，岩土工程勘察等级可分为三级，见表 6-4。

表 6-4　岩土工程勘察等级划分

岩土工程勘察等级	符合条件	备注
甲级	工程重要性等级、场地复杂程度等级和地基复杂程度等级中，有一项或多项为一级	建筑在岩质地基上的一级工程，当场地复杂程度等级和地基复杂程度等级均为三级时，岩土勘察等级可定为乙级
乙级	除勘察等级为甲级和丙级以外的勘察项目	
丙级	工程重要性等级、场地复杂程度等级和地基复杂程度等级均为三级	

6.1.3 工程地质勘察阶段的划分

岩土工程勘察阶段的划分是与工程设计阶段相适应的，大致可以分为可行性研究勘察（或选址勘察）、初步勘察、详细勘察三个阶段。视工程的实际需要，当工程地质条件（通常指建设场地的地形、地貌、地质构造、地层岩性、不良地质现象和水文地质条件等）复杂或有特殊施工要求的重大工程地基，还需要进行施工勘察。对于场地面积不大，岩土工程条件简单或有建筑经验的地区，可适当简化勘察过程。

6.2   工程地质勘察方法

6.2.1 勘探点的布置

1. 初步勘察

勘探线、勘探点的布置原则：勘探线应垂直地貌单元、地质构造和地层界线布置；勘探点沿勘探线布置，每个地貌单元均应布置勘探点，在地貌单元交接部位和地层变化较大的地段，勘探点应予以加密；在地形平坦地区，可按网格布置勘探点。

初步勘察的勘探线、勘探点间距见表 6-5，局部异常地段应予以加密。

表 6-5 初步勘察的勘探线、勘探点间距　　　　　　　　　　　m

地基复杂程度等级	勘探线间距	勘探点间距
一级（复杂）	50～100	30～50
二级（中等复杂）	75～150	40～100
三级（简单）	150～300	75～200
注：表中间距不适用地球物理勘探。		

勘探孔可分为一般性勘探孔和控制性勘探孔两类，控制性勘探孔宜占勘探孔总数的 1/5～1/3，且每个地貌单元均应有控制性勘探孔。初步勘察勘探孔的深度见表 6-6，孔深应根据地质条件适当增减，如遇岩层及坚实土层可适当减小，遇软弱土层可适当增大。

表 6-6 初步勘察勘探孔的深度　　　　　　　　　　　m

工程重要性等级	一般性勘探孔	控制性勘探孔
一级（重要工程）	≥15	≥30
二级（一般工程）	10～15	15～30
三级（次要工程）	6～10	10～20
注：1. 勘探孔包括钻孔、探井和原位测试孔等；		
2. 特殊用途的钻孔除外。		

采取土试样和进行原位测试的勘探点应结合地貌单元、地层结构和土的工程性质布置，其数量可占勘探点总数的1/4～1/2；采取土试样的数量和孔内原位测试的竖向间距，应按地层特点和土的均匀程度确定，每层土均应采取试样或进行原位测试，其数量不宜少于6个。

2. 详细勘察

勘探点的布置原则：勘探点宜按建筑物周边线和角点布置，对无特殊要求的其他建筑物可按建筑物或建筑群的范围布置；同一建筑范围内的主要受力层或有影响的下卧层起伏较大时，应加密勘探点；重大设备基础应单独布置勘探点；重大的动力机器基础和高耸构筑物，勘探点不宜少于3个；在复杂地质条件或特殊岩土地区宜布置适量的探井。

详细勘察勘探点的间距见表6-7。

表6-7　详细勘察勘探点的间距　　　　　　　　　　　　　　　　　　m

地基复杂程度等级	勘探点间距
一级（复杂）	10～15
二级（中等复杂）	15～30
三级（简单）	30～50

特别提醒

采取土试样和进行原位测试的勘探点数量，应根据地层结构、地基土的均匀性和设计要求确定，对地基基础设计等级为甲级的建筑物每栋不应少于3个；每个场地每一主要土层的原状土试样或原位测试数据不应少于6组；在地基主要受力层内，对厚度大于0.5 m的夹层或透镜体，应采取土试样或进行原位测试；当土层性质不均匀时，应增加取土数量或原位测试工作量。

6.2.2　工程地质勘探方法

为了查明地下岩土的性质、分布及地下水等条件，需要进行工程地质勘探。勘探是工程地质勘察的常用手段，它是在地面的工程地质测绘和调查所取得的各项定性资料的基础上，进一步对场地地质条件进行定量的评价。勘探包括坑探、钻探和地球物理勘探等。勘察中具体勘探方法的选择应符合勘察目的、要求和岩土的特性，力求以合理的工作量达到应有的技术效果。下面介绍工业与民用建筑中常用的几种工程地质勘探方法。

1. 坑探

坑探是在建筑场地挖深井（槽）以取得直观资料和原状土样，这是一种不必使用专门机具的常用勘探方法。当场地质条件比较复杂时，利用坑探能直接观察地层的结构和变化，但坑探可达的深度较浅。

探井的平面形状一般采用1.5 m×1.0 m的矩形或直径为0.8～1.0 m的圆形，其深度视地层的土质和地下水埋藏深度等条件而定，一般为2～3 m。

在探井中取样时，先在井底或井壁的指定深度处挖一土柱，土柱的直径必须稍大于取土筒的直径［图6-1(a)］，然后将土柱顶面削平，放上两端开口的金属筒并削去筒外多余的土，一面削土一面将筒压入，直到筒已完全套入土柱后切断土柱。削平筒两端的土体，盖上筒盖，用熔蜡密封后贴上标签，注明土样的上下方向，如图6-1(b)所示。

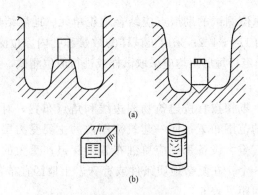

图 6-1 坑探示意
(a)在探井中取原状土样；(b)原状土样

在探井、探槽开挖过程中，应根据地层情况、开挖深度、地下水位情况采取井壁支护、排水、通风等措施。在多雨季节施工时，井、槽口应设防雨棚，开排水沟，防止雨水流入或浸润井壁。土石方不能随意弃置于井口边缘，一般堆土区应布置在下坡方向离井口边缘不少于 2 m 的安全距离。另外，勘探结束后，探井、探槽必须妥善回填。

👤 **特别提醒**

对探井、探槽除文字描述记录外，还应以剖面图、展示图等反映井、槽壁和底部的岩性、地层分界、构造特征、取样和原位试验位置，并辅以代表性部位的彩色照片。

2. 钻探

钻探是勘探方法中应用最广泛的一种。它采用钻机在地层中钻孔，以鉴别和划分土层、观测地下水位，并采取原状土样和水样以供室内试验，确定土的物理、力学性质指标和地下水的化学成分。土的某些性质也可直接在孔内进行原位测试得到。

按动力来源钻探可分为人工钻和机动钻，人工钻仅适用浅部土层，机动钻适用任何土层。钻探的钻进方式可以分为回转式、冲击式、振动式、冲洗式四种。每种钻进方法各有其特点，分别适用于不同的地层，适用范围见表6-8。

表 6-8 钻探方法的适用范围

钻探方法		钻进地层					勘察要求	
		黏性土	粉土	砂土	碎石土	岩土	直观鉴别、采取 不扰动试样	直观鉴别、采取 扰动试样
回转	螺旋钻探	++	+	+	－	－	++	++
	无岩芯钻探	++	++	++	+	++	－	－
	岩芯钻探	++	++	++	+	++	++	++
冲击	冲击钻探	－	+	++	++	－	－	++
	锤击钻探	++	++	++	+	－	++	++
振动钻探		++	++	++	+	－	+	++
冲洗钻探		+	++	++	－	－	－	++

注：++ 适用；+ 部分适用；－ 不适用。

钻探口径应按钻探任务、地质条件和钻进方法综合考虑确定。用于鉴别及划分土层，钻孔直径不宜小于 33 mm；取不扰动土样段的孔径不宜小于 108 mm；取岩样段的孔径：硬质岩不宜小于 89 mm，软质岩不宜小于 108 mm。当需要确定岩石质量指标 RQD 时，应采用 75 mm 直径（N 型）双层岩芯管，并采用金刚石钻头。

岩芯钻探的岩芯采取率应尽量提高，对完整和较完整岩体不应低于 80%，较破碎和破碎岩体不应低于 65%；对需要重点查明的部位（如滑动带、软弱夹层等）应采用双层岩芯管连续取芯。

钻孔的记录和编录应符合下列要求：

（1）野外记录应由经过专业训练的人员承担，记录应真实、及时，按钻进回次逐段填写，严禁事后追记；

（2）钻探现场可采用肉眼鉴别和手触方法，有条件或勘察工作有明确要求时，可采用微型贯入仪等定量化、标准化的方法；

（3）钻探成果可用钻孔野外柱状图或分层记录表示，岩土芯样可根据工程要求保存一定期限或长期保存，也可拍摄岩芯、土芯彩照纳入勘察成果资料。

3. 地球物理勘探

地球物理勘探是在地面、空中、水上或钻孔中用各种仪器量测物理场的分布情况，对其数据进行分析解释，结合有关地质资料推断预测地质体性状的勘探方法，简称"物探"。

应用地球物理勘探方法时，应具备下列条件：

（1）被勘探对象与周围物理介质之间有明显的物理性质差异；

（2）被勘探对象具有一定的埋藏深度和规模，且地球物理异常有足够的强度；

（3）能抑制干扰，区分有用信号和干扰信号；

（4）在具有代表性地段进行过有效性试验。

特别提醒

地球物理勘探根据地质体的物理场不同可分为电法勘探、地震勘探、磁法勘探、重力勘探、放射性勘探等。它主要用来配合钻探，减少钻探的工作量。作为钻探的先行手段，可以了解隐蔽的地质界线、界面或异常点；作为钻探的辅助手段，在钻孔之间内插地球物理勘探点，可以为钻探成果的内插、外推提供依据。

6.2.3 室内试验

室内试验是地基勘察工作的重要内容，试验项目和试验方法应根据工程要求和岩土性质的特点来确定，其具体操作和试验仪器应符合现行国家标准《土工试验方法标准》（GB/T 50123—2019）和《工程岩体试验方法标准》（GB/T 50266—2013）的规定。室内试验一般包括以下内容：

（1）对黏性土应进行液限、塑限、相对密度、天然含水量、天然密度、有机质含量、压缩性、渗透性以及抗剪强度试验。

（2）对粉土除应进行黏性土所需试验外，还应增加颗粒分析试验。

（3）对砂土应进行相对密度、天然含水量、天然密度、最大和最小密度、自然休止角以及颗粒分析试验。

（4）对碎石土必要时可作颗粒分析试验；对含黏性土较多的碎石土，宜测定黏性土的天然含水量、液限和塑限。

（5）对岩石应进行岩矿鉴定、颗粒密度和块体密度、吸水率和饱和吸水率、耐崩解、膨胀、冻融、抗压强度、抗拉强度以及岩石直接剪切试验。

（6）为了判定地下水对混凝土的腐蚀性，一般应测定 pH 值、Cl^-、SO_4^{2-}、HCO_3^-、Ca^{2+}、Mg^{2+}、游离 CO_2 和侵蚀性 CO_2 的含量。

在实际工程中，根据场地的复杂程度和建（构）筑物的重要性以及地区经验，可适当增减试验项目。

6.2.4 原位测试

原位测试是在岩土原来所处的位置上，基本保持其天然结构、天然含水量及天然应力状态进行测试的技术。它与室内试验长短互补、相辅相成。原位测试主要包括荷载试验、静力触探试验、动力触探试验（圆锥动力触探试验、标准贯入试验）、"十"字板剪切试验、旁压试验、现场直接剪切试验等。原位测试方法，应根据建筑类型、岩土条件、工程设计对参数的要求以及地区经验和各测试方法的适用性等因素选择。本节主要介绍其中的荷载试验。

荷载试验是在天然地基上模拟建筑物的基础荷载条件，通过承压板向地基施加竖向荷载，从而确定承压板下应力主要影响范围内岩土的承载力和变形特性。荷载试验包括平板荷载试验和螺旋板荷载试验。平板荷载试验又分为浅层平板荷载试验和深层平板荷载试验。浅层平板荷载试验适用于浅层地基土；深层平板荷载试验适用于埋深大于或等于 3 m、地下水水位以上的地基土；螺旋板荷载试验适用于深层地基土或地下水水位以下的地基土。本节主要介绍浅层平板荷载试验。

浅层平板荷载试验应布置在有代表性位置的基础底面标高处，每个场地不宜少于 3 个，当场地内岩土体不均匀时，应适当增加。试坑宽度或直径不应小于承压板宽度或直径的 3 倍，承压板的面积不应小于 0.25 m²，对软土或粒径较大的填土不应小于 0.5 m²。

荷载试验的加载方式应采用分级维持荷载沉降相对稳定法（常规慢速法），有地区经验时，可采用快速法或等沉降速率法。承压板的沉降可采用百分表或电测位移计量测，其精度不应低于 ±0.01 mm。

当出现下列情况之一时，可终止试验：

①承压板周边的土出现明显侧向挤出、隆起或径向裂缝持续发展；

②本级荷载沉降量大于前级荷载沉降量的 5 倍，荷载与沉降曲线出现明显陡降；

③在某级荷载下 24 h 沉降速率不能达到相对稳定标准；

④总沉降量与承压板直径（或宽度）之比超过 0.06。

根据试验成果，可绘制荷载与沉降的关系曲线以及其他相关曲线，根据这些曲线可以确定地基承载力、土的变形模量。

6.3 工程地质勘察报告分析

工程地质勘察的最终成果是勘察报告。它是在现场勘察工作(如调查、勘探、测试等)和室内试验完成后，结合工程特点和要求对已获得的原始资料进行整理、统计、归纳、分析、评价，提出工程建议，形成文字报告并附各种图件的勘察技术文件，供设计单位与施工单位使用。勘察报告要求资料完整、真实准确、数据无误、图表清晰、结论有据、建议合理、便于使用和适宜长期保存，并应因地制宜、重点突出、有明确的工程针对性。

6.3.1 工程地质勘察报告的内容

工程地质勘察报告的内容应根据任务要求、勘察阶段、工程特点和地质条件等具体情况确定，一般应包括下列内容：

(1)勘察目的、任务、要求和依据的技术标准。

(2)拟建工程概况：包括拟建工程的名称、规模、用途、结构类型、场地位置、以往勘察工作及已有资料等。

(3)勘察方法和勘察工作布置。

(4)场地地形、地貌、地层分布、地质构造、岩土性质及其均匀性。

(5)各项岩土性质指标，岩土的强度参数、变形参数、地基承载力的建议值。

(6)地下水的埋藏情况、类型、水位及其变化。

(7)土和水对建筑材料的腐蚀性。

(8)可能影响工程稳定的不良地质作用的描述和对工程危害程度的评价。

(9)场地稳定性和适宜性的评价。

(10)对岩土利用、整治和改造的方案进行分析论证，提出建议；对工程施工和使用期间可能发生的岩土工程问题进行预测，提出监控和预防措施的建议。

(11)地基勘察报告应附必要的图表。常见的图表包括：勘探点平面布置图；工程地质柱状图；工程地质剖面图；原位测试成果图表；室内试验成果图表。

当需要时，还应附综合工程地质图、综合地质柱状图、地下水等水位线图、综合分析图表以及岩土利用、整治和改造方案的有关图表、岩土工程计算简图及计算成果图表等。

👤 特别提醒

上述内容并不是每一项勘察报告都必须全部具备的，对丙级岩土工程勘察的报告内容可适当简化，采用以图表为主，辅以必要的文字说明；对甲级岩土工程勘察的报告除应符合上述要求外，还应对专门性的岩土工程问题提交专门的试验报告、研究报告或监测报告。

6.3.2 工程地质勘察报告的阅读与使用

为了充分发挥勘察报告在设计和施工中的作用，必须重视勘察报告的阅读和应用。阅读勘察报告时，首先应熟悉勘察报告的主要内容，了解勘察结论和计算指标的可靠程度，进而正确分析和判断报告中提出的建议对该项工程的适用性，尤其应将场地的工程地质条件与拟建建筑物具体要求结合起来进行综合分析，以便正确地应用勘察报告。具体分析主要包括两方面的内容。

1. 场地稳定性的评价

对场地稳定性的评价，主要是通过了解场地的地质构造（断层、褶皱等）、不良地质现象（泥石流、滑坡、崩塌、岩溶、塌陷等）、地层成层条件以及地震影响等情况来分析判断。对地质条件比较复杂的地区，尤其应注意判断场地的稳定性，从而判断该地段是否可以作为建筑场地，同时，还可为预估今后建筑中地基处理费用提供极有参考价值的判断依据。

2. 地基持力层的选择

在场地稳定性评价分析后，对不存在威胁场地稳定性的建筑地段，应以地基承载力和基础沉降为主要控制指标。在满足这两个指标的前提下，尽量做到充分发挥地基的潜力，优先采用天然地基上浅埋基础方案。遵循这个原则，在进行地基持力层选择分析时，应主要了解土层在深度方向的分层情况、水平方向的均匀程度以及各土层的物理力学性质指标（包括孔隙比、液性指数、抗剪强度指标、压缩性指标、标准贯入试验锤击数、轻型动力触探锤击数等），以确定地基土的承载力，从而选择适合上部结构特点和要求的土层作为持力层。其中，在确定地基承载力时，应注意避免单纯依靠某种方法确定承载力值，应尽可能结合多种方法，考虑多方面因素，经比较后确定。

从以上内容可以看出，在阅读和应用勘察报告时，尤其应该注意辨别资料的可靠性。这就要求在阅读和应用勘察报告的过程中要注意发现和分析问题，对于存在疑问的关键性问题，设法通过对已有资料的对比和根据已掌握的经验等进一步查清，以便减少差错，确保工程质量。

6.4　验槽检查及局部处理

验槽是岩土工程勘察工作的最后一个环节，也是建筑物施工第一阶段基槽开挖后的重要工序。进行验槽主要是为了检验勘察成果是否反映实际情况并且解决遗留和新发现的问题。当施工单位将基槽开挖完毕后，需由勘察、设计、施工、质检、监理和建设单位六方面的技术负责人，共同到施工现场验槽。

6.4.1　验槽的内容

验槽的内容主要包括以下几个方面：

（1）核对基槽开挖的位置、平面尺寸以及槽底标高是否符合勘察、设计要求。

（2）检验槽壁、槽底的土质类型、均匀程度是否存在疑问土层，是否与勘察报告一致。

（3）检验基槽中是否存在防空掩体、古井、洞穴、古墓及其他地下埋设物，若存在，应进一步确定它们的位置、深度以及性状。

（4）检验基槽的地下水情况是否与勘察报告一致。

6.4.2　验槽的方法

验槽的方法主要以肉眼直接观察，有时可用袖珍式贯入仪作为辅助手段，在必要时可进行夯、拍或轻便勘探。

1. 观察验槽

观察验槽应仔细观察槽壁、槽底的岩土特性与勘察报告是否一致，基槽边坡是否稳定，有无影响边坡稳定的因素，如渗水、坑边堆载过多等。尤其注意不要将素填土与新近沉积的黄土、新近沉积黄土与老土相混淆。若有难以辨认的土质，应配合洛阳铲等手段探至一定深度仔细鉴别。

2. 夯、拍验槽

夯、拍验槽是用木夯、蛙式打夯机或其他施工机具，在基槽内部按照一定顺序依次夯、拍，根据声音来判断基槽内部是否存在墓穴、坑洞等现象。如果存在墓穴等现象，夯、拍的声音很沉闷，与一般土层声音不一样，发现可疑现象，可用轻便勘探仪进一步调查。对很湿或饱和的黏性土地基不宜夯、拍，以免破坏基底土层的天然结构。

3. 轻便勘探验槽

轻便勘探验槽是用钎探、轻型动力触探、手持式螺旋钻、洛阳铲等对地基主要受力层范围内的土层进行勘探，或对上述观察、夯拍发现的异常情况进行探查。

（1）钎探。钎探是用直径为 22～25 mm 的钢筋作钢钎，钎尖为 60°锥状，长度为 1.8～2.1 m，每 300 mm 做一刻度，用质量为 4～5 kg 的穿心锤将钢钎打入土中，落锤高 500～700 mm，记录每打入土中 300 mm 所需的锤击数，根据锤击数判断地基好坏和是否均匀一致。

基槽（坑）钎探完毕后，要详细查看、分析钎探资料，判断基底岩土均匀情况及同一深度段的钎探锤击数是否基本一致。锤击数低于或高于平均值 30% 以上的钎探点，在平面图上圈出其位置、范围，分析其差别原因，必要时需补做检查探点；对低于或高于平均值50% 以上的点，要补挖探井或用洛阳铲进一步探查。

（2）轻型动力触探。轻型动力触探详见圆锥动力触探试验，当遇到下列情况之一时，应在基坑底普遍进行轻型动力触探：

1）持力层明显不均匀；

2）浅部有软弱下卧层；

3)有浅埋的坑穴、古墓、古井等，直接观察难以发现时；

4)勘察报告或设计文件规定应进行轻型动力触探时。

采用轻型动力触探进行基槽检验时，检验深度及间距见表6-9。

表6-9　轻型动力触探检验深度及间距表　　　　　　　　　　　　　　m

排列方式	基槽宽度	检验深度	检验间距
中心一排	<0.8	1.2	1.0～1.5 m视地层复杂情况定
两排错开	0.8～2.0	1.5	
梅花形	>2.0	2.1	

（3）手持式螺旋钻。手持式螺旋钻是一种小型的轻便钻具，钻头呈螺旋形，上接一"T"形手把，由人力旋入土中，钻杆可接长，钻探深度一般为6 m，在软土中可达10 m，孔径约70 mm。每钻入土中300 mm（钻杆上有刻度）后将钻竖直拔出，由附在钻头上的土了解土层情况（也可采用洛阳铲或勺形钻）。

6.4.3　基槽的局部处理

（1）松土坑（填土、墓穴等）的处理。当坑的范围较小时，可将坑中松软虚土挖除，使坑底及四壁均见天然土为止，然后采用与坑边的天然土层压缩性相近的材料回填。如果坑小夯实质量不易控制，应选压缩模量大的材料。当天然土为砂土时，用砂或级配砂石回填，回填时应分层夯实，并用平板振捣器振密；若为较坚硬的黏性土，则用3∶7灰土分层夯实；可塑的黏性土或新近沉积黏性土，多用1∶9或2∶8灰土分层夯实。当面积较大、换填较厚（一般大于3.0 m）局部换土有困难时，可用短桩基础处理，并适当加强基础和上部结构的刚度。

当松土坑的范围较大，且坑底标高不一致时，清除填土后，应先做踏步再分层夯实，也可将基础局部加深，并做1∶2的台阶，两段基础相连接。

（2）大口井或土井的处理。当基槽中发现砖井时，井内填土已较密实，则应将井的砖圈拆除至槽底以下1 m（或大于1 m），在此拆除范围内用2∶8或3∶7灰土分层夯实至槽底；如井直径大于1.5 m时，还应适当考虑加强上部结构的强度，如在墙内配筋。

（3）局部硬土的处理。当验槽时发现旧墙基、砖窑底、压实路面等异常硬土时，一般应全部挖除，回填土情况根据周围土层性质来确定。全部挖除有困难时，可部分挖除，挖除厚度也是根据周围土层性质而定，一般为0.6 m左右，然后回填与周围土层性质近似的软垫层，使地基沉降均匀。

（4）局部软土的处理。由于地层差异或含水量变化，造成局部软弱的基槽也比较常见，可根据具体情况将软弱土层全部或部分挖除，然后分层回填与周围土层性质相近的材料，若局部换土有困难时也可采用桩基础进行处理。如邯郸某矿区电厂化学水处理室，钎探后发现1.8 m软土层，东部钎探总数120击左右，中部230击左右，西部340击左右，地基土严重不均。经与设计部门研究，采用不同置换率的夯实水泥土桩进行处理，置换率为东部4%、中部6%、西部8%。

（5）人防通道的处理。在条件允许破坏而且工程量又不大的情况下，应挖除松土回填好土夯实，或用人工墩基或钻孔灌注桩穿过。若不允许破坏，则采用双墩（桩）承担横梁跨越通道，有时还需加固人防通道。若通道位置处于建筑物边缘，可采用局部加强的悬挑地基梁避开。

（6）管道的处理。如在槽底以上设有下水管道，应采取防止漏水的措施，以免漏水浸湿地基造成不均匀沉降。当地基为素填土或有湿陷性的土层时，尤其应注意。如管道位于槽底以下时，最好拆迁改道。如改道确有困难时，则应采取必要的防护措施，避免管道被基础压坏。此外，在管道穿过基础或基础墙时，必须在基础或基础墙上管道的周围特别是上部，留出足够的空间，使建筑物沉降后不致引起管道的变形或损坏，以免造成漏水，渗入地基引起后患。

▶▶ 任务实施

题目一　工程地质勘察报告的阅读

1. 目的与意义

工程地质勘察是岩土工程的基础工作，也是建筑工程的重要工作之一，与建（构）筑物的安全和正常使用有着密切的关系。通过阅读训练和结合本工程实际情况进行分析，加深理解，培养工程地质勘察报告的阅读和使用的职业能力。

2. 内容与要求

在教师或工程技术人员的指导下，了解该房屋建筑的工程特点及场地特征，了解工程地质勘察的主要内容和工作，土层分布和土层描述的内容；能看懂附图、附表等附件，理解报告中分析评价和结论建议，并结合本工程基础类型、地基处理方法、基坑开挖与支护方案等方面进行分析，初步学会工程地质勘察报告的使用。

题目二　基槽检验

1. 目的与意义

验槽是建筑工程隐蔽验收的重要内容之一，规范规定"所有建（构）筑物均应进行施工验槽"，这是强制性条文，必须执行。通过验槽实训，熟悉验槽的人员组成、程序、目的、内容和方法，是理论联系实际，培养现场施工技术与管理职业能力的有效途径。

2. 内容与要求

在教师或工程技术人员的指导下，选择有代表性的已开挖，并钎探、清理完毕的基坑进行现场验槽。核对基坑（槽）的平面位置、尺寸、坑底标高，检验土质和地下水情况是否与勘察报告相一致，分析钎探记录，选择地基局部处理方案和扰动土的处理措施，判定地基是否满足基础施工要求，并填写基坑（槽）隐蔽验收记录，办理相关验收手续。

若条件允许可与工程地质勘察报告的阅读实训结合起来进行。

📖 项目小结

工程地质勘察的目的是使用各种勘察手段和方法，调查研究和分析评价建筑场地和地基的工程地质条件，为设计和施工提供所需的工程地基资料。本项目主要介绍了工程地质勘察的目的、分级、方法及工程地基勘察报告分析等。

思考与练习

1. 工程地质勘察的目的和主要内容是什么？
2. 工程地质勘察分为哪几个阶段？
3. 工程地质勘察中常用的勘探方法有哪些？
4. 工程地质勘察报告主要包括哪些内容？
5. 阅读和应用勘察报告的重点是什么？
6. 验槽的目的和主要内容是什么？
7. 勘探点的布置原则是什么？

项目 7　天然地基上浅基础设计

⚡ **教学目标**

知识目标

1. 了解筏形基础、箱形基础的构造及设计计算方法。

2. 熟悉地基基础设计的基本规定和各种类型的浅基础、基础埋置深度确定所需要考虑的各方面条件。

3. 掌握地基承载力和基础尺寸的确定、地基的验算方法、扩展基础和柱下条形基础的设计方法。

能力目标

1. 根据地基复杂程度、建筑物规模和功能特征能进行地基基础设计等级的确定。

2. 根据工程实际情况能进行浅基础类型的分类。

3. 根据工程各方面因素选择合适的基础埋置深度。

4. 根据荷载试验或其他原位测试、公式计算，并结合工程实践经验等方法综合确定地基承载力。

5. 能进行轴心荷载作用下基础底面尺寸的确定；能进行偏心荷载作用下基础底面尺寸的确定。

6. 在确定底面埋深及尺寸之后能进行相应的地基稳定性、变形、土坡稳定性、软弱下卧层承载力等验算。

7. 工程上能采取构造措施保证无筋扩展基础内产生的拉应力和剪应力不超过基础材料本身的抗拉、抗剪强度设计值。

8. 根据结构荷载、地基承载力等条件能进行扩展基础与柱下条形基础设计。

素养目标

1. 作风端正、忠诚廉洁、勇于承担责任、善于接纳、宽容、细致、耐心，具有合作精神。

2. 具有较强的决策能力、组织能力、指挥能力和应变能力。

▶▶▶ **素养课堂**

基础是建筑物埋在地面以下的承重构件，是建筑物的重要组成部分，它的作用是承受建筑物传下来的全部荷载，并将这些荷载连同自重传给下面的土层。俗话说得好，基础不牢固，地动山摇。就如作为一名学生青年的价值观是人生第一粒扣子一样，保持一个良好的青年价值观，对于一个人的影响是很大的。价值观是基于人的一定的思维感官之上而作出的认知、理解、判断或抉择，也就是人认定事物、辨定是非的一种思维或取向，从而体现出人、事、物一定的价值或作用。在青年时期就确立积极向上、责任感强烈、有理想、有担当的正确人生观和价值观，才能抵制外界不良影响，国家才有前途，民族才有希望。

》》项目导入

某九层框架建筑物，建成不久后即发现墙身开裂，建筑物沉降最大达 58 cm，沉降中间大，两端小，产生这一问题的原因是什么？如何处理？

进一步了解发现，该建筑物是一箱基基础上的框架结构，原场地中有厚达 9.5~18.4 m 的软土层，软土层表面为 3~8 m 的细砂层。设计者在细砂层面上回填砂石碾压密实，然后把碾压层作为箱基的持力层。在开始基础施工到装饰竣工完成的一年半中，基础最大沉降达 58 cm，由于沉降差较大，造成了上部结构产生裂缝。

该工程必须对地基进行加固处理，加固采用静压预制混凝土桩方案。但设计时要考虑桩土的共同作用，同时充分考虑目前地基已承担了部分荷载，加固桩只需承担部分荷载即可，而不必设计成由加固桩承担全部荷载，从而达到节省的目的。

7.1　地基基础设计的基本规定

7.1.1　地基基础设计等级

《建筑地基基础设计规范》(GB 50007—2011)根据地基复杂程度、建筑物规模和功能特征，以及由于地基问题可能造成建筑物破坏或影响正常使用的程度，将地基基础设计划分为三个设计等级，设计时应根据具体情况，按表 7-1 选用。

表 7-1　地基基础设计等级

设计等级	建筑和地基类型
甲级	重要的工业与民用建筑物； 30 层以上的高层建筑； 体型复杂，层数相差超过 10 层的高低层连成一体的建筑物； 大面积的多层地下建筑物(如地下车库、商场、运动场等)； 对地基变形有特殊要求的建筑物； 复杂地质条件下的坡上建筑物(包括高边坡)； 对原有工程影响较大的新建建筑物； 场地和地基条件复杂的一般建筑物； 位于复杂地质条件及软土地区的二层及二层以上地下室的基坑工程； 开挖深度大于 15 m 的基坑工程； 周边环境条件复杂、环境保护要求高的基坑工程
乙级	除甲级、丙级以外的工业与民用建筑物
丙级	场地和地基条件简单、荷载分布均匀的七层及七层以下民用建筑及一般工业建筑物；次要的轻型建筑物。 非软土地区且场地地质条件简单、基坑周边环境条件简单、环境保护要求不高且开挖深度小于 5.0 m 的基坑工程

地基有天然地基和人工地基之分。天然土层或岩层作为建筑物地基时称为天然地基；经过人工加固处理的土层作为地基时称为人工地基。基础通常分为浅基础和深基础。天然地基浅基础是埋入地层深度较浅，一般埋深小于 5 m，施工一般采用敞开挖基坑修筑的基础。浅基础由于埋深浅，结构形式简单，施工方法简便，工期较短、造价也较低，因此，在保证建筑物安全可靠的条件下，应优先选用天然地基上浅基础的设计方案。

7.1.2 对地基计算的要求

根据建筑物地基基础设计等级及长期荷载作用下地基变形对上部结构的影响程度，地基基础设计应符合下列规定：

(1)所有建筑物的地基计算均应满足承载力计算的有关规定。

(2)设计等级为甲级、乙级的建筑物，均应按地基变形设计。

(3)设计等级为丙级的建筑物有下列情况之一时应进行变形验算。

1)地基承载力标准值小于 130 kPa 且体型复杂的建筑；

2)在基础上及其附近有地面堆载或相邻基础荷载差异较大，可能引起地基产生过大的不均匀沉降时；

3)软弱地基上的建筑物存在偏心荷载时；

4)相邻建筑如距离过近，可能发生倾斜时；

5)地基内有厚度较大或厚薄不均的填土，其自重固结未完成时。

(4)对经常受水平荷载作用的高层建筑、高耸结构和挡土墙，以及建造在斜坡上的建筑物和构筑物，尚应验算其稳定性。

(5)基坑工程应进行稳定验算。

(6)建筑地下室或地下构筑物存在上浮问题时，尚应进行抗浮验算。

(7)表 7-2 所列范围内设计等级为丙级的建筑物可不进行变形验算，如有下列情况之一时，仍应进行变形验算。

表 7-2　可不进行地基变形计算设计等级为丙级的建筑物范围

地基主要受力层情况	地基承载力特征值 f_{ak}/kPa		$80{\leqslant}f_{ak}$ <100	$100{\leqslant}f_{ak}$ <130	$130{\leqslant}f_{ak}$ <160	$160{\leqslant}f_{ak}$ <200	$200{\leqslant}f_{ak}$ <300
	各土层坡度/%		${\leqslant}5$	${\leqslant}10$	${\leqslant}10$	${\leqslant}10$	${\leqslant}10$
建筑类型	砌体承重结构、框架结构(层数)		${\leqslant}5$	${\leqslant}5$	${\leqslant}6$	${\leqslant}6$	${\leqslant}7$
	单层排架结构(6 m柱距)	单跨 起重机额定起重量/t	10~15	15~20	20~30	30~50	50~100
		单跨 厂房跨度/m	${\leqslant}18$	${\leqslant}24$	${\leqslant}30$	${\leqslant}30$	${\leqslant}30$
		多跨 起重机额定起重量/t	5~10	10~15	15~20	20~30	30~75
		多跨 厂房跨度/m	${\leqslant}18$	${\leqslant}24$	${\leqslant}30$	${\leqslant}30$	${\leqslant}30$
	烟囱	高度/m	${\leqslant}40$	${\leqslant}50$	${\leqslant}75$	${\leqslant}100$	
	水塔	高度/m	${\leqslant}20$	${\leqslant}30$	${\leqslant}30$	${\leqslant}30$	
		容积/m³	50~100	100~200	200~300	300~500	500~1000

地基主要 受力层情况	地基承载力特征值 f_{ak}/kPa	$80{\leqslant}f_{ak}$ <100	$100{\leqslant}f_{ak}$ <130	$130{\leqslant}f_{ak}$ <160	$160{\leqslant}f_{ak}$ <200	$200{\leqslant}f_{ak}$ <300
	各土层坡度/‰	${\leqslant}5$	${\leqslant}10$	${\leqslant}10$	${\leqslant}10$	${\leqslant}10$

注：1. 地基主要受力层是指条形基础底面下深度为 $3b$（b 为基础底面宽度），独立基础下为 $1.5b$，且厚度均不小于 5 m（二层以下一般的民用建筑除外）；

2. 地基主要受力层中如有承载力标准值小于 130 kPa 的土层，表中砌体承重结构的设计，应符合相应规范的有关要求；

3. 表中砌体承重结构和框架结构均指民用建筑，对于工业建筑可按厂房高度、荷载情况折合成与其相当的民用建筑层数；

4. 表中起重机额定起重量、烟囱高度和水塔容积的数值是指最大值。

7.1.3　关于作用效应和抗力限值的规定

地基基础设计时，所采用的作用效应与相应的抗力限值应符合下列规定：

(1)按地基承载力确定基础底面积及埋深或按单桩承载力确定桩数时，传至基础或承台底面上的作用效应应按正常使用极限状态下作用的标准组合。相应的抗力应采用地基承载力特征值或单桩承载力特征值。

(2)计算地基变形时，传至基础底面上的作用效应应按正常使用极限状态下作用的准永久组合，不应计入风荷载和地震作用。相应的限值应为地基变形允许值。

(3)计算挡土墙、地基或边坡稳定以及基础抗浮稳定时，作用效应应按承载能力极限状态下作用的基本组合，但其分项系数均为 1.0。

(4)在确定基础或桩基承台高度、支挡结构截面、计算基础或支挡结构内力、确定配筋和验算材料强度时，上部结构传来的作用效应和相应的基底反力、挡土墙土压力以及滑坡推力，应按承载能力极限状态下作用的基本组合，采用相应的分项系数。当需要验算基础裂缝宽度时，应按正常使用极限状态作用的标准组合。

(5)对由永久作用控制的基本组合，也可采用简化规则，基本组合的效应设计值（S_d）可按下式确定：

$$S_d = 1.35 S_k \tag{7-1}$$

式中　S_k——标准组合的作用效应设计值。

(6)基础设计安全等级、结构设计使用年限、结构重要性系数应按有关规范的规定采用，但结构重要性系数（γ_0）不应小于 1.0。

7.2　　浅基础的类型

浅基础按结构形式及组成材料可分为无筋扩展基础、扩展基础、联合基础、柱下条形基础、筏形基础、箱形基础、壳体基础等。

视频：浅基础的类型

7.2.1 无筋(刚性)扩展基础

无筋扩展基础是指由砖、石料、混凝土或毛(片)石混凝土、灰土和三合土等材料组成的墙下条形基础或柱下独立基础。无筋扩展基础的特点：材料具有较好的抗压性能，稳定性好、施工简便、能承受较大的荷载，只需地基承载力能满足要求即可，适用多层民用建筑和轻型厂房。当基础较厚时，可在纵横两个剖面上都做成台阶形，以减小基础自重，节省材料。用于砌体承重房屋的砖基础有二皮一收砌法和二一间隔收砌法两种，如图 7-1 所示。在基底宽度相同的情况下，二一间隔收砌法可减小基础高度，并节省用砖量。

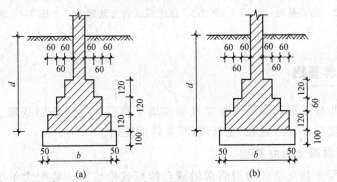

图 7-1 砖基础

(a)二皮一收砌法；(b)二一间隔收砌法

石料基础是用粗料石、片石或毛石和砂浆砌筑而成，如图 7-2 所示。其优点是能就地取材，缺点是施工劳动强度大。毛石基础一般仅用于层数不多的民用建筑或砌体承重厂房。粗料石多用作桥梁墩台、涵洞及挡墙等基础，要求石料外形大致方整，厚度为 20～30 cm，宽度和长度分别为厚度的 1.0～1.5 倍和 2.5～4.0 倍，石料强度等级不应小于 MU25，一般采用 M5.0 水泥砂浆错缝砌筑。片石常用于小桥涵基础，石料厚度不小于 15 cm，强度等级不小于 MU25，一般采用 M5.0 或 M2.5 水泥砂浆砌筑。

灰土基础是用石灰和黏性土混合材料铺设、压密而成。其体积比常用 3∶7 或 2∶8 的比例配制，经加入适量水拌匀，分层压实。每层虚铺 220～250 mm，压实至 150 mm，俗称一步，多用于我国华北和西北地区不超过五层的民用建筑。三合土基础是用石灰、砂、碎砖或碎石三合一材料铺设、压密而成，其体积比一般按 1∶2∶4 或 1∶3∶6 配制，经加入适量水拌和后，均匀铺入基槽，每层虚铺 200 mm，再压实至 150 mm，常用于我国南方地区不超过四层的民用建筑。灰土或三合土铺至一定高度后再在其上砌砖大放脚，如图 7-3 所示。

混凝土和毛(片)石混凝土基础的强度、耐久性与抗冻性都优于砖石基础，因此，当荷载较大或位于地下水位以下时，可考虑选用混凝土基础，如图 7-4 所示。混凝土基础水泥用量大，造价稍高，当基础体积较大时，可设计成毛(片)石混凝土基础。毛(片)石混凝土基础是在浇灌混凝土过程中，掺入不多于基础体积 25% 的毛(片)石，以节约水泥用量。

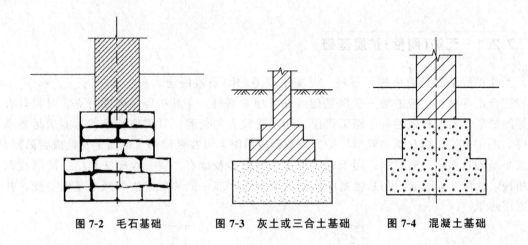

图 7-2　毛石基础　　　　　图 7-3　灰土或三合土基础　　　　图 7-4　混凝土基础

7.2.2　扩展基础

扩展基础是指柱下钢筋混凝土独立基础和墙下钢筋混凝土条形基础。与无筋扩展基础相比，其基础高度较小，适宜在"宽基浅埋"条件下使用。

1. 柱下钢筋混凝土独立基础

柱下钢筋混凝土独立基础的剖面常做成台阶形或锥坡形，装配式单层工业厂房的预制柱下独立基础一般做成杯口形，如图 7-5 所示。

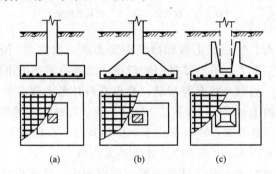

图 7-5　柱下钢筋混凝土独立基础
（a）台阶形；（b）锥坡形；（c）杯口形

2. 墙下钢筋混凝土条形基础

墙下钢筋混凝土条形基础多用于地质条件较差的多层建筑物，其截面形式可做成无肋式或有肋式两种，如图 7-6 所示。其中，有肋式用于地基不均匀情况，以承受由不均匀沉降引起的弯曲应力，增强基础的整体性和刚度。

🧑 **特别提醒**

柱下钢筋混凝土独立基础和墙下钢筋混凝土条形基础整体性好，抗弯强度大，特别适用于"宽基浅埋"的情况，故在基础设计中经常采用。

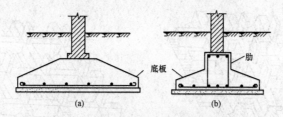

图 7-6 墙下钢筋混凝土条形基础

(a)无肋式；(b)有肋式

7.2.3 联合基础

联合基础主要指同列相邻两柱公共的钢筋混凝土基础，即双柱联合基础，其典型形式如图 7-7 所示。通常，在为相邻两柱分别配置独立基础时，常因其中一柱靠近建筑界线或因两柱间距较小，而出现基底面积不足或荷载偏心过大等情况，此时可考虑采用联合基础。联合基础也可用于调整相邻两柱的沉降差，或防止两者之间的相向倾斜等。

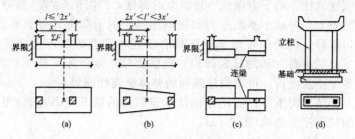

图 7-7 双柱联合基础

(a)矩形联合基础；(b)梯形联合基础；(c)联梁式联合基础；(d)桥梁联合基础

7.2.4 柱下条形基础

柱下条形基础是指布置成单向或双向的钢筋混凝土条状基础，它由肋梁及横向外伸的翼板组成，断面呈倒 T 形。柱下条形基础与上部各榀框架连成一整体，如图 7-8 所示，各框架支承在 JL_1、JL_2、JL_3 三根条形基础上，同时横向通常用 JL_3 联系起来。当 JL_3 为截面尺寸与 JL_1、JL_2 相差不大的倒 T 形梁，且每榀框架都有设置时，基础变成双向条形基础，工程上称为交叉条形基础[图 7-9(a)]；当 JL_2 和 JL_3 为截面尺寸与 JL_1、JL_2 相差较大的矩形梁，且不一定每榀框架都有设置时，JL_3 只起联系和增强基础整体刚度的作用，这时 JL_1、JL_2 便是单向条形基础，工程上称为联梁式条形基础[图 7-9(b)]。

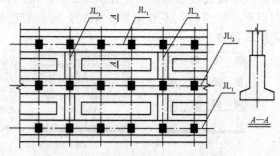

图 7-8 柱下条形基础平面及剖面图

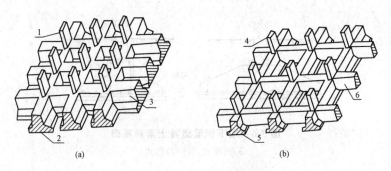

图 7-9　柱下条形基础轴测图

(a)交叉条形基础；(b)联梁式条形基础

1，4—柱；2—横向条形基础；3—纵向条形基础；5—条形基础；6—联梁

7.2.5　筏形基础

当柱下交叉条形基础底面积占建筑物平面面积的比例较大，或者建筑物在使用上有要求时，可以在建筑物的柱、墙下方做成一块满堂的基础，即筏形(片筏)基础。

筏形基础底面积大，可减小基底压力和提高地基土的承载力，并能有效增强基础的整体性，调整不均匀沉降。此外，筏形基础还具有前述各类基础所不完全具备的良好功能，例如：能跨越地下浅层小洞穴和局部软弱层；提供比较宽敞的地下使用空间；可作为地下室、水池、油库等的防渗底板；可增强建筑物的整体抗震性能等。

按所支承的上部结构类型分，有用于砌体承重结构的墙下筏形基础(图 7-10)和用于框架、剪力墙结构的柱下筏形基础(图 7-11)。

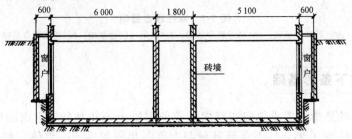

图 7-10　墙下筏形基础

柱下筏形基础分为平板式和梁板式两种类型。平板式筏形基础[图 7-11(a)]施工方便、建造快，但混凝土用量大。当柱荷载较大时，为防止基础发生冲切破坏，可将柱位下板厚局部加大或设柱墩[图 7-11(b)]。若柱距较大，为了减小板厚，可在柱轴两个方向设置肋梁，形成梁板式筏形基础。梁板式筏形基础有上梁式[图 7-11(c)]和下梁式[图 7-11(d)]两种。当对地下空间的利用要求较高时，不宜采用上梁式，而在较松散的无黏性土或软弱的黏性土土层中则不宜采用下梁式。

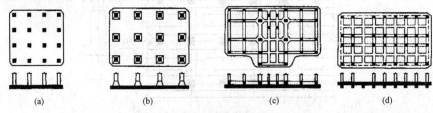

图 7-11　柱下筏形基础

7.2.6 箱形基础

箱形基础是由钢筋混凝土的底板、顶板、外墙及纵横内隔墙组成的整体空间结构，如同一个刚度极大的箱子，故称为箱形基础(图 7-12)。根据建筑物高度对地基稳定性的要求和使用功能的需要，箱形基础可为一层或多层。与筏形基础相比，箱形基础具有更大的抗弯刚度和更好的抗震性能，只能产生大致均匀的沉降或整体倾斜，从而基本上消除了因地基变形而使建筑物开裂的可能性，因此适用软弱地基上的高层、重型或对不均匀沉降有严格要求的建筑物。

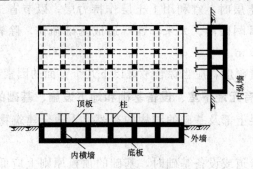

图 7-12 箱形基础

7.2.7 壳体基础

常见的壳体基础形式有三种，即正圆锥壳、M 形组合壳和内球外锥组合壳，如图 7-13 所示。壳体基础使原属梁板基础内力由弯矩为主转化为轴力为主，充分发挥混凝土抗压强度高的特性，通常可以节省混凝土用量 30%～50%，节约钢筋 30%以上，适宜用作荷载较大的柱基础和筒形构筑物，如烟囱、水塔、料仓、中小型高炉等的基础。

壳体基础施工时一般不必支模，土方挖运量较少，材料省、造价低，但较难实行机械化施工，施工工期长，同时由于结构复杂，技术要求高，实际工程应用不多。

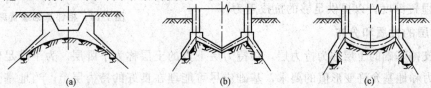

图 7-13 壳体基础

(a)正圆锥壳；(b)M 形组合壳；(c)内球外锥组合壳

7.3　基础埋置深度的确定

基础埋置深度是指基础底面至地面(一般指室外地面)的距离。基础埋置深度的选择关系到地基基础的施工的难易和造价的高低。所以，在保证建筑物基础安全稳定、变形要求的前提下，基础尽量浅埋，当上土层地基的承载力大于下土层时，宜利用上土层作持力层，以节省工程量并便于施工。为了防止日晒雨淋、人来车往等造成基础损伤，除岩石地基外，基础至少埋深 0.5 m。

视频：基础
埋置深度的确定

如何确定基础的埋置深度，应当综合考虑以下几个方面的因素。

1. 建筑物的用途、有无地下室、设备基础和地下设施、基础的形式和构造的影响

基础的埋深，应满足上部及基础的结构构造要求，适合建筑物的具体安排情况和荷载的性质、大小。

当有地下室、地下管道或设备基础时，基础的顶板原则上应低于这些设施的底面。否则应采取有效措施，消除基础对地下设施的不利影响。

为了保护基础不受人类活动和生物活动的影响，基础应埋置在地表以下，其最小埋置深度为 0.5 m，且基础顶面至少应低于设计地面 0.1 m，以便于建筑物周围排水的布置。

2. 相邻建筑物基础埋置深度的影响

靠近原有建筑物修建新基础时，如基坑深度超过原有基础的埋置深度，则可能引起原有基础下沉或倾斜。因此，新建建筑物的基础埋置深度不宜大于原有建筑基础。当埋置深度大于原有建筑基础时，两基础间应保持一定净距 L，其数值应根据建筑荷载大小、基础形式和土质情况确定。通常，L 值不宜小于两基础底面高差 ΔH 的 $1 \sim 2$ 倍(土质好时可取低值)，如图 7-14 所示。如不能满足要求，则在基础施工期间应采取有效措施以保证邻近原有建筑物的安全，例如：新建条形基础分段开挖修筑；基坑壁设临时加固支撑；事先打入板桩或设置其他挡土结构；对原有建筑物地基进行加固等。

3. 作用在地基上的荷载大小和性质

选择基础埋置深度时必须考虑荷载的性质和大小。一般荷载大的基础，其尺寸需要大些，同时也需要适当增加埋置深度。长期作用有较大水平荷载和位于坡顶、坡面的基础应有一定的埋置深度，以确保基础具有足够的稳定性。承受上拔力的基础，如输电塔基础，也要求有一定的埋置深度，以提供足够的抗拔阻力。

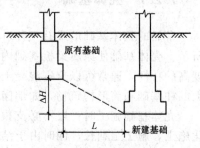

图 7-14　相邻基础埋置深度

4. 土层的性质和分布

直接支撑基础的土层称为持力层，在持力层下方的土层称为下卧层。为了满足建筑物对地基承载力和地基允许变形值的要求，基础应尽可能埋在良好的持力层上。当地基受力层或沉降计算深度范围内存在软弱下卧层时，软弱下卧层的承载力和地基变形也应满足要求。

在工程地质勘察报告中，已经说明拟建场地的地层分布、各土层的物理力学性质和地基承载力，这些资料给基础埋置深度和持力层的选择提供了依据。把处于坚硬、硬塑，或可塑状态的黏性土层，密实或中密状态的砂土层和碎石土层以及属于低、中压缩性的其他土层视为良好土层；而把处于软塑、流塑状态的黏性土层，处于松软状态的砂土层、填土和其他高压缩性土层视为软弱土层。良好土层的承载力高或较高；软弱土层的承载力低。按照压缩性和承载力的高低，对拟建厂区的土层，可自上而下选择合适的地基承载力和基础埋置深度。在选择中，大致可遇到如下几种情况：

(1)在建筑物影响范围内，自上而下都是良好土层，那么基础埋置深度按其他条件或最小埋置深度确定。

(2)自上而下都是软弱土层，基础难以找到良好的持力层，这是宜考虑采用人工地基或深基础等方案。

(3)上部为软弱土层而下部为良好土层。这时，持力层的选择取决于上部软弱土层的厚度。一般来说，软弱土层厚度小于 2 m 者，应选取下部良好的土层作为持力层；软弱土层厚度较大时，宜考虑采用人工地基或深基础等方案。

(4)上部为良好土层而下部为软弱土层。此时基础应尽量浅埋。例如，我国沿海地区，地表普遍存在一层厚度为 2~3 m 的所谓"硬壳层"，硬壳层以下为较厚的软弱土层。对一般中小型建筑物来说，硬壳层属于良好的持力层，应当充分利用。这时最好采用钢筋混凝土基础，并尽量按基础最小埋置深度考虑，即采用"宽基浅埋"的方案。同时，在确定基础底面尺寸时，应对地基受力范围内的软弱下卧层进行验算。

应当指出，上面所划分的良好土层和软弱土层，只是相对于一般中小型建筑而言。对于高层建筑来说，上述所指的良好土层，很可能还不符合要求。

5. 地下水条件

有地下水存在时，基础应尽量埋置于地下水位以上，以避免地下水位对基坑开挖、基础施工和使用期间的影响。如果基础埋置深度低于地下水位，则应考虑施工期间的基坑降水，坑壁支撑以及是否可能产生流沙、涌土等问题。对于具有侵蚀性的地下水应采用抗侵蚀的水泥品种和相应的措施。对于有地下室的厂房、民用建筑和地下贮罐，设计时还应考虑地下水的浮力和静水压力的作用以及地下结构抗渗漏的问题。

当持力层为隔水层而其下方存在承压水时，为了避免开挖基坑时隔水层被承压水冲破，坑底隔水层应有一定的厚度。这时，基坑隔水层的重力应大于其下面承压水的压力。

6. 地基土冻胀和融陷的影响

地面以下一定深度的地层温度，随大气温度而变化。当地层温度降至摄氏零度以下时，土中部分孔隙水将冻结而形成冻土。季节性冻土在冬季冻结而在夏季融化，每年冻融交替一次。多年冻土则不论冬夏，常年均处于冻结状态，且冻结连续三年或三年以上，我国东北、华北和西北地区的季节性冻土厚度在 0.5 m 以上，最大可达 3 m 左右，

如果季节性冻土由细粒土组成，且土中含水率高而地下水位又较高，那么不但冻结深度内的土中水被冻结形成冰晶体，而且未冻结区的自由水和部分结合水将不断进行冻结区迁移、聚集，使冰晶体逐渐扩大，引起土体发生膨胀和隆起，形成冻胀现象。到了夏季，地温升高，土体解冻，造成含水率增加，这使土处于饱和及软化状态，强度降低，建筑物下陷。这种现象称为融陷。位于冻胀区内的基础，在土体冻结时，受到冻胀力的作用而上

抬。融陷和上台往往是不均匀的，其致使建筑物墙体产生方向相反、互相交叉的斜裂缝，或使轻型建筑物逐年上抬。

土的冻结不一定产生冻胀，即使产生冻胀，其程度也有所不同。对于结合水含量极少的粗粒土，不存在冻胀问题。某些粉砂、粉土和黏性土的冻胀性，则与冻结以前的含水率有关。另外，冻胀程度还与地下水位有关。

知识拓展：地基
防冻害措施

7.4　地基承载力的确定

在保证地基稳定的前提下，使建筑物的沉降变形不超过允许值的地基承载力称为地基承载力特征值。地基承载力特征值可由荷载试验或其他原位测试、公式计算，并结合工程实践经验等方法综合确定。此外，我国各地区规范还给出了按野外鉴别结果、室内物理力学指标，或现场动力触探锤击数与地基承载力特征值的关系表格，可直接供设计采用。

视频：地基
承载力的确定

以下介绍按荷载试验和用公式计算确定地基承载力的两种方法。

7.4.1　按荷载试验确定

荷载试验主要有浅层平板荷载试验、深层平板荷载试验及岩基荷载试验，前两者适用于土层及破碎、极破碎的岩石地基，岩基荷载试验适用完整、较完整、较破碎的岩石地基，其试验要点见《建筑地基基础设计规范》(GB 50007—2011)。荷载试验都是按分级加荷，逐级稳定，直到破坏的试验步骤进行，最后得到 p-s 曲线。以平板荷载试验为例，p-s 曲线有两种类型，对于密实砂土、硬塑黏土等低压缩性土，其 p-s 曲线通常有比较明显的起始直线段和极限值，曲线呈急进破坏的"陡降型"，如图 7-15(a)所示；对于松砂、填土、可塑黏土等中、高压缩性土，其 p-s 曲线往往无明显的转折点，曲线呈渐进破坏的"缓变型"，如图 7-15（b)所示。

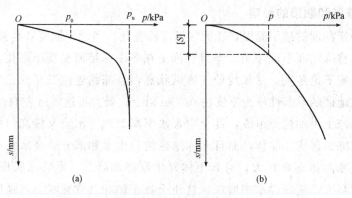

图 7-15　静荷载试验曲线
（a)陡降型曲线；(b)缓变型曲线

根据 $p\text{-}s$ 曲线，确定承载力特征值 f_{ak} 的规定如下：

（1）对陡降型曲线，取比例界限荷载 p_0 作为地基承载力特征值 f_{ak}。

（2）对陡降型曲线，当极限荷载 p_u 小于比例界限荷载 p_0 的 2 倍时，取极限荷载 p_u 的一半作为地基承载力特征值 f_{ak}。

（3）对缓变型曲线，按限制沉降量 $[S]$ 取值。当承压板面积为 $0.25\sim0.5\text{m}^2$ 时，可采用 $[S]=(0.01\sim0.015)b$ [b 为承压板的宽度或直径（mm）] 所对应的荷载值作为地基承载力特征值 f_{ak}，但其值不应大于最大加载量的一半

（4）同一土层参加统计的试验点不应少于 3 点，当各点特征值（试验实测值）的极差不超过其平均值的 30% 时，取其平均值作为该土层的地基承载力特征值 f_{ak}。

当基础宽度大于 3 m 或埋置深度大于 0.5 m 时，从荷载试验等方法确定的地基承载力特征值 f_{ak}，尚应按下式进行修正：

$$f_a = f_{ak} + \eta_b \gamma (b-3) + \eta_d \gamma_m (d-0.5) \tag{7-2}$$

式中　f_a——修正后的地基承载力特征值（kPa）。

　　　f_{ak}——地基承载力特征值（kPa）。

　　　η_b、η_d——基础宽度和埋深的地基承载力修正系数，按基底下土的类别查表 7-3。

　　　γ——基础底面以下土的重度（kN/m³），地下水位以下取有效重度。

　　　b——基础底面宽度（m），$b<3$ m 按 3 m 计，$b>6$ m 按 6 m 计。

　　　γ_m——基础底面以上土的加权平均重度（kN/m³），地下水位以下取有效重度。

　　　d——基础埋置深度（m），宜自室外地面标高算起。在填方整平地区，可自填土地面标高算起，但填土在上部结构施工后完成时，应从天然地面标高算起。对于地下室，如采用整体的箱形基础或筏形基础，基础埋置深度自室外地面标高算起，当采用独立基础或条形基础时，应从室内地面标高算起。

表 7-3　承载力修正系数

土的类别		η_b	η_d
淤泥和淤泥质土		0	1.0
人工填土 e 或 I_L 大于等于 0.85 的黏性土		0	1.0
红黏土	含水比 $\alpha_w>0.8$	0	1.2
	含水比 $\alpha_w\leqslant0.8$	0.15	1.4
粉土	黏粒含量 $\rho_c\geqslant10\%$ 的粉土	0.3	1.5
	黏粒含量 $\rho_c<10\%$ 的粉土	0.5	2.0
e 或 I_L 均小于 0.85 的黏性土		0.3	1.6
粉砂、细砂（不包括很湿与饱和时的稍密状态）		2.0	3.0
中砂、粗砂、砾砂和碎石土		3.0	4.4

注：1. 强风化和全风化的岩石，可参照所风化成的相应土类取值，其他状态下的岩石不修正；

　　2. 地基承载力特征值按深层平板荷载试验确定时，η_d 取 0；

　　3. 含水比是指土的天然含水量与液限的比值；

　　4. 大面积压实填土是指填土范围大于 2 倍基础宽度的填土。

7.4.2 用公式计算确定

对土质地基，当基底偏心距 e 小于或等于 0.033 倍基础底面边长（$e \leqslant 0.033b$，b 为弯矩作用平面内基础底面边长）时，可根据土的抗剪强度指标按下式计算地基承载力特征值：

$$f_a = M_b \gamma b + M_d \gamma_m d + M_c c_k \tag{7-3}$$

式中　f_a——由土的抗剪强度指标确定的地基承载力特征值（kPa）；

M_b、M_d、M_c——承载力系数，由土的内摩擦角标准值 φ_k 查表 7-4 确定；

b——基础底面宽度（m），$b > 6$ m 按 6 m 计，对于砂土，$b < 3$ m 按 3 m 计；

c_k——基底下一倍短边宽度的深度范围内土的黏聚力标准值（kPa）。

表 7-4　承载力系数 M_b、M_d、M_c

土的内摩擦角标准值 $\varphi_k(°)$	M_b	M_d	M_c	土的内摩擦角标准值 $\varphi_k(°)$	M_b	M_d	M_c
0	0	1.00	3.14	8	0.14	1.55	3.93
2	0.03	1.12	3.32	10	0.18	1.73	4.17
4	0.06	1.25	3.51	12	0.23	1.94	4.42
6	0.10	1.39	3.71	14	0.29	2.17	4.69
16	0.36	2.43	5.00	30	1.90	5.59	7.95
18	0.43	2.72	5.31	32	2.60	6.35	8.55
20	0.51	3.06	5.66	34	3.40	7.21	9.22
22	0.61	3.44	6.04	36	4.20	8.25	9.97
24	0.80	3.87	6.45	38	5.00	9.44	10.80
26	1.10	4.37	6.90	40	5.80	10.84	11.73
28	1.40	4.93	7.40				

对完整、较完整和较破碎的岩石地基承载力特征值，可根据室内饱和单轴抗压强度按下式进行计算：

$$f_a = \psi_r \cdot f_{rk} \tag{7-4}$$

式中　f_a——岩石地基承载力特征值（kPa）。

f_{rk}——岩石饱和单轴抗压强度标准值（kPa），可按《建筑地基基础设计规范》（GB 50007—2011）确定。

ψ_r——折减系数。根据岩体完整程度以及结构面的间距、宽度、产状和组合，由地方经验确定。无经验时，对完整岩体可取 0.5；对较完整岩体可取 0.2~0.5；对较破碎岩体可取 0.1~0.2。

7.5 基础尺寸的确定

视频：基础
尺寸的确定

7.5.1 轴心受压基础

如图 7-16 所示，在轴心荷载 F_k、G_k 作用下，设基底压力 p_k 为均匀分布，则

$$p_k = \frac{F_k + G_k}{A} \tag{7-5}$$

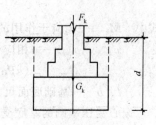

式中　p_k——相应于作用的标准组合时，基础底面处的平均压力值（kPa）；

F_k——相应于作用的标准组合时，上部结构传至基础顶面的竖向力值（kN）；

G_k——基础及其上方回填土的重力标准值（kN）；$G_k = \gamma_G A d$，γ_G 为基础及上方回填土的平均重度，一般地下水位以上取 20 kN/m³，地下水位以下取 10 kN/m³；d 为基础的平均埋深（m）；

A——基础底面积（m²）。

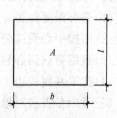

根据地基承载力要求，p_k 应小于或等于修正后的地基承载力特征值 f_a，即

$$p_k \leqslant f_a \tag{7-6}$$

图 7-16　轴心受压基础

将式（7-5）及 $G_k = \gamma_G A d$ 代入上式，即可得到

$$A \geqslant \frac{F_k}{f_a - \gamma_G d} \tag{7-7}$$

对于方形基础，基础边长 $b = l$，满足

$$b \geqslant \sqrt{\frac{F_k}{f_a - \gamma_G d}} \tag{7-8}$$

对于矩形基础，在求出 A 之后，一般按 $l/b \leqslant 1.2$ 来确定 l、b。最后确定的基底尺寸 l、b 均应为 100 mm 的倍数。

对于墙下条形基础，沿基础长度方向，取 $l = 1$ m 作为计算单元，则基础宽度 b 为

$$b \geqslant \frac{F_k}{f_a - \gamma_G d} \tag{7-9}$$

式中，F_k 为基础长度方向 1 m 范围内，相应于作用的标准组合时，上部结构传至基础顶面的竖向力值（kN/m）。

【小提示】　在条形基础相交处，不应重复计入基础面积。

7.5.2 偏心受压基础

如图 7-17 所示，在轴心荷载 F_k、G_k 和单向弯矩 M_k 的共同作用下，设基底压力 p_k 呈线性分布，在满足 $p_{kmin} > 0$ 条件下，基底压力为梯形分布，则基底边缘最大压力 p_{kmax}、最小压力 p_{kmin} 为

$$\left.\begin{array}{l} p_{kmax} \\ p_{kmin} \end{array}\right\} = \frac{F_k + G_k}{A} \pm \frac{m_k}{W} \tag{7-10}$$

对于矩形基础，基础底面抵抗矩 $W = bl^2/6$，竖向合力偏心距 $e = M_k/(F_k + G_k)$，则

$$\left.\begin{array}{l} p_{kmax} \\ p_{kmin} \end{array}\right\} = \frac{F_k + G_k}{A}\left(1 \pm \frac{6e}{l}\right) \tag{7-11}$$

式中　M_k——相应于作用的标准组合时，作用于基础底面的力矩值(kN·m)；

p_{kmax}、p_{kmin}——相应于作用的标准组合时，基础底面边缘的最大、最小压力值(kPa)；

l、b——基础底面尺寸(m)，其中 l 为偏心方向的边长，一般为长边。

偏心受压基础的基底受力除需要满足式(7-6)外，尚应符合下式规定：

$$p_{kmax} \leqslant 1.2 f_a \tag{7-12}$$

偏心受压基础的底面尺寸可通过试算来确定，具体步骤如下：

(1)进行深度修正，初步确定修正后的地基承载力特征值 f_a；

(2)先按中心受压公式(7-7)求基础底面积 A_0；

(3)根据荷载偏心的大小，将基底面积 A_0 增大 $10\% \sim 40\%$，即取 $A = (1.1 \sim 1.4)A_0$；

(4)选取基底长边 l 与短边 b 的比值 n(一般取 $n \leqslant 2$)，初步确定 l、b；

(5)考虑是否应对地基承载力特征值进行宽度修正，如需要，在承载力修正后，重复上述(2)~(4)的步骤，使所取宽度前后一致；

(6)计算偏心距 e 和基底最大压力 p_{kmax}，并验算是否满足 $e \leqslant l/6$ 和式(7-12)的要求；

(7)若 b、l 取值不适当(太大或太小)，可调整尺寸再行验算，如此反复一二次，便可定出合适的尺寸。

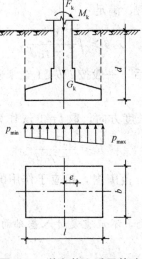

图 7-17　单向偏心受压基础

7.6 地基验算

7.6.1 地基持力层承载力验算

房屋基础按式(7-7)至式(7-12)所确定的底面尺寸,已满足地基持力层的承载力要求的可不必再验算。这里介绍桥墩(台)基础在拟定尺寸后必须进行的地基持力层承载力验算。

1. 基底只承受轴心荷载

基础在轴心荷载 N 作用下,假定基底压应力均布,如图 7-18(a)所示,应满足下列条件:

$$p = \frac{N}{A} \leqslant [f_a] \tag{7-13}$$

式中　p——基底平均压应力(kPa);

　　　N——正常使用极限状态相应的作用短期效应组合作用下在基底产生的竖向力(kN);

　　　A——基础底面面积(m^2);

　　　$[f_a]$——基底处持力层地基承载力容许值(kPa)。

2. 基底单向偏心受压

基础在竖向力 N 和弯矩 M 共同作用下,假定基底压应力线性分布,如图 7-18(b)、(c)所示,除应满足式(7-13)外,尚应符合下列条件:

$$p_{max} = \frac{N}{A} + \frac{M}{W} \leqslant \gamma_R [f_a] \tag{7-14}$$

$$p_{min} = \frac{N}{A} - \frac{M}{W} \geqslant 0 \tag{7-15}$$

式中　p_{max}、p_{min}——基底最大、最小压应力(kPa);

　　　M——作用于墩、台上各外力对基底形心轴之力矩(kN·m),$M = \sum H_i h_i + \sum P_i e_i = N \cdot e_0$,其中 H_i 为水平力,h_i 为水平作用点至基底的距离,P_i 为竖向力,e_i 为竖向力 P_i 作用点至基底形心的偏心距,e_0 为竖向合力 N 的偏心距;

　　　W——基底截面模量(m^3),对图 7-18 所示的矩形基础,$W = \frac{1}{6}ab^2 = \rho A$,其中 b 一般为顺桥向基底边长(偏心方向),a 为横桥向基底边长,ρ 为基底核心半径($\rho = b/6$);

　　　γ_R——地基承载力容许值抗力系数。

将 M、W 表达式代入式(7-14)、式(7-15),则可改写为

$$p_{max} = \frac{N}{A} + \frac{N \cdot e_0}{\rho A} = \frac{N}{A}\left(1 + \frac{e_0}{\rho}\right) \leqslant \gamma_R [f_a] \tag{7-16}$$

$$e_0 \leqslant \rho \tag{7-17}$$

当 $e_0 < \rho$ 时,$p_{min} > 0$,基底压应力分布图为梯形[图 7-18(b)];当 $e_0 = \rho$ 时,$p_{min} = 0$,基底压应力分布图为三角形[图 7-18(c)]。

当基础设置在基岩上时，若$e_0 > \rho$，即合力偏心距超过核心半径，按式(7-15)计算将得到$p_{min} < 0$，说明基底一侧出现了拉应力，但除非混凝土浇筑在岩石地基上，基底一般不能承受拉应力。为稳妥起见，可不考虑基底承受拉力，仅按受压区计算基底最大压应力。因此需考虑基底压力重分布，并假定全部荷载由受压区承担及基底应力仍按三角形分布[图7-18(d)]，则由静力平衡条件可得基底最大压应力p_{max}计算公式：

$$p_{max} = \frac{2N}{3a\left(\dfrac{b}{2} - e_0\right)} \tag{7-18}$$

对公路桥梁，通常基础横向长度比顺桥向宽度大得多，同时上部结构在横桥向布置常是对称的，故一般由顺桥向控制基底应力计算。但对通航河流或河流中有漂流物时，应计算船舶撞击力或漂流物撞击力在横桥向产生的基底应力，并与顺桥向基底应力比较，取其大者控制设计。

在曲线上的桥梁，除顺桥向引起的力矩M_x外，尚有离心力（横桥向水平力）在横桥向产生的力矩M_y；若桥面上活载考虑横向分布的偏心作用，则偏心竖向力对基底两个方向中心轴均有偏心距(图7-19)，并产生偏心距$M_x = N \cdot e_x$，$M_y = N \cdot e_y$。故对于曲线桥，除应满足式(7-15)外，尚应符合下列条件：

$$p_{max} = \frac{N}{A} + \frac{M_x}{W_x} + \frac{M_y}{W_y} \leqslant \gamma_R [f_a] \tag{7-19}$$

式中 M_x、M_y——外力对基底顺桥向中心轴和横桥向中心轴之力矩；

W_x、W_y——基底对x、y轴之截面模量。

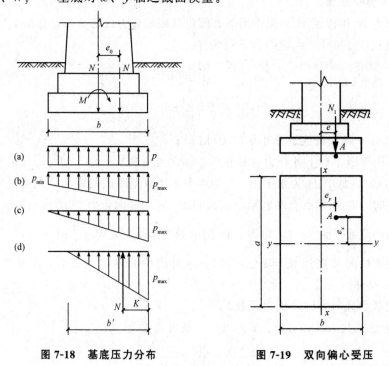

图 7-18 基底压力分布   图 7-19 双向偏心受压

对式(7-16)、式(7-19)中的N值及M(或M_x、M_y)值，应按能产生最大竖向力N_{max}时的最不利荷载组合与此相对应的M值，和能产生最大力矩M_{max}时的最不利荷载组合与此相对应的N值，分别进行基底应力计算，取其大者控制设计。

7.6.2 地基软弱下卧层承载力验算

当受压层范围内地基由多层土（主要是指地基承载力有差异而言）组成，且持力层以下有软弱下卧层（是指承载力显著小于持力层承载力的土层），这时还应验算软弱下卧层的承载力。验算要求是作用在软弱下卧层顶面处总的压应力（包括自重应力及附加应力）不超过其承载力，具体如下：

《建筑地基基础设计规范》（GB 50007—2011）的验算公式为

$$p_z + p_{cz} \leqslant f_{az} \tag{7-20}$$

式中　p_z——相应于作用的标准组合时，软弱下卧层顶面处的附加压力值（kPa）；

　　　p_{cz}——软弱下卧层顶面处土的自重压力值（kPa）；

　　　f_{az}——软弱下卧层顶面处经深度修正后的地基承载力特征值（kPa）。

上述 p_z 按简化方法计算：假设基底处的附加压力（$p_0 = p_k - p_c$）按扩散角 θ 向下扩散至软弱下卧层表面，根据扩散前后总附加压力相等的条件，求得 p_z 如下：

条形基础

$$p_z = \frac{b(p_k - p_c)}{b + 2z\tan\theta} \tag{7-21}$$

矩形基础

$$p_z = \frac{bl(p_k - p_c)}{(b + 2z\tan\theta)(l + 2z\tan\theta)} \tag{7-22}$$

式中　b——矩形基础或条形基础底边的宽度（m）；

　　　l——矩形基础底边的长度（m）；

　　　p_k——相应于作用的标准组合时的基底平均压力（kPa）；

　　　p_c——基础底面处土的自重应力（kPa）；

　　　z——基础底面至软弱下卧层顶面的距离（m）；

　　　θ——地基压力扩散线与垂直线的夹角（°），按表 7-5 采用。

表 7-5　地基压力扩散角 θ

E_{s1}/E_{s2}	z/b	
	0.25	0.50
3	6°	23°
5	10°	25°
10	20°	30°

注：1. E_{s1} 为上层土压缩模量；E_{s2} 为下层土压缩模量。

2. 当 z/b < 0.25 时，一般取 $\theta = 0°$，必要时宜由试验确定；当 z/b > 0.5 时，θ 值不变。

3. 当 z/b 在 0.25~0.50 之间时，可按线性内插法取值。

7.6.3 地基变形验算

地基变形验算的要求是地基变形计算值 Δ，不应大于地基变形允许值 $[\Delta]$，即

$$\Delta \leqslant [\Delta] \tag{7-23}$$

1. 房屋基础地基变形验算

房屋建筑的地基变形特征可分为沉降量、沉降差、倾斜、局部倾斜。在计算地基变形时，应符合下列规定：

(1)由建筑地基不均匀、荷载差异很大、体型复杂等因素引起的地基变形，对于砌体承重结构，应由局部倾斜值控制；对于框架结构和单层排架结构，应由相邻柱基的沉降差控制；对于多层或高层建筑和高耸结构，应由倾斜值控制；必要时尚应控制平均沉降量。建筑物的地基变形允许值应按表3-9的规定采用。

(2)在必要情况下，需要分别预估建筑物在施工期间和使用期间的地基变形值，以便预留建筑物有关部分之间的净空，选择连接方法和施工顺序。一般多层建筑物在施工期间完成的沉降量，对于碎石或砂土，可认为其最终沉降量已完成80%以上；对于其他低压缩性土，可认为已完成最终沉降量的50%～80%；对于中压缩性土，可认为已完成20%～50%；对于高压缩性土，可认为已完成5%～20%。

> ### 📋 知识窗
>
> 　　沉降量——是指基础某一点的沉降量，通常是指基础中点的沉降量。若沉降量过大，将影响建筑物的正常使用，如造成室内外上下水管、煤气管道的断裂等。
>
> 　　沉降差——一般是指相邻柱基中点的沉降量之差。相邻柱基沉降差过大，就会导致上部结构产生额外的应力，严重时，建筑物将发生裂缝、倾斜甚至破坏。对于框架结构和排架结构，设计时应由相邻柱基的沉降差控制。
>
> 　　倾斜——是指基础倾斜方向两端点的沉降差与其距离的比值。对于高耸结构及长高比很小的高层建筑，其地基的主要特征变形是建筑物的整体倾斜。
>
> 　　局部倾斜——是指砌体承重结构沿纵墙6～10 m内基础两点的沉降差与其距离的比值。墙体局部倾斜大时，将会使其挠曲变形、开裂，影响正常使用。

7.6.4　地基稳定性验算

对于经常承受水平荷载作用的高层建筑、高耸结构，以及建造在斜坡上或边坡附近的建(构)筑物，在水平荷载和竖向荷载的共同作用下，基础可能和深层土层一起发生整体滑动破坏，应进行地基稳定性验算。如位于软土地基上较高的桥台，在基底下地基不深处有软弱夹层时，在台后土推力作用下，基础有可能沿软弱夹层土Ⅱ的层面滑动[图7-20(a)]，以及在较陡的土质斜坡上的桥台、挡土墙等有可能沿坡体内的某个潜在滑动面失去稳定性[图7-20(b)]。

知识拓展：减轻建筑物
不均匀沉降的措施

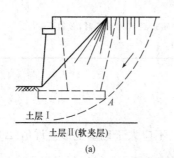

(a)

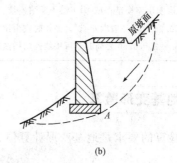

(b)

图7-20　地基失稳示意

地基稳定性可采用圆弧滑动面法进行验算，要求最危险滑动面上的诸力对滑动圆弧的圆心所产生的抗滑力矩 M_r 与滑动力矩 M_s 之比满足下式要求：

$$\frac{m_r}{m_s} \geqslant 1.2 \tag{7-24}$$

7.7　无筋扩展基础设计

7.7.1　无筋扩展基础构造

无筋扩展基础是指由砖、毛石、混凝土或毛石混凝土、灰土和三合土等材料组成的，且不需配置钢筋的墙下条形基础或柱下独立基础，旧称刚性基础，适用于多层民用建筑和轻型厂房。它具有以下特点：在受力方面，抗压性能好，但抗拉、抗剪能力差；在结构特点方面，优点是稳定性好，施工方便，能承受较大荷载，缺点是自重大，持力层应力小且厚。

1. 砖基础

(1)用途：多用于低层建筑的墙下基础；在寒冷而又潮湿的地区采用时不理想。

(2)优点：可就地取材，建筑方便。

(3)缺点：强度低且抗冻性差。

(4)要求：砖强度等级≥MU10，砌筑砂浆强度等级≥M5。

(5)大放脚：砖基础剖面一般砌成阶梯形，通常称为大放脚。

2. 灰土基础

(1)材料：灰土是用熟化石灰和粉土或黏性土拌和而成的。

(2)优点：灰土基础造价低可省材料，多用于5层以下的民用建筑。

3. 毛石基础

(1)要求：用强度等级≥MU20的毛石和强度等级≥M5的砂浆砌筑而成。

(2)优点：抗冻性比较好，在寒冷地区可用于6层以上的建筑。

4. 混凝土或毛石混凝土基础

(1)要求：混凝土强度等级一般采用C15，常用于较大的墙柱基础，为了节约混凝土用量，可在混凝土内掺入15%～25%（体积比）的毛石。

(2)优点：强度、耐久性和抗冻性均比较好。

7.7.2　无筋扩展基础高宽比设计

无筋扩展基础材料抗拉、抗剪强度低，而抗压性能相对较高。因此，在地基反力作用下，基础挑出部分如同悬臂梁一样向上弯曲。基础外伸悬臂长度越大，基础越容易因弯曲而拉裂。所以必须减少外伸梁的长度或增加基础高度，使基础宽高比减小而刚度增大。

材料及底面积确定后，只要限制宽高比 b_2/H_0（图7-21）小于允许值，就可以保证基础不会因受弯、受剪而被破坏。

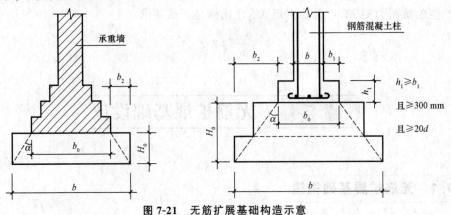

图 7-21 无筋扩展基础构造示意

基础高度应满足下式要求：

$$H_0 \geqslant \frac{b-b_0}{2\tan\alpha} \tag{7-25}$$

式中 b——基础底面宽度(m)；

b_0——基础顶面的墙体宽度或柱脚宽度(m)；

H_0——基础高度(m)；

$\tan\alpha$——基础台阶宽高比 b_2/H_0，b_2 为基础台阶宽度(m)，允许值见表 7-6。

表 7-6 无筋扩展基础台阶高宽比的允许值

基础材料	质量要求	台阶宽高比的允许值(p_k为基底压力)		
		$p_k \leqslant 100$ kPa	100 kPa $< p_k \leqslant 200$ kPa	200 kPa $< p_k \leqslant 300$ kPa
混凝土基础	C15 混凝土	1：1.00	1：1.00	1：1.25
毛石混凝土基础	C15 混凝土	1：1.00	1：1.25	1：1.50
砖基础	砖不低于 MU10、砂浆不低于 M5	1：1.50	1：1.50	1：1.50
毛石基础	砂浆不低于 M5	1：1.25	1：1.50	—
灰土基础	体积比为 3：7 或 2：8 的灰土，其最小干密度：粉土 1 550 kg/m³；粉质黏土 1 500 kg/m³；黏土 1 450 kg/m³	1：1.25	1：1.50	—
三合土基础	体积比 1：2：4 至 1：3：6(石灰：砂：骨料)，每层约虚铺 220 mm，夯至 150 mm	1：1.50	1：2.00	—

特别提醒

采用无筋基础的钢筋混凝土柱，其柱脚高度 h_1 不得小于柱脚宽度 b_1，并不应小于 300 mm 且不小于 20 d(d 为柱中的纵向受力钢筋的最大直径)。当柱纵向钢筋在柱脚内的竖向锚固长度不满足锚固要求时，可沿水平方向弯折，弯折后的水平锚固长度应 $\geqslant 10$ d 且 $\leqslant 20$ d。

【例 7-1】 某中学教学楼承重墙厚 240 mm，地基第一层土为 0.8 m 厚的杂填土，重度

17 kN/m³；第二层为粉质黏土层，厚 5.4 m，重度 18 kN/m³，其承载力特征值为 180 kPa，$\eta_b =$ 0.3，$\eta_d = 1.6$。已知上部墙体传来的竖向荷载值 $F_k = 210$ kN/m，室内外高差为 0.45 m，试设计该承重墙下条形基础。

解：（1）计算经修正后的地基承载力特征值。

选择粉质黏土层作为持力层，初步确定基础埋深 $d = 1.0$ m，基础宽度小于 3 m。

$$\gamma_m = \frac{\gamma_1 d + \gamma_2 z}{d + z} = \frac{17 \times 0.8 + 18 \times 0.2}{0.8 + 0.2} = 17.2 (\text{kN/m}^3)$$

$$f_a = f_{ak} + \eta_d \gamma_m (d - 0.5) = 180 + 1.6 \times 17.2 \times (1.0 - 0.5) = 193.76 (\text{kPa})$$

（2）确定基础宽度。

$$b \geq \frac{F_k}{f_a - \gamma_G d} = \frac{210}{193.76 - 20 \times (1.0 + \frac{0.45}{2})} = 1.24 (\text{m})$$

取基础宽度 $b = 1.3$ m。

（3）选择基础材料，并确定基础剖面尺寸。

基础下层采用 350 mm 厚 C15 素混凝土层，其上层采用 MU10 和 M5 砂浆砌二一间隔的砖墙放大脚。

混凝土基础设计：

1）基底压力。

$$p_k = \frac{F_k + G_k}{A} = \frac{210 + 20 \times 1.3 \times 1.0 \times 1.225}{1.3 \times 1.0} = 186 (\text{kPa})$$

由表 7-6 查得混凝土基础宽高比允许值 $[b_2/H_0] = 1 : 1$，混凝土垫层每边收进 350 mm，基础高 350 mm。

2）砖墙放大脚所需台阶数。

$$n = \frac{1\ 300 - 240 - 2 \times 350}{60} \times \frac{1}{2} = 3$$

墙体放大脚基础总高度 $H = 120 \times 2 + 60 \times 1 + 350 = 650 (\text{mm})$

（4）基础剖面如图 7-22 所示。

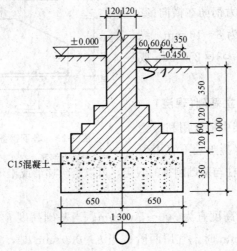

图 7-22　例 7-1 图

7.8.1 扩展基础构造

扩展基础是指柱下钢筋混凝土独立基础和墙下钢筋混凝土条形基础。这类基础抗弯、抗剪强度都很高，耐久性和抗冻性都很好，特别适用荷载大、土质较软弱、需要基底面积较大而又必须浅埋的情况。

1. 墙下钢筋混凝土条形基础

(1)条形基础是承重墙下基础的主要形式，当上部结构荷载较大而地基土较软弱时可用。

(2)条形基础一般做成无肋式，如果地基土质分布不均，在水平方向压缩性差异较大，为了减小基础的不均匀沉降，增加基础的整体性，条形基础可做成有肋式的条形基础。其抗弯和抗剪性能良好，耐久性和抗冻性都较理想。

(3)当基础高度 $H>250$ mm 时，截面采用锥形，其边缘高度不宜小于 200 mm；当基础高度 $H\leqslant250$ mm 时，宜采用平板式。

(4)墙下钢筋混凝土条形基础纵向分布钢筋的直径不小于 8 mm；间距不大于 300 mm；每延长米分布钢筋的面积应不小于受力钢筋面积的 15%。基础有垫层时，钢筋保护层不小于 40 mm；基础无垫层时，不小于 70 mm。

(5)墙下钢筋混凝土条形基础的宽度大于或等于 2.5 m 时，底板受力钢筋的长度可取宽度的 0.9 倍，并且交错布置。

(6)墙下条形基础的受力钢筋在横向(基础宽度方向)布置，其直径为 8~16 mm，纵向分布钢筋通常采用 φ6~φ8@250 mm 或 300 mm，如图 7-23 所示。

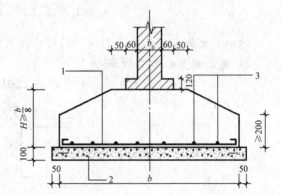

图 7-23 墙下钢筋混凝土条形基础的构造

1—受力钢筋；2—C15 混凝土垫层；3—构造钢筋

2. 柱下钢筋混凝土独立基础(现浇)

柱下独立基础是柱基础中最常用和最经济的形式。一般现浇钢筋混凝土柱下宜用现浇钢筋混凝土基础，以符合柱与基础刚接的假定，可以是阶梯形或锥形，前者施工方便，后者节省混凝土材料。

(1)阶梯形基础的每阶高度宜为 300~500 mm。当基础高度 $h\leqslant500$ mm 时，宜用一阶；当基础高度 $500<h\leqslant900$ mm 时，宜用两阶；当 $h>900$ mm 时，宜用三阶。阶梯形基础尺寸一般采用 50 mm 的倍数。由于阶梯形基础的施工质量容易保证，宜优先考虑采用。

(2)锥形基础的边缘高度不宜小于 200 mm；顶部做成平台，每边从柱边缘放出不少于

50 mm，以便于柱支模。

（3）扩展基础受力钢筋最小配筋率不应小于 0.15%，底板受力钢筋最小直径不应小于 10 mm；间距不应大于 200 mm，也不应小于 100 mm。基础垫层的厚度不应小于 70 mm；垫层混凝土强度等级为 C15。当有垫层时，钢筋保护层厚度不小于 40 mm；当无垫层时，不小于 70 mm。

（4）基础混凝土强度等级不应低于 C20。

（5）当柱下钢筋混凝土独立基础的边长大于或等于 2.5 m 时，底板受力钢筋的长度可取边长或宽度的 9/10，宜交错布置（图 7-24）。

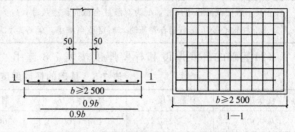

图 7-24　柱基底板受力钢筋布置

（6）钢筋混凝土柱在基础内的锚固长度应根据现行国家标准《混凝土结构设计规范（2015 年版）》（GB 50010—2010）的有关规定确定。抗震设防烈度为 6 度、7 度、8 度和 9 度地区的建筑工程，纵向受力钢筋抗震锚固长度应按下式计算：

一、二级抗震等级　　　　　　　　$l_{aE} = 1.15 l_a$；

三级抗震等级　　　　　　　　　　$l_{aE} = 1.05 l_a$；

四级抗震等级　　　　　　　　　　$l_{aE} = l_a$。

当基础高度小于 $l_a (l_{aE})$ 时，纵向受力钢筋的锚固总长度除符合上述要求外，其最小直锚段的长度不应小于 $20d$，弯折段的长度不应小于 150 mm。

（7）现浇柱的插筋下端宜做成直钩落在基础底板钢筋上（图 7-25），其数量、直径以及钢筋种类应与柱内纵向受力钢筋相同。当柱为轴心受压或小偏心受压，基础高度 $h \geq 1\,200$ mm 时或当柱为大偏心受压，基础高度 $h \geq 1\,400$ mm 时，可以仅将四角的插筋伸至底板钢筋上，其余插筋锚固在基础顶面下的长度只需前述的锚固长度。

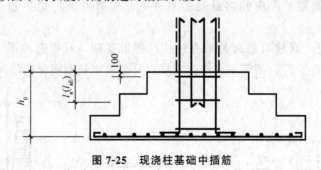

图 7-25　现浇柱基础中插筋

3. 柱下钢筋混凝土独立基础（预制）

预制柱与杯形基础的连接应符合下列要求：

（1）柱插入杯口深度，可按表 7-7 选用，并应满足钢筋锚固长度要求及吊装时柱的稳定性。

表 7-7　柱的插入深度 h_1

mm

矩形或工字形柱				双肢柱
$h<500$	$500\leqslant h<800$	$800\leqslant h\leqslant 1\,000$	$h>1\,000$	
$1\sim 1.2h$	h	$0.9h$ 且 $\geqslant 800$	$0.8h$ 且 $\geqslant 1\,000$	$(1/3\sim 2/3)h_a$ $(1.5\sim 1.8)h_b$

注：1. h 为柱截面长边尺寸，h_a 为双肢柱全截面长边尺寸，h_b 为双肢柱全截面短边尺寸；

　　2. 柱轴心受压或小偏心受压时，h_1 可适当减小，偏心距大于 $2h$ 时，h_1 应适当加大。

（2）基础的杯底厚度和杯壁厚度按表 7-8 选用。

表 7-8　基础的杯底厚度和杯壁厚度　　　　mm

柱长边 h	杯底厚度 a_1	杯壁厚度 t	柱长边 h	杯底厚度 a_1	杯壁厚度 t
$h<500$	$\geqslant 150$	$150\sim 200$	$1\,000\leqslant h<1\,500$	$\geqslant 250$	$\geqslant 350$
$500\leqslant h<800$	$\geqslant 200$	$\geqslant 200$	$1\,500\leqslant h<2\,000$	$\geqslant 300$	$\geqslant 400$
$800\leqslant h<1\,000$	$\geqslant 200$	$\geqslant 300$			

注：1. 双肢柱的杯底厚度值可适当加大；

　　2. 当有基础梁时，基础梁下的杯壁厚度应满足其支承宽度的要求；

　　3. 柱子插入杯口部分的表面应凿毛，柱子与杯口之间的空隙，应用比基础混凝土强度等级高一级的细石混凝土充填密实，当达到材料设计强度的 70% 以上时，方能进行上部吊装。

（3）当柱为轴心受压或小偏心受压 $t/h_2\geqslant 0.65$ 时，或大偏心受压且 $t/h_2\geqslant 0.75$ 时，杯壁可不配筋；当柱为轴心受压或小偏心受压且 $0.5\leqslant t/h_2<0.65$ 时，杯壁可按表 7-9 构造配筋；其他情况，应按计算配筋。

表 7-9　杯壁构造配筋　　　　mm

柱截面长边尺寸	$h<1\,000$	$1\,000\leqslant h<1\,500$	$1\,500\leqslant h\leqslant 2\,000$
钢筋直径	$8\sim 10$	$10\sim 12$	$12\sim 16$

注：表中钢筋置于杯口顶部，每边两根（图 7-26）。

（4）双杯口基础用于厂房伸缩缝处的双柱下，或者考虑厂房扩建而设置的预留杯口情况。

（5）高杯口基础。高杯口基础是带有短柱的杯形基础，其构造如图 7-27 所示。一般用于上层土较软弱或有空穴、井等不宜作持力层以及必须将基础埋深的情况。

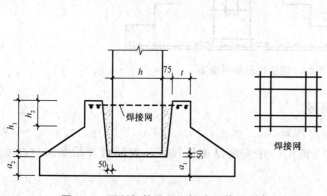

图 7-26　预制钢筋混凝土柱独立基础示意

注：$a_2>a_1$。

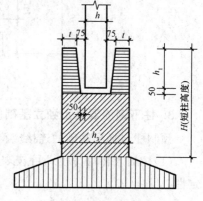

图 7-27　高杯口基础

高杯口基础的插入深度应符合杯形基础的要求；杯壁厚度应符合表 7-10 的规定和有关要求。

表 7-10 高杯口基础的杯壁厚度 t　　　　　　　　　　　　　mm

h	t	h	t	h	t	h	t
$600 < h \leqslant 800$	$\geqslant 250$	$800 < h \leqslant 1\,000$	$\geqslant 300$	$1\,000 < h \leqslant 1\,400$	$\geqslant 350$	$1\,400 < h \leqslant 1\,600$	$\geqslant 400$

4. 联合基础

联合基础主要指同列相邻两柱公共的钢筋混凝土基础，即双柱联合基础。在为相邻两柱分别配置独立基础时，常因其中一柱靠近建筑界限，或因两柱间距较小，而出现基地面积不足或者荷载偏心过大等情况，此时可考虑采用联合基础。联合基础也可用于调整相邻两柱的沉降差或防止两者之间的相向倾斜等。

7.8.2　扩展基础结构的计算

扩展基础结构的计算主要包括基础尺寸的确定、钢筋的计算和配置。

1. 墙下钢筋混凝土条形基础的底板厚度和配筋计算

（1）轴心荷载作用。基础底板如同倒置的悬臂板，在地基净反力作用下，基础的最大内力实际发生在悬臂板的根部（墙外边缘垂直截面处）。计算基础反力时，沿条形基础长度方向取单位长度进行计算。

地基净反力 p_j 为

$$p_j = \frac{F}{b} \tag{7-26}$$

式中　F——相应于作用的基本组合时作用在基础顶面上的荷载（kN/m）；

　　　b——基础宽度（m）。

基础任意截面 Ⅰ—Ⅰ 处（图 7-28）的弯矩和剪力为

$$M = \frac{1}{2} p_j a_1^2 \tag{7-27}$$

$$V = p_j a_1 \tag{7-28}$$

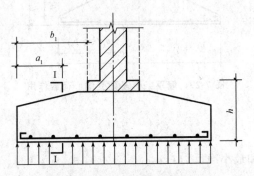

图 7-28　墙下条形基础的计算示意

其最大弯矩截面的位置：

当墙体材料为混凝土时，取 $a_1 = b_1$；

当为墙体材料砖墙且放大脚不大于 1/4 砖长时，取 $a_1 = b_1 + 1/4$ 砖长。

条形基础底板厚度(即基础高度)的确定，有下列两种方法：

1)根据经验，一般取 $h=b/8$(b 为基础宽度)进行抗剪验算，即

$$V \leqslant 0.7\beta_{hs} f_t b h_0 \tag{7-29}$$

2)根据剪力值，按受剪承载力条件，求得条形基础的截面有效高度 h_0，即

$$h_0 \geqslant \frac{V}{0.7\beta_{hs} f_t b} \tag{7-30}$$

式中　b——对于条形基础，通常沿基础长边方向取 1 m；

　　　f_t——混凝土轴心抗拉强度设计值(N/mm²)；

　　　β_{hs}——受剪力截面高度影响系数，$\beta_{hs}=\sqrt[4]{(800/h_0)}$，当 h_0 小于 800 mm 时，取 800 mm；

　　　　　当 h_0 大于 2 000 mm 时，取 2 000 mm。

基础底板厚度：

当设垫层时，$h=h_0+\dfrac{\phi}{2}+40$

当无垫层时，$h=h_0+\dfrac{\phi}{2}+70$

式中　ϕ——受力钢筋直径(mm)。

基础底板厚度的最后取值，应以 50 mm 为模数确定。

基础底板配筋按下式计算：

$$A_s = \frac{M}{0.9h_0 f_y} \tag{7-31}$$

式中　A_s——条形基础每米基础底板受力钢筋截面面积(mm²/m)；

　　　f_y——钢筋抗拉强度设计值(N/mm²)。

(2)偏心荷载作用。墙下条形基础受偏心荷载作用如图 7-29 所示。

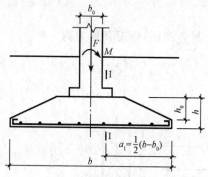

图 7-29　墙下条形基础受偏心荷载作用

计算基底偏心：

$$e_0 = \frac{M}{F} \tag{7-32}$$

基底边缘处的最大和最小净反力：

$$\frac{p_{jmax}}{p_{jmin}} = \frac{F}{b}\left(1 \pm \frac{6e_0}{b}\right) \tag{7-33}$$

悬臂支座处Ⅰ—Ⅰ截面的地基净反力：

$$p_{jⅠ} = p_{jmin} + \frac{b-a_1}{b}(p_{jmax} - p_{jmin}) \tag{7-34}$$

Ⅰ—Ⅰ截面处的弯矩和剪力：

$$M = \frac{1}{4}(p_{\text{jmax}} + p_{\text{jI}})a_1^2 \tag{7-35}$$

$$V = \frac{1}{2}(p_{\text{jmax}} + p_{\text{jI}})a_1 \tag{7-36}$$

【例 7-2】 如图 7-30 所示，砌体结构砖墙，底层墙体厚度为 0.37 m，相应于荷载效应基本组合时，作用基础顶面上的荷载 $F = 235$ kN/m，基础埋深 1.0 m，已知条形基础宽度 2 m，基础材料采用 C15 混凝土。确定墙下钢筋混凝土条形基础的底板厚度及配筋。

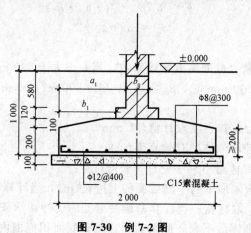

图 7-30 例 7-2 图

解：(1)地基净反力。

$$p_{\text{j}} = \frac{F}{b} = \frac{235}{2} = 117.5(\text{kPa})$$

(2)计算基础悬臂部分最大内力。

$$a_1 = \frac{2 - 0.37}{2} = 0.815(\text{m})$$

$$M = \frac{1}{2}p_{\text{j}}a_1^2 = \frac{1}{2} \times 117.5 \times 0.815^2 = 39(\text{kN} \cdot \text{m}) = 3.9 \times 10^7(\text{N} \cdot \text{mm})$$

$$V = p_{\text{j}}a_1 = 117.5 \times 0.815 = 95.76(\text{kN})$$

(3)初步确定基础底板厚度。

一般先按 $h = \frac{b}{8}$ 的经验值，然后再进行抗剪验算。

$$h = \frac{b}{8} = \frac{2.0}{8} = 0.25(\text{m})$$

取 $h = 0.3$ m $= 300$ mm，$h_0 = 300 - 40 = 260(\text{mm})$。

(4)受剪承载力验算。

$$\begin{aligned}
0.7\beta_{\text{hs}}f_t bh_0 &= 0.7 \times 1.0 \times 0.91 \times 1\,000 \times 260 \\
&= 165\,620(\text{N}) \\
&= 165.620(\text{kN}) > V = 95.76 \text{ kN}
\end{aligned}$$

(5)基础底板配筋。

$$A_{\text{s}} = \frac{M}{0.9h_0 f_y} = \frac{3.9 \times 10^7}{0.9 \times 260 \times 270} = 617.28(\text{mm}^2)$$

选用 Φ12@140($A_{\text{s}} = 808$ mm²)，分布钢筋选用 Φ8@300(图 7-30)。

2. 柱下钢筋混凝土单独基础的底板厚度和配筋计算

柱下钢筋混凝土单独基础的底板厚度主要取决于受冲切承载力。在柱轴心荷载作用下，如果基础底板厚度不足，将沿柱周边或基础变阶处产生冲切破坏，形成 45°斜裂面锥体。为防止基础发生这种破坏，由冲切破坏锥体以外的地基净反力所产生的冲切力 F_l 应小于冲切面处混凝土的抗冲切能力。

对柱下独立基础，当冲切破坏锥体落在基础底面以内时，应验算柱与基础交接处以及基础变阶处的受冲切承载力。受冲切承载力应按下列公式验算(图 7-31)：

$$F_t \leqslant 0.7\beta_{hp} \cdot f_t \cdot a_m \cdot h_0 \qquad (7\text{-}37)$$

$$a_m = (a_t + a_b)/2 \qquad (7\text{-}38)$$

$$F_l = p_j \cdot A_l \qquad (7\text{-}39)$$

式中 β_{hp}——受冲切承载力截面高度影响系数，当 h 不大于 800 mm 时，β_{hp} 取 1.0；当 h 大于等于 2 000 mm 时，β_{hp} 取 0.9；h 为 800～2 000 mm 的值时，按线性内插法取用；

     f_t——混凝土轴心抗拉强度设计值(N/mm^2)；

     h_0——基础冲切破坏锥体的有效高度(m)；

     a_m——冲切破坏锥体最不利一侧计算长度(m)；

     a_t——冲切破坏锥体最不利一侧截面的上边长(m)，当计算柱与基础交接处的受冲切承载力时，取柱宽；当计算基础变阶处的受冲切承载力时，取上阶宽；

     a_b——冲切破坏锥体最不利一侧斜截面在基础底面积范围内的下边长(m)，当冲切破坏锥体的底面落在基础底面以内，计算柱与基础交接处的受冲切承载力时，取柱宽加两倍基础有效高度；当计算基础变阶处的受冲切承载力时，取上阶宽加两倍该处的基础有效高度；

     p_j——扣除基础自重及其上土重后相应于作用的基本组合时的地基土单位面积净反力(kPa)，对偏心受压基础可取基础边缘处最大地基土单位面积净反力；

     F_l——相应于作用的基本组合时作用在 A_l 上的地基土净反力设计值(kN)；

     A_l——冲切验算时取用的部分底面积(图 7-32 中阴影面积 $ABCDEF$)(m^2)。

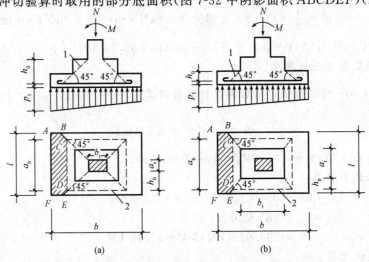

图 7-31 计算阶梯形基础的受冲切承载力截面位置

(a)柱与基础交接处；(b)基础变阶处

1—冲切破坏锥体最不利一侧的斜截面；2—冲切破坏锥体的底面线

当基础底面短边尺寸小于或等于柱宽加两倍基础有效高度时，应按下列公式验算柱与基础交接处截面受剪承载力：

$$V_s \leqslant 0.7\beta_{hs} f_t A_0 \tag{7-40}$$

$$\beta_{hs} = (800/h_0)^{1/4} \tag{7-41}$$

式中　V_s——相应于作用的基本组合时，柱与基础交接处的剪力设计值(kN)，图 7-32 中的阴影面积乘以基底平均净反力。

　　β_{hs}——受剪力承载力截面高度影响系数，当 $h_0 < 800$ mm 时，取 $h_0 = 800$ mm；当 $h_0 > 2\,000$ mm 时，取 $h_0 = 2\,000$ mm。

　　A_0——验算截面处基础的有效截面面积(m^2)。当验算截面为阶形或锥形时，可将其截面折算成矩形截面，截面的折算宽度和截面的有效高度按《建筑地基基础设计规范》(GB 50007—2011)附录 U 计算。

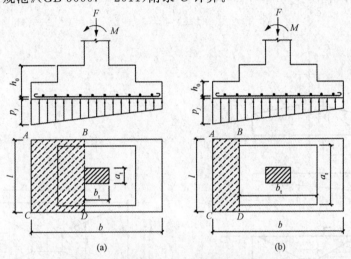

图 7-32　验算阶形基础受剪切承载力示意
(a)柱与基础交接处；(b)基础变阶处

基础底板的配筋应按受弯承载力确定(图 7-32)。在轴心荷载或偏心荷载作用下可以采用简化方法计算。当台阶的宽度比小于或等于 2.5 和偏心距小于或等于 1/6 基础宽度时，任意截面的弯矩可按下列公式计算：

$$M_I = \frac{1}{12}a_1^2\left[(2l+a')\left(p_{max}+p-\frac{2G}{A}\right)+(p_{max}-p)l\right] \tag{7-42}$$

$$M_{II} = \frac{1}{48}\left(p_{max}+p_{min}-\frac{2G}{A}\right)(l-a')^2(2b+b') \tag{7-43}$$

平行基底 b 方向的受力钢筋面积为

$$A_{sI} = \frac{m_I}{0.9h_0 f_y} \tag{7-44}$$

平行基底 l 方向的受力钢筋面积为

$$A_{sII} = \frac{m_{II}}{0.9h_0 f_y} \tag{7-45}$$

式中　M_I、M_{II}——任意截面 I—I、II—II 处相应于作用的基本组合时的弯矩设计值(kN·m)；

　　a_1——任意截面 I—I 至基底边缘距离(m)；

　　l、b——基础底面的边长(m)；

p_{max}、p_{min}——相应于作用的基本组合时的基础底面边缘最大和最小地基反力设计值(kPa);

p——相应于作用的基本组合时在任意截面Ⅰ—Ⅰ处基础底面地基反力设计值(kPa);

G——考虑作用分项系数的基础自重及其上的土重;当组合值由永久作用控制时,$G=1.35G_k$,G_k 为基础及其上土的自重标准值。

基础底板配筋应满足计算和最小配筋率要求。计算最小配筋率时,对阶形或锥形基础截面,可将其截面折算成矩形截面,截面的折算宽度和截面的有效高度,可按《建筑地基基础设计规范》(GB 50007—2011)附录 U 计算。

当柱下独立柱基底面长短边之比 ω 在大于或等于 2、小于或等于 3 的范围时,基础底板短向钢筋应按下述方法布置:将短向全部钢筋面积乘以 λ 后求得的钢筋,均匀分布在与柱中心线重合的宽度等于基础短边的中间带宽范围内(图 7-33),其余的短向钢筋则均匀分布在中间带宽的两侧(图 7-34)。长向配筋应均匀分布在基础全宽范围内。λ 按下式计算:

$$\lambda = 1 - \frac{\omega}{6} \tag{7-46}$$

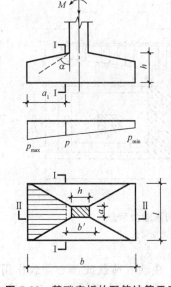

图 7-33　基础底板的配筋计算示意

Ⅰ—冲切破坏锥体最不利一侧的斜截面;

Ⅱ—冲切破坏锥体的底面线

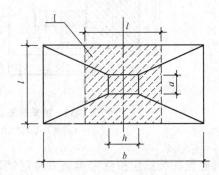

图 7-34　基础底板短向钢筋布置示意

Ⅰ—λ 倍短向全部钢筋面积

均匀配置在阴影范围内

7.8.3　柱下条形基础

当地基较为软弱、柱荷载或地基压缩性分布不均匀,以至于采用扩展基础可能产生较大的不均匀沉降时,常将同一方向(或同一轴线)上若干柱子的基础连成一体而形成柱下条形基础。这种基础的抗弯刚度较大,因而具有调整不均匀沉降的能力,能将所承受的集中柱荷载较均匀地分布到整个基底面积上。柱下条形基础是常用于软弱地基上框架或排架结构的一种基础形式。柱下条形基础施工现场如图 7-35 所示。柱下条形基础的计算理论较复杂,这里只介绍柱下条形基础的基本知识,计算理论可以参考其他专著。

知识拓展:其他
形式浅基础

(a)　　　　　　　　　　　　　　　　　(b)

图 7-35　柱下条形基础施工现场

(a)绑扎钢筋；(b)浇筑混凝土

1. 尺寸

柱下条形基础梁的高度宜为柱距的 1/8～1/4。翼板厚度不应小于 200 mm。当翼板厚度大于 250 mm 时，宜采用变厚度翼板，其坡度宜小于或等于 1:3。条形基础的端部宜向外伸出，其长度宜为第一跨距的 0.25 倍。

2. 内力与承载力

在比较均匀的地基上，上部结构刚度较好，荷载分布较均匀，且条形基础梁的高度不小于 1/6 柱距时，地基反力可按直线分布，条形基础梁的内力可按连续梁计算，此时边跨跨中弯矩及第一内支座的弯矩值宜乘以 1.2 的系数。当不满足要求时，宜按弹性地基梁计算。对交叉条形基础，交点上的柱荷载，可按静力平衡条件及变形协调条件，进行分配。其内力可按上述规定分别进行计算，同时应验算柱边缘处基础梁的受剪承载力。当存在扭矩时，尚应作抗扭计算。

当条形基础的混凝土强度等级小于柱的混凝土强度等级时，尚应验算柱下条形基础梁顶面的局部受压承载力。

3. 钢筋与混凝土

条形基础梁顶部和底部的纵向受力钢筋除满足计算要求外，顶部钢筋按计算配筋全部贯通，底部通长钢筋不应小于底部受力钢筋截面总面积的 1/3。柱下条形基础的混凝土强度等级不应低于 C20。

4. 交叉基础

如果地基软弱且在两个方向上分布不均，需要基础在两个方向都具有一定的刚度来调整不均匀沉降，则可在柱网下纵横两向分别设置钢筋混凝土条形基础，从而形成柱下十字交叉条形基础，如图 7-36 所示。

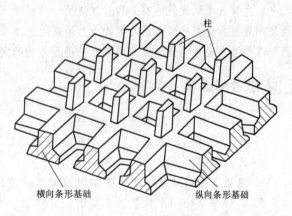

图 7-36　柱下十字交叉条形基础

>> **任务实施**

题目一　天然地基上浅基础课程设计

1. 目的与意义

浅基础是基础的基本类型，学习掌握浅基础设计又是指导基础施工的重要知识点。学生学完专业课程不等于会做设计，因此就需要通过课程设计来完成这个理论到实际的过渡，引导学生学好最基本的设计知识。通过训练使学生加深对荷载计算到绘制施工图的整个设计过程的理解，加强本课程与相关课程之间的联系，熟悉构造要求、基础施工图等，培养独立思考，综合运用所学知识，查阅现行规范、标准和有关资料的能力。

2. 内容与要求

天然地基上浅基础设计可以选择一般中小型民用建筑工程项目，进行墙下条形基础设计。结合本地区实际情况编写任务书与指导书，根据已知的上部结构类型，建筑平、立、剖面图，工程做法，工程地质、水文地质、气象等条件，合理确定基础埋深，计算上部荷载，进行基础设计计算，并绘制基础平面图和部分详图，编写必要的说明。

题目二 识读基础施工图

1. 目的与要求

施工图的识读是施工现场工程技术人员必备的职业能力之一。通过对钢筋混凝土基础施工图的识读，掌握识图的基本方法和重点内容，掌握现行规范与平面整体表示方法制图规则和构造详图等，完成理论到实践的过渡，为一出校门就能胜任基础施工工作打下良好的基础。

2. 内容与要求

在教师或工程技术人员的指导下，选择一套有代表性的筏形基础或其他梁板式基础施工图，结合建筑地基基础设计规范、建筑地基基础工程施工质量验收规范、平面整体表示方法制图规则和构造详图等，从基础类型、平面布置、埋置深度、底面尺寸、截面尺寸、钢筋布置、构造要求、材料要求、施工注意事项以及特殊处理等方面进行系统的识图训练。熟悉施工中的一般要求，明确关键点，并能和设计要点联系起来。若条件允许，可结合施工现场参观对比加深理解。

📖 项目小结

基础设计是建筑结构设计的重要内容之一，基础施工是施工现场技术人员的重要工作内容之一，直接关系到建筑的安全和正常使用。所有建筑物(构筑物)都建造在一定地层上，天然地基是基础直接创造在未经加固处理的天然地层上。本项目主要介绍了地基基础设计的基本规定、浅基础的类型、基础埋置深度的确定、基础尺寸的确定、地基承载力的确定、地基验算等。

📖 思考与练习

1. 地基基础设计应满足哪些原则？

2. 什么是地基、基础？什么是天然地基？深基础与浅基础一般如何区分？

3. 天然地基上浅基础有哪些类型？

4. 何谓基础的埋置深度？影响基础埋置深度的因素有哪些？

5. 简述桥墩(台)刚性扩展基础的设计步骤。

6. 什么情况下需进行地基变形验算？变形控制特征有哪些？

7. 减轻建筑物不均匀沉降危害的措施有哪些？

8. 某钢筋混凝土条形基础和地基土的情况如图 7-37 所示。已知条形基础宽度 $b=1.65$ m，相应于作用标准组合时的竖向荷载 $F_k=150$ kN。试验算持力层和软弱下卧层的承载力(注：基底下地基压力扩散角为 $23°$)。

9. 某柱独立基础，相应于作用标准组合时的 F_k、N_k、H_k、M_k 及有关资料如图 7-38 所示，地基承载力特征值 $f_{ak}=190$ kPa，试设计该矩形基础底面尺寸。

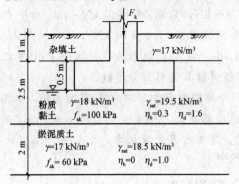

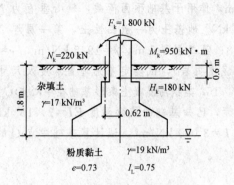

图 7-37　条形基础及地基剖面图　　　　图 7-38　独立基础及地基剖面图

10. 某砖墙承重房屋，采用刚性条形基础，基础上墙体厚 380 mm，基础埋置深度 $d=$ 1.2 m，作用在基础上的相应于作用标准组合时的竖向荷载 $F_k=220$ kN/m，修正后地基土承载力特征值为 $f_a=144$ kPa，试确定条形基础的宽度，设计刚性基础剖面，并绘制基础剖面图。

11. 同题 10，采用钢筋混凝土条形基础，试设计扩展基础剖面尺寸及配筋，并考虑构造要求绘制基础剖面图（注：可取作用基本组合时荷载值为作用标准组合时荷载值的 1.35 倍）。

12. 某钢筋混凝土内柱，截面尺寸为 350 mm×350 mm，作用在基础顶面的相应于作用基本组合时的轴心荷载 $F=700$ kN，正方形基础底面边长 $b=1.8$ m，试设计扩展基础截面及配筋，并考虑构造要求绘制基础剖面图。

13. 某桥墩为混凝土实体墩刚性扩大基础，基底宽度为 3.1 m，长为 9.9 m，控制设计的荷载组合为支座反力 840 kN 及 930 kN；桥墩及基础自重为 5 480 kN；设计水位以下墩身及基础浮力为 1 200 kN；制动力为 84 kN；墩帽与墩身风力分别为 2.1 kN 和 16.8 kN。结构尺寸及地质、水文资料如图 7-39 所示。要求验算：①地基承载力；②基底合力偏心距；③基础稳定性。

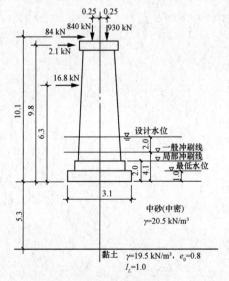

图 7-39　桥墩基础及地基剖面图

14. 有一桥墩，墩底为矩形(2 m×8 m)，刚性扩大基础(C20 混凝土)顶面设在河床下 1 m，作用于基础顶面荷载：轴心垂直力 $N=5\,200$ kN，弯矩 $M=840$ kN·m，水平力 $H=96$ kN。地基土为一般黏性土，第一层厚 2 m(自河床算起)，$\gamma=19$ kN/m^3，$e=0.9$，$I_L=0.8$；第二层厚 5 m，$\gamma=19.5$ kN/m^3，$e=0.45$，$I_L=0.35$，低水位在河床下 1 m(第二层下为泥质页岩)，试确定基础埋置深度及尺寸，并经过验算说明其合理性。

15. 某钢筋混凝土条形基础在中心点 C 承受一个集中力 F 和集中力偶 M 的作用，如图 7-40 所示，已知基础的抗弯刚度 $EI=2\times10^6$ kN·m^2，基础长 $l=10$ m 底面宽 $b=2$ m，基床系数 $k=3\,000$ kN/m^3，试计算基础中点 C 的挠度、弯矩和基底净反力。

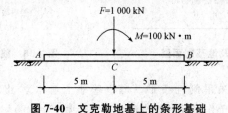

图 7-40　文克勒地基上的条形基础

16. 某柱下条形基础，相应于作用的基本组合时各柱轴力以及柱距、基础总长如图 7-41 所示，试用倒梁法计算基础梁的内力。

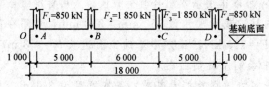

图 7-41　某柱下条形基础的受力及尺寸

项目8 桩基础设计

🌟 教学目标

知识目标

1. 了解桩基的概念、适用范围、特点及作用；熟悉桩基的设计等级及基本规定、类型及构造要求。

2. 掌握单桩竖向及水平承载力、群桩的竖向分析及验算，承台的设计方法，桩基设计步骤与施工方法。

能力目标

1. 根据桩基的适用范围、特点、设计等级等选取合适的桩基。

2. 能根据不同目的进行桩基的分类。

3. 通过本任务学习，能进行单桩竖向承载力计算和单桩水平承载力计算。

4. 能进行桩基承载力验算，能进行桩基沉降量计算。

5. 能进行桩基础承台设计，并应符合构造要求。

6. 根据收集的必要设计资料，进行桩基和承台及桩基础整体的强度、稳定、变形检验，并经过计算、比较、修正，最后确定较佳的设计方案。

素养目标

1. 有足够的业务知识，具有较强的组织领导能力。

2. 对工作认真负责、任劳任怨、注重作业跟进。

▶▶ 素养课堂

在人才的培养中，犹如单桩承载一样，在竖向荷载作用下不失去稳定性，也不产生过大沉降能承受的最大荷载。我们中华儿女也懂得每一个个体的作用和意义，愿作一滴水、一线阳光、一颗粮食和一颗螺丝钉，坚守所坚守的，希望所希望的，催生出更强大的责任感和使命感，凝聚成更澎湃的力量，一起在中华民族复兴之路上披荆斩棘，踏歌前行。

▶▶ 项目导入

某一座七层房屋，结构已封顶，第一、二层墙体已砌完，此时，人们突然发现楼梯间出现严重的裂缝，裂缝从一层贯穿到顶层，把建筑物分成两块，两块沉降差明显。后经测量，发现房屋一块沉降达 35 cm，另一块沉降达 15 cm，不但沉降量大，沉降差也大。

本工程采用的是直径为 450 mm 的沉管灌注桩基础，设计单桩承载力为 400 kN，桩基础施工完成后，对桩质量及承载力的检测分别进行了水电效应法和 PDA 动力测桩法及静载试验进行检测。PDA 法检测后提供的单桩最小承载力为 530 kN，最大约达 900 kN；静载试验了 2 根，荷载达设计承载力 400 kN 的 2 倍即 800 kN 时，两个桩的沉降分别为 11.61 mm 和 8.91 mm，显然，桩基检测时桩的承载力是合格的。而当事故发生时，由于结构上部荷载及使用荷载还没有加上，当时上部荷载作用于桩基上每桩也只有 200 kN，远小于检测时的桩基承载力，但为何建筑物会发生如此大的沉降？这一时成为一个不解和各方争论的问题，震动了南方建筑界。

一般人们不解的主要原因是为什么上部结构施工前对桩基检测时其承载力是足够的，甚至静载试验时在 800 kN 荷载作用下，其沉降也不过是 1 cm 左右；而当上部结构施工后，上部结构荷载下桩所受的荷载仅约 200 kN 时，沉降却达到 15 cm 和 35 cm 如此之大？当时也有观点认为是桩基质量有问题，但若桩基质量有问题又如何解释检测试验的结果呢？场地的地质情况是，场地中有较厚的淤泥软土。软土层面上有约 4 m 厚的填土层。据查，该填土层是新近填土，显然在填土下的软土层是欠固结土层，在填土荷载作用下固结沉降还未完成，由于固结沉降的时间较长，可以是几个月，甚至几年，其沉降是一个缓慢的过程；而桩基在检测时其检测荷载如动测是瞬时完成的，静载也是短暂完成的，如 24 小时，因此，当桩基在检测荷载作用下，桩的沉降大。

在软土地基中设计桩基，一定要考虑可能存在的负摩阻力的影响。负摩阻力很难在检测中被发现，因而不要过于相信检测结果，要分析检测时的边界条件与实际建筑物受荷过程时的边界条件是否一致。若要通过检测发现负摩阻力，也许应对同一根桩在相隔一定的时间后进行检测，同时观测地面沉降。

8.1　桩基础认知

8.1.1　桩基的概念及适用范围

桩基通常由桩体和连接桩顶的承台共同组成，如图 8-1 所示。若桩身全部埋于土中，承台底面与土体接触，则称为低承台桩基；若桩身上部露出地面，承台底面位于地面以上，则称为高承台桩基。

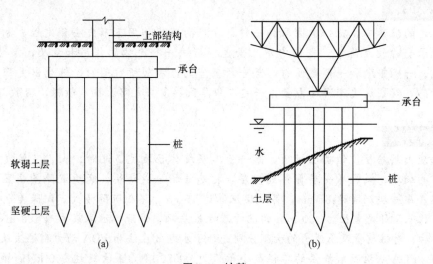

图 8-1　桩基
(a)低承台桩基；(b)高承台桩基

一般来说,下列情况可考虑采用桩基:

(1)高层建筑、高耸构筑物及重型厂房等结构荷载很大,若采用天然地基,承载力和变形不能满足要求。

(2)天然地基承载力基本满足要求,但沉降量过大,需利用桩基减少沉降的建(构)筑物,如软土地基上的多层住宅建筑,或在使用、生产上对沉降限制严格的建(构)筑物。

(3)因施工方法、经济条件及(或)工期等因素制约,不适于进行地基处理的情况。

(4)地基存在震陷性、湿陷性、膨胀性等不良土层,或上覆土层为强度低、压缩性高的软弱土层,不能满足建(构)筑物对地基的要求。

(5)作用有较大水平力和力矩的高耸结构物(如烟囱、水塔等)的基础,或需以桩承受水平力或上拔力的其他情况。

(6)需要减弱其振动影响的动力机器基础,或以桩基作为地震区建筑物的抗震措施。

(7)处于流动水域中的桥梁基础,可能因冲刷深度较大而危及基础稳定的情况。

(8)需穿越水体和软弱土层的港湾与海洋构筑物基础,如栈桥、码头、海上采油平台及输油、输气管道支架等。

8.1.2 桩基的特点及作用

桩基通常作为荷载较大的建筑的基础,具有承载力高、稳定性好、沉降量小而均匀、便于机械施工、适用性强、可以减少机器基础的振幅、降低机器振动对结构的不利影响、可以提高建筑物的抗震能力等特点。

知识拓展:桩基础的质量检验

桩基的作用如下:

(1)桩支撑于坚硬的(基岩、密实的卵砾石层)或较硬的(硬塑黏性土、中密砂等)持力层,具有很高的竖向单桩承载力或群桩承载力,足以承担高层建筑的全部竖向荷载(包括偏心荷载)。

(2)桩基具有很大的竖向单桩刚度(端承桩)或群刚度(摩擦桩),在自重或相邻荷载影响下,不产生过大的不均匀沉降,可确保建筑物的倾斜不超过允许范围。

(3)凭借巨大的单桩侧向刚度(大直径桩)或群桩基的侧向刚度及其整体抗倾覆能力,抵御由大风和地震引起的水平荷载与力矩荷载,保证高层建筑的抗倾覆稳定性。

(4)桩身穿过可液化土层而支撑于稳定的坚实土层或嵌固于基岩,在地震造成浅部土层液化与震陷的情况下,桩基凭靠深部稳固土层仍具有足够的抗压与抗拔承载力,从而确保高层建筑的稳定,且不产生过大的沉陷与倾斜。

8.1.3 桩基的设计等级及基本规定

1. 桩基的设计等级

根据建筑规模、功能特征、对差异变形的适应性、场地地基和建筑物体型的复杂性以及由于桩基问题可能造成建筑破坏或影响正常使用的程度,将桩基分为表 8-1 所列的三个设计等级。

表 8-1　桩基的设计等级

设计等级	建筑和地基的类型
甲级	(1)重要的建筑 (2)30 层以上或高度超过 100 m 的高层建筑 (3)体型复杂且层数相差超过 10 层的高低层(含纯地下室)连体建筑 (4)20 层以上框架-核心筒结构及其他对差异沉降有特殊要求的建筑 (5)场地和地质条件复杂的 7 层以上的一般建筑及坡地、岸边建筑 (6)对相邻既有工程影响较大的建筑
乙级	除甲级、丙级以外的建筑
丙级	场地和地基条件简单、荷载分布均匀的 7 层及 7 层以下的一般建筑

2. 桩基设计的基本规定

桩基设计应遵循《建筑地基基础设计规范》(GB 50007—2011)的规定,其基本要求如下:

(1)所有桩基均应进行承载力和桩身强度计算。对预制桩,还应进行运输、吊装与锤击等过程中的强度和抗裂验算。

(2)对以下建筑物的桩基应进行沉降验算。

1)地基基础设计等级为甲级的建筑物桩基。

2)体型复杂、荷载不均匀或桩端以下存在软弱土层的设计等级为乙级的建筑物桩基。

3)摩擦型桩基。

(3)桩基的抗震承载力验算应符合《建筑抗震设计规范(2016 年版)》(GB 50011—2010)的有关规定。

(4)桩基宜选用中、低压缩性土层作为桩端持力层。

(5)同一结构单元内的桩基,不宜选用压缩性差异较大的土层作为桩端持力层,不宜采用部分摩擦桩和部分端承桩。

(6)由于欠固结软土、湿陷性土和场地填土的固结,场地大面积堆载,降低地下水位等原因,引起桩周土的沉降大于桩的沉降时,应考虑桩侧负摩阻力对桩基承载力和沉降的影响。

(7)对位于坡地、岸边的桩基,应进行桩基的整体稳定验算。桩基应与边坡工程统一规划,同步设计。

(8)岩溶地区的桩基,当岩溶上覆土层的稳定性有保证,且桩端持力层承载力及厚度满足要求时,可利用上覆土层作为桩端持力层。当必须采用嵌岩桩时,应对岩溶进行施工勘察。

(9)应考虑桩基施工中挤土效应对桩基及周边环境的影响;在深厚饱和软土中不宜采用大片密集有挤土效应的桩基。

(10)应考虑深基坑开挖中,坑底土回弹隆起对桩身受力及桩承载力的影响。

(11)桩基设计时,应结合地区经验考虑桩、土、承台的共同作用。

(12)在承台及地下室周围的回填中,应满足填土密实度要求。

1. 按承载性状分类

按桩的承载性状分类，桩基可分为端承型桩（包括端承桩、摩擦端承桩）和摩擦型桩（包括摩擦桩、端承摩擦桩），如图8-2所示。

（1）端承桩。在承载能力极限状态下，桩顶竖向荷载由桩端阻力承受，桩侧阻力小到可忽略不计。

（2）摩擦端承桩。在承载能力极限状态下，桩顶竖向荷载主要由桩端阻力承受。

（3）摩擦桩。在承载能力极限状态下，桩顶竖向荷载由桩侧阻力承受，桩端阻力小到可忽略不计。

（4）端承摩擦桩。在承载能力极限状态下，桩顶竖向荷载主要由桩侧阻力承受。

视频：桩基的类型

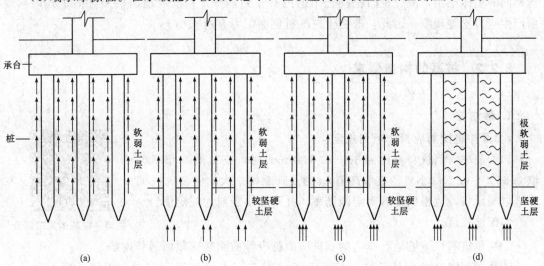

图 8-2　桩按承载性状分类

（a）摩擦桩；（b）端承摩擦桩；（c）摩擦端承桩；（d）端承桩

2. 按施工方法分类

按桩施工方法的分类较多，但基本形式有预制桩（沉桩）和灌注桩两大类。

（1）预制桩。预制桩可按设计要求在地面良好条件下制作，桩体质量高，可大量工厂化生产，加速施工进度。预制桩按沉桩方法不同，又可分为打入桩（锤击桩）、振动下沉桩、静力压桩等；按桩体材料不同，有混凝土桩、预应力混凝土管桩、钢桩及木桩。近年来预应力混凝土管桩应用比较普遍，它采用先张法预应力工艺和离心成型法制作，经高压蒸汽养护生产的为 PHC 管桩，桩身的混凝土强度等级≥C80；未经高压蒸汽养护生产的为 PC 管桩，强度等级为 C60～C80。建筑工程中常用的是 PHC 管桩，外径为 300～600 mm，每节长 5~13 m，桩的下端设置开口钢桩尖或封口十字刃钢桩尖，沉桩时桩节处通过焊接端头板接长。

（2）灌注桩。灌注桩是在现场地基内钻挖成孔，然后在孔内放入钢筋骨架，再灌注桩身混凝土而成桩。保证灌注桩承载力的关键在于桩身的成型及混凝土质量，因此灌注桩在成孔过程中需采取相应的措施来保证孔壁稳定和提高桩体质量。按所使用的钻具设备和施工方法的不同，灌注桩可分为钻孔灌注桩、冲孔灌注桩、挖孔灌注桩、沉管灌注桩、爆扩孔灌注桩等。

3. 按成桩方法和挤土效应分类

按成桩方法和挤土效应分类，桩基可分为挤土桩、部分挤土桩和非挤土桩三类。

（1）挤土桩。实心的预制桩、下端封闭的管桩、木桩以及沉管灌注、打入桩等，在锤击、振动贯入或压入过程中，都将桩位处的土大量排挤开，因而使桩周土层受到严重扰动，土的原状结构遭到破坏，土的工程性质有很大变化。黏性土由于重塑作用而降低了抗剪强度（过一段时间可恢复部分强度）；而非密实的无黏性土则由于振动挤密而使抗剪强度提高。

（2）部分挤土桩。底部开口的钢管桩、型钢桩和薄壁开口的预应力混凝土管桩等，在成桩过程中，都对桩周土体稍有挤土作用，但土的原状结构和工程性质变化不大。因此，由原状土测得的物理力学性质指标一般可用于估算部分挤土桩的承载力和沉降量。

（3）非挤土桩。先钻孔后打入的预制桩和钻（冲或挖）孔桩，在成桩过程中，都将与桩体积相同的土体挖出，故设桩时桩周土不但没有受到排挤，相反可能因桩周土向桩孔内移动而产生应力松弛现象。因此，非挤土桩的桩侧摩阻力有所减小。

8.2.2 桩基的构造要求

1. 灌注桩

（1）灌注桩配筋应符合下列规定：

1）配筋率。当桩身直径为 300~2 000 mm 时，正截面配筋率可取 0.65%~0.2%（小直径桩取高值）；对受荷载特别大的桩、抗拔桩和嵌岩端承桩，应根据计算确定配筋率，并不应小于前述规定值。

视频：桩基的施工简介

2）配筋长度。

①端承桩和位于坡地、岸边的基桩应沿桩身等截面或变截面通长配筋。

②摩擦型灌注桩配筋长度不应小于 2/3 桩长；当受水平荷载时，配筋长度不宜小于 $4.0/\alpha$（α 为桩的水平变形系数）。

③对于受地震作用的桩基，其桩身配筋长度应穿过可液化土层和软弱土层，进入稳定土层的深度不应小于《建筑桩基技术规范》（JGJ 94—2008）中的规定值。

④受负摩阻力的桩、因先成桩后开挖基坑而随地基土回弹的桩，其配筋长度应穿过软弱土层并进入稳定土层深度不小于（2~3）d。

⑤抗拔桩及因地震作用、冻胀或膨胀力作用而受拔力的桩，应等截面或变截面通长配筋。

3）受水平荷载的桩主筋不应小于 8φ12；抗压桩和抗拔桩主筋不应少于 6φ10；纵向主筋应沿桩身周边均匀布置，其净距不应小于 60 mm。

4）箍筋应采用螺旋式，直径不应小于 6 mm，间距宜为 200~300 mm；受水平荷载较大的桩基、承受水平地震作用的桩基以及考虑主筋作用计算桩身受压承载力时，桩顶以下 $5d$ 范围内的箍筋应加密，间距不应大于 100 mm；当桩身位于液化土层范围内时箍筋应加密，当考虑箍筋受力作用时，箍筋配置应符合《混凝土结构设计规范（2015 年版）》（GB 50010—2010）的有关规定；当钢筋笼长度超过 4 m 时，应每隔 2 m 设一道直径不小于 12 mm 的焊接加劲箍筋。

（2）桩身混凝土及混凝土保护层厚度应符合下列规定：

1）桩身混凝土强度等级不得小于 C25，混凝土预制桩尖强度等级不得小于 C30。

2）灌注桩主筋的混凝土保护层厚度不应小于 35 mm，水下灌注桩的主筋混凝土保护层厚度不得小于 50 mm。

3）四类、五类环境中桩身混凝土保护层厚度应符合《港口工程混凝土结构设计规范》（JTJ 267—1998）、《工业建筑防腐蚀设计规范》（GB/T 50046—2018）的相关规定。

2. 扩底灌注桩

扩底灌注桩的扩底尺寸应符合下列规定（图 8-3）：

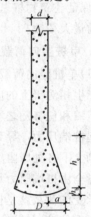

（1）对于持力层承载力较高、上覆土层较差的抗压桩和桩端以上有一定厚度较好土层的抗拔桩，可采用扩底；扩底端直径与桩身直径之比 D/d，应根据承载力要求及扩底端侧面和桩端持力层土性特征以及扩底施工方法确定；挖孔桩的 D/d 不应大于 3，钻孔桩的 D/d 不应大于 2.5。

（2）扩底端侧面的斜率应根据实际成孔及土体自立条件确定，a/h_c 可取 1/4～1/2，砂土可取 1/4，粉土、黏性土可取 1/3～1/2。

（3）抗压桩扩底端底面宜呈锅底形，h_b 可取 $(0.15\sim0.20)D$。

图 8-3 扩底灌注桩构造

3. 混凝土预制桩

混凝土预制桩的截面边长不应小于 200 mm，预应力混凝土预制实心桩的截面边长不宜小于 350 mm。混凝土强度等级：预制桩不宜低于 C30；预应力混凝土实心桩不宜低于 C40。预制桩纵向钢筋的混凝土保护层厚度不宜小于 30 mm。预制桩的桩身配筋应按吊运、打桩及桩在使用中的受力等条件计算确定。当采用锤击法沉桩时，预制桩的最小配筋率不宜小于 0.8%；采用静压法沉桩时，最小配筋率不宜小于 0.6%，主筋直径不宜小于 14 mm，打入桩桩顶以下 $(4\sim5)d$ 长度范围内箍筋应加密，并设置钢筋网片。预制桩的分节长度应根据施工条件及运输条件确定，每根桩的接头数量不宜超过 3 个。

4. 预应力混凝土空心桩

预应力混凝土空心桩桩尖形状宜根据地层性质选择闭口形或敞口形。闭口形又分为平底十字形和锥形两种。预应力混凝土桩的连接可采用端板焊接连接、法兰连接、机械连接、螺纹连接，每根桩的接头数量不宜超过 3 个。桩端嵌入遇水易软化的强风化岩、全风化岩和非饱和土的预应力混凝土空心桩，沉桩后，应对桩端以上约 2 m 范围内采取有效的防渗措施，可采取微膨胀混凝土填芯或在内壁预涂柔性防水材料。

5. 钢桩

钢桩可采用管形、H 形或其他异形钢材。钢桩的分段长度宜为 12～15 m。钢桩焊接连接接头应采用等强度连接。钢桩的端部形式应根据基桩所穿越的土层、桩端持力层性质、桩的尺寸、挤土效应等因素综合考虑确定。钢桩还应注意采取相应的措施进行防腐处理。

8.3 单桩竖向及水平承载力分析

8.3.1 单桩竖向承载力

1.单桩竖向承载力的概念

单桩竖向承载力是指单桩在竖向荷载作用下不失去稳定性（即不发生急剧的、不停滞的下沉，桩端土不发生大量塑性变形），也不产生过大沉降（即保证建筑物桩基在长期荷载作用下的变形不超过允许值）时，所能承受的最大荷载。

视频：单桩竖向
及水平承载力

2.单桩竖向荷载传递

（1）单桩竖向荷载传递的机理。单桩在竖向荷载下，桩身上部受到压缩而产生相对于土的向下位移，从而使桩侧表面受到土向上的摩阻力。随着荷载的增加，桩身压缩和位移随之增大，遂使桩侧摩阻力从桩身上段向下渐次发挥；桩底持力层也因受压引起桩端反力，导致桩端下沉，桩身随之整体下移，这又加大了桩身各截面的位移，引发桩侧上下各处摩阻力的进一步发挥。当沿桩身全长的摩阻力都达到极限值之后，桩顶荷载增量全由桩端阻力承担，直到桩底持力层破坏、无力支承更大的桩顶荷载为止，此时桩顶所承受的荷载就是桩的极限承载力。根据试验资料，黏性土和砂类土桩侧摩阻力达到极限值所需的桩-土相对滑移极限值分别为 $4\sim6$ mm 和 $6\sim10$ mm。

由此可见，单桩竖向荷载的传递过程就是桩侧阻力与桩端阻力的发挥过程，桩顶荷载通过发挥出来的侧阻力传递到桩周土层中，从而使桩身轴力与桩身压缩变形随深度递减。一般来说，靠近桩身上部土层的侧阻力先于下部土层和端阻力发挥。单桩竖向荷载传递过程如图8-4所示。

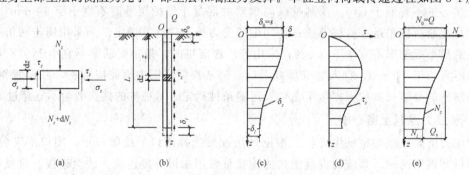

图8-4 单桩竖向荷载传递过程

(a)微桩段受力；(b)单桩轴向受压；(c)截面位移曲线；(d)侧阻力分布；(e)轴力分布

（2）单桩竖向荷载传递的影响因素。影响单桩竖向荷载传递的主要因素如下：

1）桩端土与桩周土的刚度比 E_b/E_s。E_b/E_s 越小，桩身轴力沿深度衰减越快，即传递到桩端的荷载越小。对于中长桩（$10<L/d\leqslant40$，L 为桩长，d 为桩径），当 $E_b/E_s=1$，即均匀土层时，桩侧摩阻力接近于均匀分布，几乎承担了全部荷载，桩端阻力仅占荷载的5%左右，即属于摩擦

桩;当 E_b/E_s 增大到 100 时,桩身轴力上段随深度减小,下段近乎沿深度不变,即桩侧摩阻力上段可得到发挥,下段则因桩土相对位移很小(桩端无位移)而无法发挥出来,桩端阻力分担了 60% 以上荷载,属于端承型桩;当 E_b/E_s 再继续增大时,对桩端阻力分担荷载比的影响不大。

2)桩土刚度比 E_p/E_s(桩身刚度与桩侧土刚度之比)。E_p/E_s 越大,传递到桩端的荷载越大,但当 E_p/E_s 超过 1 000 后,对桩端阻力分担荷载比的影响不大;而对于 $E_p/E_s \leqslant 10$ 的中长桩,其桩端阻力分担的荷载接近于零,这说明对于砂桩、碎石桩、灰土桩等低刚度桩组成的基础,应按复合地基工作原理进行设计。

3)桩端扩底直径与桩身直径之比 D/d。D/d 越大,桩端阻力分担的荷载比越大;对于均匀土层中的中长桩,当 $D/d=3$ 时,桩端阻力分担的荷载比将由等直径桩($D/d=1$)的约 5% 增至约 35%。

4)桩的长径比 L/d。随着 L/d 的增大,传递到桩端的荷载减小,桩身下部侧阻力的发挥值相应降低。在均匀土层中的长桩($40 < L/d \leqslant 100$),其桩端阻力分担的荷载比趋于零;对于超长桩($L/d > 100$),不论桩端土的刚度有多大,其桩端阻力分担的荷载都小到可略而不计,即桩端土的性质对荷载传递不再有任何影响,且上述各影响因素均失去实际意义。由此可见,长径比很大的桩都属于摩擦桩,在设计这样的桩时,试图采用扩大桩端直径来提高承载力实际上是徒劳无益的。

(3)桩侧负摩阻力。一般情况下,桩受竖向荷载作用后,桩相对于桩侧土体做向下位移,土对桩产生向上作用的摩阻力,称为正摩阻力。但当桩周土体因某种原因发生下沉,其沉降变形大于桩身的沉降变形时,在桩侧表面的全部或一部分面积上将出现向下作用的摩阻力,称为负摩阻力。

如图 8-5(a)所示,桩周有两种土层,下层(即持力层)较坚实,而厚度为 h_0 的上层由于某种原因发生沉降且未稳定。图 8-5(b)所示为桩身轴向位移 s 和桩侧土沉降 s' 随深度 y 的变化,当 $y < h_n$ 时,$s < s'$,因而在该深度内桩侧摩阻力为负;当 $y > h_n$ 时,$s > s'$,桩侧摩阻力为正,如图 8-5(c)所示。

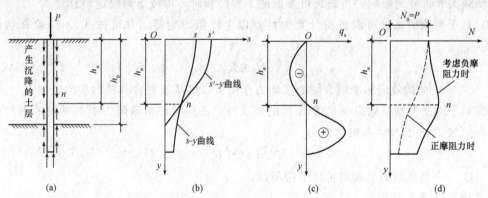

图 8-5　桩侧负摩阻力
(a)桩及桩周土受力、沉降示意;(b)各断面深度的桩、土沉降及相对位移;
(c)摩阻力分布及中性点;(d)桩身轴力

在深度为 h_n 的 n 点处,桩土间的相对位移为零,因而无摩阻力;在其上、下分别为负摩阻力和正摩阻力,即该点为正负摩阻力的分界点,通常称为中性点。一般来讲,在桩土体系受力初期,中性点的位置随桩的沉降加大而稍有上升,随着桩的沉降趋于稳定,中性点也逐渐固定下来。工程实测表明,其深度 h_n 随桩端持力层土的强度和刚度增大而增加;

h_n 与桩侧产生沉降的土层的厚度 h_0 之比称为中性点深度比，设计时 h_n 可按 $s=s'$ 的条件通过计算确定，也可参照表 8-2 中的中性点深度比确定。

表 8-2　中性点深度比 l_n/l_0

持力层的性质	黏性土、粉土	中密以上砂	砾石、卵石	基岩
中性点深度比 l_n/l_0	0.5～0.6	0.7～0.8	0.9	1.0

注：1. l_n、l_0 分别为自桩顶算起的中性点深度和桩周软弱土层下限深度。

　　2. 桩穿过自重湿陷性黄土层时，l_n 可按表列值增大 10%（持力层为基岩除外）。

　　3. 当桩周土层固结与桩基固结沉降同时完成时，取 $l_n=0$。

　　4. 当桩周土层计算沉降量小于 20 mm 时，l_n 应按表列值乘以 0.4～0.8 折减。

负摩阻力引起的下拉力如同作用于桩的轴向压力，使桩身轴向力增大，其最大值在中性点 n 处，如图 8-5(d)所示。

因而负摩阻力对桩基而言是一种不利因素。工程中，因负摩阻力引起的不均匀沉降造成建筑物开裂、倾斜或因沉降过大而影响使用的现象屡有发生，不得不花费大量资金进行加固，有的甚至无法继续使用而被拆除。

《建筑桩基技术规范》(JGJ 94—2008)规定，符合下列条件之一的桩基，当桩周土层产生的沉降超过基桩的沉降时，在计算基桩承载力时应计入桩侧负摩阻力。

1)桩穿越较厚松散填土、自重湿陷性黄土、欠固结土、液化土层进入相对较硬土层时。

2)桩周存在软弱土层，邻近桩侧地面承受局部较大的长期荷载，或地面大面积堆载（包括填土）时。

3)由于降低地下水位，使桩周土有效应力增大，并产生显著压缩沉降时。

当桩周土沉降可能引起桩侧负摩阻力时，设计时应根据工程具体情况考虑负摩阻力对桩基承载力和沉降的影响；当缺乏可参照的工程经验时，可按下列规定验算。

1)对于摩擦型基桩可取桩身计算中性点以上侧阻力为零，并可按式(8-1)验算基桩承载力：

$$N_k \leqslant R_a \tag{8-1}$$

式中　N_k——荷载效应标准组合轴心竖向力作用下，桩基或复合基桩的平均竖向力。

2)对于端承型基桩除应满足式(8-1)的要求外，还应考虑负摩阻力引起基桩的下拉荷载 Q_g^n，并可按式(8-2)验算基桩承载力：

$$N_k + Q_g^n \leqslant R_a \tag{8-2}$$

式中　Q_g^n——负摩阻力引起基桩的下拉荷载。

其他符号意义同上。

当土层不均匀或建筑物对不均匀沉降较敏感时，还应将负摩阻力引起的下拉荷载计入附加荷载验算桩基沉降。此时，基桩的竖向承载力特征值 R_a 只计中性点以下部分侧阻值及端阻值。影响负摩阻力的因素很多，如桩侧与桩端土的性质、土层的应力历史、地面堆载的大小与范围、降低地下水位的深度与范围、桩顶荷载施加时间与发生负摩阻力时间之间的关系、桩的类型和成桩工艺等，要精确地计算负摩阻力是十分困难的，国内外大都采用近似的经验公式估算。根据实测加固分析，认为采用有效应力方法比较符合实际。反映有效应力影响的中性点以上单桩桩周第 i 层土负摩阻力标准值可按式(8-3)计算：

$$q^n_{si} = \xi_{ni}\sigma'_i \tag{8-3}$$

式中　q^n_{si}——第 i 层土桩侧负摩阻力标准值(kPa)，当计算值大于正摩阻力准值时，取正摩
　　　　　阻力标准值进行设计；

　　　ξ_{ni}——桩周第 i 层土负摩阻力系数，可按表8-3取值；

　　　σ'_i——桩周第 i 层土平均竖向有效应力(kPa)。

表 8-3　负摩阻力系数 ξ_n

土类	ξ_n
饱和软土	0.15~0.25
黏性土、粉土	0.25~0.40
砂土	0.35~0.50
自重湿陷性黄土	0.20~0.35

注：1. 在同一类土中，对于挤土桩，取表中较大值；对于非挤土桩，取表中较小值。

　　2. 填土按其组成取表中同类土的较大值。

当填土、自重湿陷性黄土、欠固结土层产生固结和地下水降低时，$\sigma'_i = \sigma'_{\gamma i}$；当地面分布大面积荷载时，$\sigma'_i = p + \sigma'_{\gamma i}$。其中，$\sigma'_{\gamma i}$ 按式(8-4)计算：

$$\sigma'_{\gamma i} = \sum^{i-1}_{e=1}\gamma_e \Delta z_e + \frac{1}{2}\gamma_i \Delta z_i \tag{8-4}$$

式中　$\sigma'_{\gamma i}$——由土自重引起的桩周第 i 层土平均竖向有效应力(kPa)，桩群外围桩自地面算
　　　　　起，桩群内部桩自承台底算起；

　　　γ_i、γ_e——第 i 层土和其上第 e 层土的重度(kN/m³)，地下水位以下取浮重度；

　　　Δz_i、Δz_e——第 i 层土、第 e 层土的厚度(m)；

考虑群桩效应的基桩下拉荷载 Q^n_g 可按下式计算：

$$Q^n_g = \eta_n u \sum^n_{i=1}q^n_{si}l_i \tag{8-5}$$

$$\eta_n = \frac{s_{ax}s_{ay}}{\pi d\left(\dfrac{q^n_s}{\gamma_m} + \dfrac{d}{4}\right)} \tag{8-6}$$

式中　n——中性点以上土层数；

　　　l_i——中性点以上第 i 层土的厚度(m)；

　　　η_n——负摩阻力群桩效应系数；

　　　s_{ax}、s_{ay}——纵、横向桩的中心距(m)；

　　　q^n_s——中性点以上桩周土层厚度加权平均负摩阻力标准值(kPa)；

　　　γ_m——中性点以上桩周土层厚度加权平均重度(地下水位以下取浮重度)(kN/m³)。

对于单桩基或按式(8-6)计算的群桩效应系数 $\eta_n > 1$ 时，取 $\eta_n = 1$。

👤 **特别提醒**

工程中可采取适当措施来消除或减小负摩阻力。例如，对填土建筑场地，填土时保证其

密实度符合要求，尽量在填土的沉降基本稳定后成桩；当建筑物地面有大面积堆载时，成桩前采取预压等措施，减小堆载引起的桩侧土沉降；对自重湿陷性黄土地基，先行用强夯、素土或灰土挤密桩等方法进行处理，消除或减轻桩侧土的湿陷性；对中性点以上桩身表面进行处理(如涂刷沥青等)。实践表明，根据不同情况采取相应措施，一般可以取得较好的效果。

3. 单桩竖向承载力的确定

单桩竖向承载力的确定取决于两方面：一是桩身的材料强度；二是地层的支承力。设计时分别按这两方面确定后取其中的较小值。如通过桩的静荷载试验确定单桩竖向承载力，则需同时兼顾到这两个方面。

(1)按桩身的材料强度确定。

1)房屋桩基。按桩身混凝土强度计算桩的承载力时，应按桩的类型和成桩工艺的不同将混凝土的轴心抗压强度设计值乘以工作条件系数，桩轴心受压时桩身强度应符合式(8-7)的规定：

$$N \leqslant A_p f_c \varphi_c \tag{8-7}$$

式中　N——相应于作用的基本组合时的单桩竖向力设计值(kN)；

　　　A_p——桩身横截面面积(mm^2)；

　　　f_c——混凝土轴心抗压强度设计值(N/mm^2)；

　　　φ_c——工作条件系数，非预应力预制桩取 0.75，预应力桩取 0.55~0.65，灌注桩取 0.6~0.8(水下灌注桩、长桩或混凝土强度等级高于 C35 时用较小值)。

桩顶以下 5 倍桩身直径范围内螺旋式箍筋间距不大于 100 mm 且钢筋耐久性得到保证的灌注桩，桩身抗压承载力可适当计入桩身纵向钢筋的抗压作用。

2)桥梁桩基。当桩穿过极软弱土层，支承或嵌固于岩层或坚硬土层上时，单桩竖向承载力往往由桩身材料强度控制。根据《公路钢筋混凝土及预应力混凝土桥涵设计规范》(JTG 3362—2018)，对于钢筋混凝土桩，当配有普通箍筋时，桩轴心受压时桩身强度应符合式(8-8)的规定：

$$\gamma_0 N \leqslant 0.9\varphi(f_{cd}A + f'_{sd}A'_s) \tag{8-8}$$

式中　γ_0——桥梁结构的重要性系数；

　　　φ——桩的纵向挠曲系数，对低承台桩可取 1.0；

　　　f_{cd}——混凝土轴心抗压强度设计值(N/mm^2)；

　　　A——验算截面处桩身的毛截面面积(mm^2)，当纵向钢筋配筋率大于 3‰时应扣除纵向钢筋面积；

　　　f'_{sd}——纵向钢筋抗压强度设计值(N/mm^2)；

　　　A'_s——纵向钢筋截面面积(mm^2)。

(2)按地层的支承力确定。

1)单桩静荷载试验法。单桩静荷载试验法是按照设计要求在建筑场地先打试桩，顶上分级施加静荷载，并观测各级荷载作用下的沉降量，直到桩周围地基破坏或桩身破坏，从而求得桩的极限承载力。单桩静荷载试验法是目前评价单桩承载力最为直观和可靠的方法。

试验装置由加荷稳压装置、反力装置和桩顶沉降观测系统三部分组成，如图 8-6 所示。桩顶的油压千斤顶对桩顶施加压力，千斤顶的反力由锚桩或压重平台上的重物来平衡，安装在基准梁上的百分表或电子位移计用于量测桩顶的沉降。

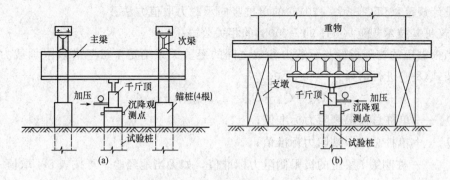

图 8-6 单桩静荷载试验的加载装置

(a)锚桩横梁反力装置；(b)压重平台反力装置

考虑到施工过程中对桩周土的扰动，试验须待土体强度充分恢复后方可进行。间隔天数视土质条件和施工方法而定。一般情况下，所需间隔时间如下：预制桩在砂土中入土 7 d 后；黏性土不得少于 15 d；对于饱和黏性土不得少于 25 d；灌注桩应在桩身混凝土强度达到设计要求后才能进行。

荷载试验时，每级加荷值为预估极限荷载的 1/10～1/8，第一级荷载可适当增大。测读桩顶沉降的间隔时间为：每级加荷后，第 5 min、10 min、15 min 时各测读一次，以后每隔 15 min 读一次，累计 1 h 后每隔半小时读一次。

在每级荷载下，桩的沉降量连续两次每小时内小于 0.1 mm 时可视为沉降稳定。当出现下列情况之一时，可终止加载：

①$Q\text{-}s$ 曲线(图 8-7)上有可判定极限承载力的陡降段，且桩顶总沉降超过 40 mm。

②在该级荷载下，桩的下沉增量超过前一级荷载下沉增量的 2 倍，且经 24 h 尚未稳定。

③25 m 长的非嵌岩桩，$Q\text{-}s$ 曲线呈缓变形时，桩顶总沉降量为 60～80 mm。

根据曲线特性，采用下述方法确定单桩竖向极限承载力：

①当 $Q\text{-}s$ 曲线有明显陡降段时，可取曲线发生明显陡降的起始点所对应的荷载为单桩极限承载力。

②当出现上述②情况时，取前一级荷载为单桩极限承载力。

③当 $Q\text{-}s$ 曲线呈缓变形时，取桩顶总沉降量为 40 mm 所对应的荷载作为单桩极限承载力。

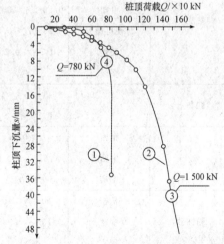

图 8-7 单桩 $Q\text{-}s$ 曲线

试桩数量一般不少于桩总数的 1%，且不少于 3 根。参加统计的试桩的极差不超过平均值的 30%，以平均值作为单桩极限承载力；否则，宜增加试桩数量并分析极差过大的原因，结合工程具体情况确定极限承载力。

单桩竖向极限承载力除以安全系数 2，即为单桩竖向承载力特征值 R_a。

2)经验公式法。我国现行建筑设计规范规定了以经验公式计算单桩竖向承载力的方法，这是一种简化的计算方法。下面给出《建筑桩基技术规范》(JGJ 94—2008)和《公路桥涵地基与基础设计规范》(JTG 3363—2015)的单桩竖向承载力取值方法。

《建筑桩基技术规范》(JGJ 94—2008)的相关公式。

①当根据土的物理指标与承载力参数之间的经验关系确定单桩竖向极限承载力标准值时，宜按式(8-9)进行估算：

$$Q_{uk} = Q_{sk} + Q_{pk} = u_p \sum q_{sik} l_i + q_{pk} A_p \qquad (8-9)$$

式中　Q_{sk}——单桩总极限侧阻力标准值；

　　　Q_{pk}——单桩总极限端阻力标准值；

　　　q_{sik}——桩侧第 i 层土的极限侧阻力标准值，如无当地经验，可按表 8-4 取值；

　　　q_{pk}——极限端阻力标准值，如无当地经验，可按表 8-5 取值；

　　　u_p——桩身周长；

　　　A_p——桩端截面积；

　　　l_i——桩周第 i 层土厚度。

表 8-4　桩的极限侧阻力标准值 q_{sik} 　　　　　　　　　kPa

土的名称	土的状态		混凝土预制桩	泥浆护壁钻（冲)孔桩	干作业钻孔桩
填土	—		22～30	20～28	20～28
淤泥	—		14～20	12～18	12～18
淤泥质土	—		22～30	20～28	20～28
黏性土	流塑	$I_L>1$	24～40	21～38	21～38
	软塑	$0.75<I_L\leq1$	40～55	38～53	38～53
	可塑	$0.50<I_L\leq0.75$	55～70	53～68	53～66
	硬可塑	$0.25<I_L\leq0.50$	70～86	68～84	66～82
	硬塑	$0<I_L\leq0.25$	86～98	84～96	82～94
	坚硬	$I_L\leq0$	98～105	96～102	94～104
红黏土	$0.7<a_w\leq1$		13～32	12～30	12～30
	$0.5<a_w\leq0.7$		32～74	30～70	30～70
粉土	稍密	$e>0.9$	26～46	24～42	24～42
	中密	$0.75\leq e\leq0.9$	46～66	42～62	42～62
	密实	$e<0.75$	66～88	62～82	62～82
粉细砂	稍密	$10<N\leq15$	24～48	22～46	22～46
	中密	$15<N\leq30$	48～66	46～64	46～64
	密实	$N>30$	66～88	64～86	64～86
中砂	中密	$15<N\leq30$	54～74	53～72	53～72
	密实	$N>30$	74～95	72～94	72～94
粗砂	中密	$15<N\leq30$	74～95	74～95	76～98
	密实	$N>30$	95～116	95～116	98～120
砾砂	稍密	$5<N_{63.5}\leq15$	70～110	50～90	60～100
	中密(密实)	$N_{63.5}>15$	116～138	116～130	112～130

土的名称	土的状态		混凝土预制桩	泥浆护壁钻（冲）孔桩	干作业钻孔桩
圆砾、角砾	中密、密实	$N_{63.5}>10$	160～200	135～150	135～150
碎石、卵石	中密、密实	$N_{63.5}>10$	200～300	140～170	150～170
全风化软质岩	—	$30<N\leqslant50$	100～120	80～100	80～100
全风化硬质岩	—	$30<N\leqslant50$	140～160	120～140	120～150
强风化软质岩	—	$N_{63.5}>10$	160～240	120～140	140～220
强风化硬质岩	—	$N_{63.5}>10$	220～300	160～240	160～260

注：1. 对于尚未完成自重固结的填土和以生活垃圾为主的杂填土，不计算其侧阻力。

2. a_w 为含水比，$a_w=w/w_L$，w 为土的天然含水率，w_L 为土的液限。

3. N 为标准贯入击数；$N_{63.5}$ 为重型圆锥动力触探击数。

4. 全风化、强风化软质岩和全风化、强风化硬质岩是指其母岩分别为 $f_{rk}\leqslant15$ MPa、$f_{rk}>30$ MPa 的岩石。

表 8-5　桩的极限端阻力标准值 q_{pk}　　　　　　　　kPa

土的名称	桩型		混凝土预制桩桩长 l/m				泥浆护壁钻（冲）孔桩桩长 l/m				干作业钻孔桩桩长 l/m		
	土的状态		$l\leqslant9$	$9<l$ $\leqslant16$	$16<l$ $\leqslant30$	$l>30$	$5\leqslant l$ <10	$10\leqslant l$ <15	$15\leqslant l$ <30	$l\geqslant30$	$5\leqslant l$ <10	$10\leqslant l$ <15	$l\geqslant15$
黏性土	软塑	$0.75<$ $I_L\leqslant1$	210～850	650～1 400	1 200～1 800	1 300～1 900	150～250	250～300	300～450	300～450	200～400	400～700	700～950
	可塑	$0.50<$ $I_L\leqslant0.75$	850～1 700	1 400～2 200	1 900～2 800	2 300～3 600	350～450	450～600	600～750	750～800	500～700	800～1 100	1 000～1 600
	硬可塑	$0.25<$ $I_L\leqslant0.50$	1 500～2 300	2 300～3 300	2 700～3 600	3 600～4 400	800～900	900～1 000	1 000～1 200	1 200～1 400	850～1 100	1 500～1 700	1 700～1 900
	硬塑	$0<I_L$ $\leqslant0.25$	2 500～3 800	3 800～5 500	5 500～6 000	6 000～6 800	1 100～1 200	1 200～1 400	1 400～1 600	1 600～1 800	1 600～1 800	2 200～2 400	2 600～2 800
粉土	中密	$0.75\leqslant e$ $\leqslant0.9$	950～1 700	1 400～2 100	1 900～2 700	2 500～3 400	300～500	500～650	650～750	750～850	800～1 200	1 200～1 400	1 400～1 600
	密实	$e<0.75$	1 500～2 600	2 100～3 000	2 700～3 600	3 600～4 400	650～900	750～950	900～1 100	1 100～1 200	1 200～1 700	1 400～1 900	1 600～2 100
粉砂	稍密	$10<N$ $\leqslant15$	1 000～1 600	1 500～2 300	1 900～2 700	2 100～3 000	350～500	450～600	600～700	650～750	500～950	1 300～1 600	1 500～1 700
粉砂	中密、密实	$N>15$	1 400～2 200	2 100～3 000	3 000～4 500	3 800～5 500	600～750	750～900	900～1 100	1 100～1 200	900～1 000	1 700～1 900	1 700～1 900
细砂			2 500～4 000	3 600～5 000	4 400～6 000	5 300～7 000	650～850	900～1 200	1 200～1 500	1 500～1 800	1 200～1 600	2 000～2 400	2 400～2 700
中砂	中密、密实	$N>15$	4 000～6 000	5 500～7 000	6 500～8 000	7 500～9 000	850～1 050	1 100～1 500	1 500～1 900	1 900～2 100	1 800～2 400	2 800～3 800	3 600～4 400
粗砂			5 700～7 500	7 500～8 500	8 500～10 000	9 500～11 000	1 500～1 800	2 100～2 400	2 400～2 600	2 600～2 800	2 900～3 600	4 000～4 600	4 600～5 200

土的名称	桩型 / 土的状态	混凝土预制桩桩长 l/m				泥浆护壁钻(冲)孔桩桩长 l/m				干作业钻孔桩桩长 l/m		
		$l \leqslant 9$	$9 < l \leqslant 16$	$16 < l \leqslant 30$	$l > 30$	$5 \leqslant l < 10$	$10 < l < 15$	$15 \leqslant l < 30$	$l \geqslant 30$	$5 \leqslant l < 10$	$10 < l < 15$	$l \geqslant 15$
砾砂	$N > 15$	6 000~9 500	9 000~10 500			1 400~2 000		2 000~3 200		3 500~5 000		
角砾、圆砾	中密、密实 $N_{63.5} > 10$	7 000~10 000	95 00~11 500			1 800~2 200		2 200~3 600		4 000~5 500		
碎石、卵石	$N_{63.5} > 10$	8 000~11 000	10 500~13 000			2 000~3 000		3 000~4 000		4 500~6 500		
全风化软质岩	$30 < N \leqslant 50$	4 000~6 000				1 000~1 600				1 000~2 000		
全风化硬质岩	$30 < N \leqslant 50$	5 000~8 000				1 200~2 000				1 400~2 400		
强风化软质岩	$N_{63.5} > 10$	6 000~9 000				1 400~2 200				1 600~2 600		
强风化硬质岩	$N_{63.5} > 10$	7 000~11 000				1 800~2 800				2 000~3 000		

注：1. 砂土和碎石类土中桩的极限端阻力限值，宜综合考虑土的密实度、桩端进入持力层的深径比 h_b/d，土越密实，h_b/d 越大，取值越高。

2. 预制桩的岩石极限端阻力指桩端支承于中、微风化基岩表面或进入强风化岩、软质岩一定深度条件下的极限端阻力。

3. 全风化、强风化软质岩和全风化、强风化硬质岩指其母岩分别为 $f_{rk} \leqslant 15$ MPa、$f_{rk} > 30$ MPa 的岩石。

【例 8-1】 预制桩截面尺寸为 450 mm×450 mm，桩长 16.7 m，依次穿越：厚度 $h_1 = 4.2$ m，液性指数 $I_L = 0.74$ 的黏土层；厚度 $h_2 = 5.1$ m，孔隙比 $e = 0.810$ 的粉土层；厚度 $h_3 = 4.4$ m，中密的粉细砂层，进入密实的中砂层 3 m，假定承台埋深 1.5 m。试确定预制桩的极限承载力标准值。

解：由表 8-4 查得，桩的极限侧阻力特征值为

黏土层　$q_{sik} = 55 \sim 70$ kPa，取 $q_{sik} = 55$ kPa

粉土层　$q_{sik} = 46 \sim 66$ kPa，取 $q_{sik} = 56$ kPa

粉细砂层　$q_{sik} = 48 \sim 66$ kPa，取 $q_{sik} = 58$ kPa

中砂层　$q_{sik} = 74 \sim 95$ kPa，取 $q_{sik} = 85$ kPa

桩的入土深度 $h = 16.7 - 1.5 = 15.2$(m)，预制桩修正系数为 1.0。

由表 8-5 查得，桩的极限端阻力特征值 $q_{pk} = 5\,500 \sim 7\,000$ kPa，取 $q_{pk} = 6\,500$ kPa。

故单桩的竖向极限端阻力特征值为

$$R_a = q_{pk}A_p + u_p \sum q_{sik}l_i$$

$$= 6\,500 \times 0.45 \times 0.45 + 4 \times 0.45 \times (55 \times 2.7 + 56 \times 5.1 + 58 \times 4.4 + 85 \times 3)$$

$$= 3\,015.99(\text{kN})$$

②当根据土的物理指标与承载力参数之间的经验关系确定大直径桩单桩竖向极限承载力标准值时，可按式(8-10)计算：

$$Q_{uk} = Q_{sk} + Q_{pk} = u_p \sum \psi_{si} q_{sik} l_i + \psi_p q_{pk} A_p \tag{8-10}$$

式中　q_{sik}——桩侧第 i 层土极限侧阻力标准值，如无当地经验值，可按表 8-4 取值，对于

扩底桩变截面以上 $2d$ 长度范围不计侧阻力;

q_{pk}——桩径为 800 mm 的极限端阻力标准值,对于干作业挖孔桩(清底干净)可采用深层荷载板试验确定,当不能进行深层荷载板试验时,可按表 8-6 取值;

ψ_{si}、ψ_p——大直径灌注桩侧阻力、端阻力尺寸效应系数,按表 8-7 取值;

u_p——桩身周长,当人工挖孔桩桩周护壁为振捣密实的混凝土时,桩身周长可按护壁外直径计算。

表 8-6　干作业挖孔桩(清底干净,$D=800$ mm)极限端阻力标准值 q_{pk}　　　kPa

土的名称		状态		
黏性土		$0.25<I_L\leqslant0.75$	$0<I_L\leqslant0.25$	$I_L\leqslant0$
		$800\sim1\,800$	$1\,800\sim2\,400$	$2\,400\sim3\,000$
粉土		—	$0.75\leqslant e\leqslant0.9$	$e<0.75$
		—	$1\,000\sim1\,500$	$1\,500\sim2\,000$
砂土、碎石类土	土的状态	稍密	中密	密实
	粉砂	$500\sim700$	$800\sim1\,100$	$1\,200\sim2\,000$
	细砂	$700\sim1\,100$	$1\,200\sim1\,800$	$2\,000\sim2\,500$
	中砂	$1\,000\sim2\,000$	$2\,200\sim3\,200$	$3\,500\sim5\,000$
	粗砂	$1\,200\sim2\,200$	$2\,500\sim3\,500$	$4\,000\sim5\,500$
	砾砂	$1\,400\sim2\,400$	$2\,600\sim4\,000$	$5\,000\sim7\,000$
	圆砾、角砾	$1\,600\sim3\,000$	$3\,200\sim5\,000$	$6\,000\sim9\,000$
	卵石、碎石	$2\,000\sim3\,000$	$3\,300\sim5\,000$	$7\,000\sim11\,000$

注:1. 当桩进入持力层的深度 h_b 分别为 $h_b\leqslant D$,$D<h_b\leqslant4D$,$h_b>4D$ 时,q_{pk} 可相应取低、中、高值。

　　2. 砂土密实度可根据标贯击数判定;$N\leqslant10$ 为松散;$10<N\leqslant15$ 为稍密;$15<N\leqslant30$ 为中密;$N>30$ 为密实。

　　3. 当桩的长径比 $l/d\leqslant8$ 时,q_{pk} 宜取较低值。

　　4. 当对沉降要求不严时,q_{pk} 可取较高值。

表 8-7　大直径灌注桩侧阻力尺寸效应系数 ψ_{si}、端阻力尺寸效应系数 ψ_p

土的类型	黏性土、粉土	砂土、碎石类土
ψ_{si}	$(0.8/d)^{1/5}$	$(0.8/d)^{1/3}$
ψ_p	$(0.8/D)^{1/4}$	$(0.8/D)^{1/3}$

注:当为等直径桩时,表中 $D=d$。

③钢管桩。当根据土的物理指标与承载力参数之间的经验关系确定钢管桩单桩竖向极限承载力标准值时,可按式(8-11)计算:

$$Q_{uk}=Q_{sk}+Q_{pk}=u\sum q_{sik}l_i+\lambda_p q_{pk}A_p \tag{8-11}$$

式中　q_{sik}、q_{pk}——按表 8-4、表 8-5 取与混凝土预制桩相同的值;

λ_p——桩端土塞效应系数,对于闭口钢管桩,$\lambda_p=1$;对于敞口钢管桩,当 $h_b/d<5$ 时,$\lambda_p=0.16h_b/d$,当 $h_b/d\geqslant5$ 时,$\lambda_p=0.8$;

h_b——桩端进入持力层深度;

d——钢管桩外径。

对于带隔板的半敞口钢管桩，应以等效直径 d_e 代替 d 确定 λ_p（$d_e=d/\sqrt{n}$，其中 n 为桩端隔板分割数）。

④混凝土空心桩。当根据土的物理指标与承载力参数之间的经验关系确定敞口预应力混凝土空心桩单桩竖向极限承载力标准值时，可按式(8-12)计算：

$$Q_{uk}=Q_{sk}+Q_{pk}=u\sum q_{sik}l_i+q_{pk}(A_j+\lambda_p A_{p1}) \tag{8-12}$$

式中　A_j——空心桩桩端净面积（m^2），对于管桩，$A_j=\dfrac{\pi}{4}(d^2-d_1^2)$；对于空心方桩，$A_j=$

$b^2-\dfrac{\pi}{4}d_1^2$；

A_{p1}——空心桩敞口面积（m^2），$A_{p1}=\dfrac{\pi}{4}d_1^2$；

d、b——空心桩外径、边长（m）；

d_1——空心桩内径（m）。

⑤嵌岩桩。桩端置于完整、较完整基岩的嵌岩桩单桩竖向极限承载力，由桩周土总极限侧阻力和嵌岩段总极限阻力组成。当根据岩石单轴抗压强度确定单桩竖向极限承载力标准值时，可按式(8-13)～式(8-15)计算：

$$Q_{uk}=Q_{sk}+Q_{rk} \tag{8-13}$$

$$Q_{sk}=u\sum q_{sik}l_i \tag{8-14}$$

$$Q_{rk}=\zeta_r f_{rk}A_p \tag{8-15}$$

式中　Q_{sk}、Q_{rk}——土的总极限侧阻力标准值、嵌岩段总极限阻力标准值；

q_{sik}——桩周第 i 层土的极限侧阻力，无当地经验时，可根据成桩工艺按表 8-4 取值；

f_{rk}——岩石饱和单轴抗压强度标准值，黏土岩取天然湿度单轴抗压强度标准值；

ζ_r——桩嵌岩段侧阻和端阻综合系数，与嵌岩深径比 h_r/d、岩石软硬程度和成桩工艺有关，可按表 8-8 采用；表中数值适用泥浆护壁成桩，对于干作业成桩（清底干净）和泥浆护壁成桩后注浆，ζ_r 取表列数值的 1.2 倍。

表 8-8　桩嵌岩段侧阻和端阻综合系数 ζ_r

嵌岩深径比 h_r/d	0	0.5	1.0	2.0	3.0	4.0	5.0	6.0	7.0	8.0
极软岩、软岩	0.60	0.80	0.95	1.18	1.35	1.48	1.57	1.63	1.66	1.70
较硬岩、坚硬岩	0.45	0.65	0.81	0.90	1.00	1.04	—	—	—	—

注：1. 极软岩、软岩指 $f_{rk}\leqslant15$ MPa，较硬岩、坚硬岩指 $f_{rk}>30$ MPa，介于二者之间可内插取值。

　　2. h_r 为桩身嵌岩深度，当岩面倾斜时，以坡下方嵌岩深度为准；当 h_r/d 为非表列数值时，ζ_r 可内插取值。

⑥单桩竖向承载力特征值。单桩竖向承载力特征值 R_a 计算如下：

$$R_a=\frac{1}{K}Q_{uk} \tag{8-16}$$

式中　Q_{uk}——单桩竖向极限承载力标准值；

K——安全系数，取 $K=2$。

8.3.2　单桩水平承载力

1. 单桩水平荷载的概念

建筑工程中的桩基一般都承受竖向垂直荷载作用，高层建筑由于承受很大的水平荷载或水平地震作用，故其桩基承受的水平力有时对设计起控制作用。桩承受的水平荷载包括长期作用的水平荷载和反复作用的水平荷载两部分。

（1）地下室外墙上的土、水的侧压力及拱结构在桩基中产生的水平推力就属于长期作用的水平荷载。

（2）风荷载、机械振动及水平地震作用产生的惯性力就属于反复作用的水平荷载。

🧑 **特别提醒**

斜桩在理论上承受水平荷载的效能明显，但设计施工中却难以实现。通常当水平荷载和竖向荷载的合力与竖直线的夹角不超过5°时，竖直桩的水平承载力比较容易满足设计要求，故应采用竖直桩。

2. 水平荷载作用下桩的工作性状

在水平荷载作用下，桩产生变形并挤压桩周土，促使桩周土发生相应的变形而产生水平抗力。水平荷载较小时，桩周土的变形是弹性的，水平抗力主要由靠近地面的表层土提供；随着水平荷载的增大，桩的变形加大，表层土逐渐产生塑性屈服，水平荷载将向更深的土层传递；当桩周土失去稳定，或桩体发生破坏（低配筋率的灌注桩常是桩身首先出现裂缝，然后断裂破坏），或桩的变形超过建筑物的允许值（抗弯性能好的混凝土预制桩和钢桩，桩身虽未断裂但桩周土如已明显开裂和隆起，桩的水平位移一般已超限）时，水平荷载也就达到了极限。由此可见，水平荷载下桩的工作性状取决于桩-土之间的相互作用。

根据桩、土相对刚度的不同，水平荷载作用下的桩可分为刚性桩、半刚性桩和柔性桩，其划分界限与各种计算方法中所采用的地基水平反力系数分布图式有关，若采用"m"法计算，当换算深度 $\alpha h \leqslant 2.5$ 时为刚性桩；当 $2.5 < \alpha h < 4.0$ 时为半刚性桩；当 $\alpha h \geqslant 4.0$ 时为柔性桩，其中 α 为桩的变形系数（m^{-1}），h 为桩的入土深度（m）。半刚性桩和柔性桩统称为弹性桩。

（1）刚性桩。当桩很短或桩周土很软弱时，桩、土的相对刚度很大，属于刚性桩。由于刚性桩的桩身不发生挠曲变形且桩的下段得不到充分的嵌制，因而桩顶自由的刚性桩发生绕靠近桩端的一点做全桩长的刚体转动[如图 8-8(a)]，而桩顶嵌固的刚性桩则发生平移[图 8-8(d)]。刚性桩的破坏一般只发生于桩周土中，桩体本身不发生破坏。

（2）弹性桩。半刚性桩（中长桩）和柔性桩（长桩）的桩、土相对刚度较低。在水平荷载作用下桩身发生挠曲变形，桩的下段可视为嵌固于土中而不能转动，随着水平荷载的增大，桩周土的屈服区逐步向下扩展，桩身最大弯矩截面也因上部土抗力减小而向下部转移，一般半刚性桩的桩身位移曲线只出现一个位移零点[图 8-8(b)、(e)]，柔性桩则出现两个以上位移零点和弯矩零点[图 8-8(c)、(f)]。当桩周土失去稳定，或桩身最大弯矩处（桩顶嵌固时可在嵌固处和桩身最大弯矩处）出现塑性屈服，或桩的水平位移过大时，弹性桩便趋于破坏。

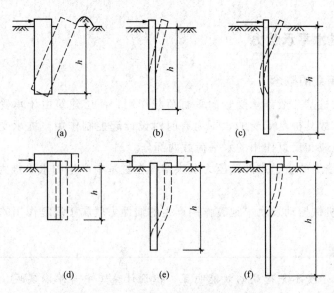

图 8-8　水平荷载作用下桩的工作性状

3. 单桩水平承载力的影响因素

与单桩竖向承载力相比，单桩水平承载力问题显得更为复杂。影响单桩水平承载力的因素很多，包括桩的截面刚度、材料强度、桩侧土质条件、桩顶约束情况以及桩的入土深度等。

(1)桩的截面刚度和材料强度。桩的直径越大，桩身材料强度越高，则桩身的抗弯刚度越高，其抵抗水平荷载的能力也越强。对于抗弯性能差的桩，其水平承载能力由桩身强度控制，如低配筋率的灌注桩通常是桩身首先出现裂缝，然后断裂破坏；而对于抗弯性能好的桩，如钢筋混凝土预制桩和钢桩，在水平荷载作用下，桩身虽然未断裂，但当桩侧土体显著隆起，或桩顶水平位移大大超过上部结构的允许值时，也应认为桩已达到水平承载力的极限状态。

(2)桩侧土质条件。桩侧土质越好，其水平抗力越大，或地基上水平抗力系数越大，桩的水平承载能力就越高，尤其是桩侧表层土(3～4倍桩径范围内)的承载能力极大地影响桩身的水平承载力。

(3)桩顶约束情况。地基土的水平抗力系数随桩身水平位移的增大呈指数衰减。因此，对桩顶水平位移的约束越好，则桩侧土的水平抗力越大。

(4)桩的入土深度。随着桩的入土深度增大，桩侧土将获得足够的嵌固作用，使地面位移趋于最小。当桩的入土深度较小时，桩侧土嵌固作用不足，地面位移很可能大到为上部结构所不容许，同时桩底也有相当大的力矩和位移，而要求桩底土对其有足够的嵌固能力。但当桩的入土深度达到一定值时，即便增加桩的入土深度，对桩的水平承载力也不再起作用。因此，在工程中无限地利用增加桩的入土深度来提高基桩的水平承载力的做法是不可取的。

4. 单桩水平静荷载试验

《建筑地基基础设计规范》(GB 50007—2011)规定，单桩水平承载力特征值应通过现场单桩水平荷载试验确定，必要时可进行带承台桩的荷载试验。《建筑桩基技术规范》(JGJ 94—2008)规定，对于受水平荷载较大的设计等级为甲级、乙级的建筑桩基，单桩水平承载力特征值应通过单桩水平静载试验确定。

(1)试验装置。水平承载力试验的加载装置，宜用水平放置的油压千斤顶加载，用百分表测水平位移，如图 8-9 所示。

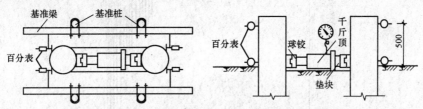

图 8-9 单桩水平静荷载试验的加载装置

千斤顶的作用是施加水平力，水平力的作用线应通过地面标高处(地面标高应与实际工程桩承台底面标高相一致)。

百分表宜成对布置在试桩侧面。对每一根试桩，在力的作用水平面上和该平面以上 50 cm 左、右各安装 1～2 个百分表，上表测量桩顶的水平位移，下表测量桩身在地面处的水平位移。

在试桩的侧面靠位移的反方向上宜埋设基准桩。基准桩应离开试桩一定距离，以免影响试验结果的精确度。

(2)加载方法。加荷时可采用慢速维持荷载法或单向多循环加荷法，其中单向多循环加荷法最为常用。

采用单向多循环加荷法时，荷载需分级施加，分级荷载应小于预估水平极限承载力或最大试验荷载的 1/10。每级荷载施加后，恒载 4 min 后可测读水平位移，然后卸载至零，停 2 min 测读残余水平位移，至此完成一个加卸载循环。如此循环 5 次，完成一级荷载的位移观测。试验不得中间停顿。

(3)单桩横向临界荷载和极限荷载的确定。一般而言，根据水平静荷载试验可以得到桩的荷载、位移以及时间之间的关系，据此可以作出各种分析曲线，其中最主要的是桩顶水平荷载-时间-桩顶水平位移(H_0-t-x_0)曲线(图 8-10)、水平荷载-位移梯度(H_0-$\Delta x_0/\Delta H_0$)曲线(图 8-11)和水平荷载-位移(H_0-x_0)曲线(图 8-12)，当具有桩身应力量测资料时，还应绘制应力沿桩身分布图及水平荷载与最大弯矩截面钢筋应力(H_0-σ_g)曲线。

单桩水平极限承载力可按下列方法综合确定：

1)取 H_0-t-x_0 曲线产生明显陡降的前一级。

2)取 H_0-$\Delta x_0/\Delta H_0$ 曲线上第二拐点对应的水平荷载值。

3)取桩身折断或受拉钢筋屈服时的前一级水平荷载值。

由水平极限荷载值 H_u 确定允许承载力时应除以安全系数 2.0。

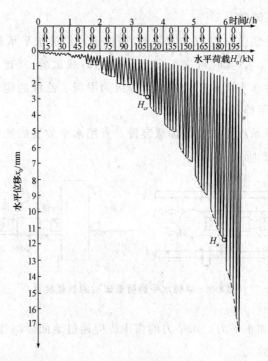

图 8-10　单桩水平静载试验 H_0-t-x_0 曲线

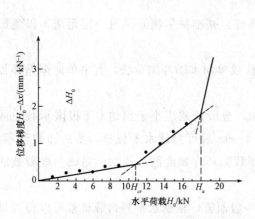

图 8-11　单桩水平静载试验 H_0-$\Delta x_0/\Delta H_0$ 曲线

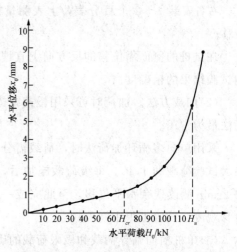

图 8-12　单桩水平静载试验 H_0-x_0 曲线

5. 单桩水平荷载力与位移计算

受水平荷载的一般建筑物和水平荷载较小的高大建筑物单桩基应满足式(8-17)要求：

$$H_{ik} \leqslant R_h \tag{8-17}$$

式中　H_{ik}——在荷载效应标准组合下，作用于基桩 i 桩顶处的水平力；

　　　R_h——单桩基或群桩中基桩的水平承载力特征值，对于单桩基，可取单桩的水平承载力特征值 R_{ha}。

单桩的水平承载力特征值的确定应符合下列规定：

(1)对于受水平荷载较大的设计等级为甲级、乙级的建筑桩基，单桩水平承载力特征值应通过单桩水平静荷载试验确定，试验方法可按《建筑基桩检测技术规范》(JGJ 106—2014)执行。

(2)对于钢筋混凝土预制桩、钢桩、桩身配筋率不小于0.65%的灌注桩，可根据静荷载试验结果取地面处水平位移为10 mm(对于水平位移敏感的建筑物取水平位移6 mm)所对应的荷载的75%为单桩水平承载力特征值。

(3)对于桩身配筋率小于0.65%的灌注桩，可取单桩水平静荷载试验的临界荷载的75%为单桩水平承载力特征值。

(4)当缺少单桩水平静荷载试验资料时，可按式(8-18)估算桩身配筋率小于0.65%的灌注桩的单桩水平承载力特征值：

$$R_{ha} = \frac{0.75\alpha\gamma_m f_t W_0}{\nu_M}(1.25 + 22\rho_g)\left(1 \pm \frac{\xi_N N_k}{\gamma_m f_t A_n}\right) \tag{8-18}$$

式中 α——桩的水平变形系数；

R_{ha}——单桩水平承载力特征值，"±"根据桩顶竖向力性质确定，压力取"+"，拉力取"−"；

γ_m——桩截面模量塑性系数，圆形截面 $\gamma_m = 2$，矩形截面 $\gamma_m = 1.75$；

f_t——桩身混凝土抗拉强度设计值；

W_0——桩身换算截面受拉边缘的截面模量，对于圆形截面，$W_0 = \frac{\pi d}{32}[d^2 + 2(\alpha_E - 1)$

$\rho_g d_0^2]$；对于方形截面，$W_0 = \frac{b}{6}[b^2 + 2(\alpha_E - 1)\rho_g b_0^2]$($d$ 为桩直径，d_0 为扣除保护层厚度的桩直径，b 为方形截面边长，b_0 为扣除保护层厚度的桩截面宽度，α_E 为钢筋弹性模量与混凝土弹性模量的比值)；

ν_M——桩身最大弯矩系数，按表8-9取值，当单桩基和单排桩基纵向轴线与水平力方向相垂直时，按桩顶铰接考虑；

ρ_g——桩身配筋率；

A_n——桩身换算截面面积，对于圆形截面，$A_n = \frac{\pi d^2}{4}[1 + (\alpha_E - 1)\rho_g]$；对于方形截面，$A_n = b^2[1 + (\alpha_E - 1)\rho_g]$；

ξ_N——桩顶竖向力影响系数，竖向压力取0.5，竖向拉力取1.0；

N_k——在荷载效应标准组合下桩顶的竖向力(kN)。

(5)对于混凝土护壁的挖孔桩，计算单桩水平承载力时，其设计桩径取护壁内直径。

(6)当桩的水平承载力由水平位移控制，且缺少单桩水平静荷载试验资料时，可按式(8-19)估算预制桩、钢桩、桩身配筋率不小于0.65%的灌注桩单桩水平承载力特征值：

$$R_{ha} = 0.75 \frac{\alpha^3 EI}{\nu_x} x_{0a} \tag{8-19}$$

式中 EI——桩身抗弯刚度，对于钢筋混凝土桩，$EI = 0.85E_c I_0$(E_c 为混凝土弹性模量，I_0 为桩身换算截面惯性矩：圆形截面，$I_0 = W_0 d_0/2$；矩形截面，$I_0 = W_0 b_0/2$)；

x_{0a}——桩顶允许水平位移；

ν_x——桩顶水平位移系数，按表8-9取值，取值方法同 ν_M。

(7)验算永久荷载控制的桩基的水平承载力时，应将上述(2)~(5)方法确定的单桩水平承载力特征值乘以调整系数0.80；验算地震作用桩基的水平承载力时，应将上述(2)~(5)方法确定的单桩水平承载力特征值乘以调整系数1.25。

表 8-9　桩顶(身)最大弯矩系数 ν_M 和桩顶水平位移系数 ν_x

桩顶约束情况	桩的换算埋深 αh	ν_M	ν_x
铰接、自由	4.0	0.768	2.441
	3.5	0.750	2.502
	3.0	0.703	2.727
	2.8	0.675	2.905
	2.6	0.639	3.163
	2.4	0.601	3.526
固接	4.0	0.926	0.940
	3.5	0.934	0.970
	3.0	0.967	1.028
	2.8	0.990	1.055
	2.6	1.018	1.079
	2.4	1.045	1.095

注：1. 铰接(自由)的 ν_M 是桩身的最大弯矩系数，固接的 ν_M 是桩顶的最大弯矩系数。

　　2. 当 $\alpha h > 4.0$ 时，取 $\alpha h = 4.0$。

8.4　桩基承载力与沉降量计算

8.4.1　桩基承载力验算

单桩受力验算如下：

(1)轴心竖向力作用。

$$Q_k = \frac{F_k + G_k}{n} \leqslant R_a \tag{8-20}$$

式中　F_k——相应于作用的标准组合时，作用于桩基承台顶面的竖向力(kN)；

　　　G_k——桩基承台自重及承台上覆土的自重设计值；

　　　n——桩基中的桩数；

　　　Q_k——相应于作用的标准组合时，轴心力竖向力作用下任一单桩的竖向力(kN)；

　　　R_a——单桩竖向承载力特征值(kN)。

(2)偏心竖向力作用。

$$Q_{ik} = \frac{F_k + G_k}{n} \pm \frac{M_{xk} y_i}{\sum y_i^2} \pm \frac{M_{xk} x_i}{\sum x_i^2} \tag{8-21}$$

$$Q_{ikmax} \leqslant 1.2 R_a \tag{8-22}$$

式中　Q_{ik}——相应于作用的标准组合时，偏心竖向力作用下第 i 根桩的竖向力(kN)；

　　　M_{xk}、M_{yk}——相应于作用的标准组合时，作用于承台底面通过桩群形心的 x、y 轴的力矩(kN·m)；

x_i、y_i——桩 i 至桩群形心的 y、x 轴线的距离（m）；

R_a——单桩竖向承载力特征值（kN）。

8.4.2 桩基软弱下卧层验算

当桩端持力层下存在软弱下卧层时，尤其是当桩基的平面尺寸较大、桩基持力层的厚度相对较薄时，应考虑桩端平面下受力层范围内的软弱下卧层发生强度破坏的可能性。对于桩距 $S_a \leqslant 6d$ 的群桩基础，桩基下方有限厚度持力层的冲剪破坏，一般可按整体冲剪破坏考虑，此时桩基作为实体深基础，假设作用于桩基的竖向荷载全部传到持力层顶面并作用于桩群外包线所围的面积上，该荷载以 θ 角扩散到软弱下卧层顶面，对软弱下卧层顶面处的承载力进行验算。

8.4.3 桩基沉降变形的指标

《建筑桩基技术规范》（JGJ 94－2008）规定，建筑桩基沉降变形计算值不应大于桩基沉降变形允许值。桩基沉降变形可用下列指标表示：

(1)沉降量；

(2)沉降差；

(3)整体倾斜：建筑物桩基倾斜方向两端点的沉降差与其距离的比值；

(4)局部倾斜：墙下条形承台沿纵向某一长度范围内桩基两点的沉降差与其距离的比值。

8.4.4 桩基沉降量的计算

1. 桩中心距不大于 6 倍桩径的桩基沉降计算

(1)对于桩中心距不大于 6 倍桩径的桩基，其最终沉降量计算可采用等效作用分层总和法。等效作用面位于桩端平面，等效作用面积为桩承台投影面积，等效作用附加压力近似取承台底平均附加压力。等效作用面以下的应力分布采用各向同性均质直线变形体理论。计算模式如图 8-13 所示，桩基任一点最终沉降量可用角点法按式(8-23)计算：

$$s = \psi \psi_e s' = \psi \psi_e \sum_{j=1}^{m} p_{0j} \sum_{i=1}^{n} \frac{z_{ij} \bar{\alpha}_{ij} - z_{(i-1)j} \bar{\alpha}_{(i-1)j}}{E_{si}} \qquad (8\text{-}23)$$

式中　s——桩基最终沉降量（mm）；

s'——采用布辛奈斯克（Boussinesq）解，按实体深基础分层总和法计算出的桩基沉降量（mm）；

ψ——桩基沉降计算经验系数；

ψ_e——桩基等效沉降系数：

$$\psi_e = C_0 + \frac{n_b - 1}{C_1(n_b - 1) + C_2}$$

$$n_b = \sqrt{n B_c / L_c}$$

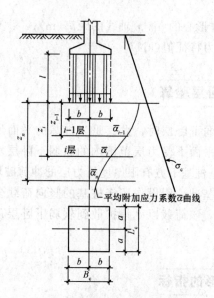

图 8-13 桩基沉降量计算示意

n_b——矩形布桩时的短边布桩数；

C_0、C_1、C_2——根据群桩距径比 s_a/d、长径比 l/d 及基础长宽比 L_c/B_c，按《建筑桩基技术规范》(JGJ 94—2008)附录 E 确定；

L_c、B_c、n——矩形承台的长、宽及总桩数；

m——角点法计算点对应的矩形荷载分块数；

p_{0j}——第 j 块矩形底面在荷载效应准永久组合下的附加压力(kPa)；

E_{si}——等效作用面以下第 i 层土的压缩模量(MPa)，采用地基土在自重压力至自重压力加附压力作用时的压缩模量；

z_{ij}、$z_{(i-1)j}$——桩端平面第 j 块荷载作用面至第 i 层土、第 $(i-1)$ 层土底面的距离(m)；

$\overline{\alpha}_{ij}$、$\overline{\alpha}_{(i-1)j}$——桩端平面第 j 块荷载计算点至第 i 层土、第 $(i-1)$ 层土底面深度范围内平均附加应力系数，可按《建筑桩基技术规范》(JGJ 94—2008)附录 D 选用。

(2)计算矩形桩基中点沉降时，桩基沉降量可按式(8-24)简化计算：

$$s = \psi \psi_e s' = 4 \psi \psi_e p_0 \sum_{i=1}^{n} \frac{z_i \overline{\alpha}_i - z_{i-1} \overline{\alpha}_{i-1}}{E_{si}} \tag{8-24}$$

式中 p_0——在荷载效应准永久组合下承台底的平均附加压力；

$\overline{\alpha}_i$、$\overline{\alpha}_{i-1}$——平均附加应力系数，根据矩形长宽比 a/b 及深宽比 $\dfrac{z_i}{b} = \dfrac{2z_i}{B_c}$，$\dfrac{z_{i-1}}{b} = \dfrac{2z_{i-1}}{B_c}$，可按《建筑桩基技术规范》(JGJ 94—2008)附录 D 选用。

(3)桩基沉降计算深度 z_n 应按应力比法确定，即计算深度处的附加应力 σ_z 与土的自重应力 σ_c 应符合式(8-25)和式(8-26)的要求：

$$\sigma_z \leqslant 0.2\sigma_c \tag{8-25}$$

$$\sigma_z = \sum_{j=1}^{m} \alpha_j p_{0j} \tag{8-26}$$

式中 α_j——附加应力系数，可根据角点法划分的矩形长宽比及深宽比按《建筑桩基技术规范》(JGJ 94—2008)附录 D 选用。

2. 单桩、单排桩、桩中心距大于 6 倍桩径的疏桩基

对于单桩、单排桩、桩中心距大于 6 倍桩径的疏桩基的沉降计算应符合下列规定：

(1)承台底地基土不分担荷载的桩基。桩端平面以下地基中由基桩引起的附加应力，按考虑桩径影响的明德林(Mindlin)解计算确定。将沉降计算点水平面影响范围内各基桩对应力计算点产生的附加应力叠加，采用单向压缩分层总和法计算土层的沉降，并计入桩身压缩 s_e。桩基的最终沉降量可按式(8-27)～式(8-29)计算：

$$s = \psi \sum_{i=1}^{n} \frac{\sigma_{zi}}{E_{si}} \Delta z_i + s_e \tag{8-27}$$

$$\sigma_{zi} = \sum_{j=1}^{m} \frac{Q_j}{l_j^2} \left[\alpha_j I_{p,ij} + (1-\alpha_j) I_{s,ij} \right] \tag{8-28}$$

$$s_e = \xi_e \frac{Q_j l_j}{E_c A_{ps}} \tag{8-29}$$

式中　m——以沉降计算点为圆心，0.6 倍桩长为半径的水平面影响范围内的基桩数；

n——沉降计算深度范围内土层的计算分层数；分层数应结合土层性质，分层厚度不应超过计算深度的 0.3 倍；

σ_{zi}——水平面影响范围内各基桩对应力计算点桩端平面以下第 i 层土 1/2 厚度处产生的附加竖向应力之和；应力计算点应取与沉降计算点最近的桩中心点；

Δz_i——第 i 计算土层厚度(m)；

E_{si}——第 i 计算土层的压缩模量(MPa)，采用土的自重压力至土的自重压力加附加压力作用时的压缩模量；

Q_j——第 j 桩在荷载效应准永久组合作用下(对于复合桩基应扣除承台底土分担荷载)桩顶的附加荷载(kN)；当地下室埋深超过 5 m 时，取荷载效应准永久组合作用下的总荷载为考虑回弹再压缩的等效附加荷载；

l_j——第 j 桩桩长(m)；

A_{ps}——桩身截面面积(m^2)；

α_j——第 j 桩总桩端阻力与桩顶荷载之比，近似取极限总端阻力与单桩极限承载力之比；

$I_{p,ij}$、$I_{s,ij}$——第 j 桩的桩端阻力和桩侧阻力对计算轴线第 i 计算土层 1/2 厚度处的应力影响系数，可按《建筑桩基技术规范》(JGJ 94—2008)附录 F 确定；

E_c——桩身混凝土的弹性模量；

s_e——计算桩身压缩沉降量；

ξ_e——桩身压缩系数。端承型桩，取 $\xi_e = 1.0$；摩擦型桩，当 $l/d \leqslant 30$ 时，取 $\xi_e = 2/3$；$l/d \geqslant 50$ 时，取 $\xi_e = 1/2$；介于二者之间可线性插值；

ψ——沉降计算经验系数，无当地经验时，可取 1.0。

(2)承台底地基土分担荷载的复合桩基。将承台底土压力对地基中某点产生的附加应力按布辛奈斯克(Boussinesq)解，即《建筑桩基技术规范》(JGJ 94—2008)附录 D 计算，与基桩产生的附加应力叠加，采用与(1)相同方法计算沉降。其最终沉降量可按式(8-30)和式(8-31)计算：

$$s = \psi \sum_{i=1}^{n} \frac{\sigma_{zi} + \sigma_{zci}}{E_{si}} \Delta z_i + s_e \tag{8-30}$$

$$\sigma_{zci} = \sum_{k=1}^{n} \alpha_{ki} p_{c,k} \tag{8-31}$$

式中　σ_{zci}——承台压力对应力计算点桩端平面以下第 i 计算土层 $1/2$ 厚度处产生的应力；可将承台板划分为 u 个矩形块，可按《建筑桩基技术规范》(JGJ 94—2008)附录 D 采用角点法计算；

　　　　$p_{c,k}$——第 k 块承台底均布压力，可按 $p_{c,k} = \eta_{c,k} f_{ak}$ 取值，其中 $\eta_{c,k}$ 为第 k 块承台底板的承台效应系数，按表 8-10 确定；f_{ak} 为承台底地基承载力特征值；

　　　　α_{ki}——第 k 块承台底角点处，桩端平面以下第 i 计算土层 $1/2$ 厚度处的附加应力系数，可按《建筑桩基技术规范》(JGJ 94—2008)附录 D 确定。

对于单桩、单排桩、疏桩复合桩基的最终沉降计算深度 z_n，可按应力比法确定，即 z_n 处由桩引起的附加应力 σ_z、由承台土压力引起的附加应力 σ_{zc} 与土的自重应力 σ_c 应符合式(8-32)的要求：

$$\sigma_z + \sigma_{zc} = 0.2\sigma_c \tag{8-32}$$

表 8-10　承台效应系数

B_c/l ＼ s_a/d	3	4	5	6	>6
≤0.4	0.06～0.08	0.14～0.17	0.22～0.26	0.32～0.38	0.50～0.80
0.4～0.8	0.08～0.10	0.17～0.20	0.26～0.30	0.38～0.44	0.50～0.80
>0.8	0.10～0.12	0.20～0.22	0.30～0.34	0.44～0.50	0.50～0.80
单排桩条形承台	0.15～0.18	0.25～0.30	0.38～0.45	0.50～0.60	

注：1. 表中 s_a/d 为桩中心距与桩径之比；B_c/l 为承台宽度与桩长之比。当计算基桩为非正方形排列时，$s_a = \sqrt{A/n}$，A 为承台计算域面积，n 为总桩数。

　　2. 对于桩布置于墙下的箱、筏承台，η_c 可按单排桩条形承台取值。

　　3. 对于单排桩条形承台，当承台宽度小于 $1.5d$ 时，η_c 按非条形承台取值。

　　4. 对于采用后注浆灌注桩的承台，η_c 宜取低值。

　　5. 对于饱和黏性土中的挤土桩基、软土地基上的桩基承台，η_c 宜取低值的 0.8 倍。

【例 8-2】　某桩基工程的桩型平面布置、剖面及地层分面如图 8-14 所示，土层及桩基设计参数如图 8-14 所示，作用于桩端平面处的荷载效应准永久组合附加压力为 400 kPa，其中心点的附加压力曲线如图 8-13 所示(假定为直线分布)，沉降经验系数 $\psi=1$，地基沉降计算深度至基岩图，试按《建筑桩基技术规范》(JGJ 94—2008)验算桩基最终沉降量。

解：由于桩端平面下覆盖土层较薄，其下为不可压缩层的基岩，其沉降可用分层总和法单向压缩基本公式计算。

$$s' = \sum_{i=1}^{n} \frac{\Delta p_i}{E_{si}} H_i = \frac{(400+260)/2}{20} \times (5-1.6) + \frac{(260+30)/2}{4} \times 5 = 237.4 \text{(mm)}$$

距径比 $s_a/d = 1.6/0.4 = 4$

长径比 $l/d = 12/0.4 = 30$

长宽比 $L_c/B_c = 4/4 = 1$，查《建筑桩基技术规范》(JGJ 94—2008)知：

$c_0 = 0.055$，$c_1 = 1.477$，$c_2 = 6.843$

矩形布桩的短边布桩数 $n_b = 3$

桩基等效沉降系数：

$$\psi_e = c_0 + \frac{n_b - 1}{c_1(n_b - 1) + c_2} = 0.055 + \frac{3 - 1}{1.477 \times (3 - 1) + 6.843} = 0.259$$

桩基中点沉降：

$$s = \varphi \cdot \psi_e \cdot s' = 1.0 \times 0.259 \times 237.4 = 61.5 \text{(mm)}$$

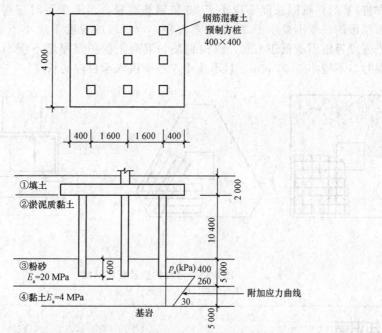

图 8-14 某桩基工程桩型平面布置、剖面及地层分布

8.5 承台设计

承台设计是桩基设计中的一个重要组成部分，承台应有足够的强度和刚度，以便把上部结构的荷载可靠地传给各桩，并将各单桩连成整体。桩基承台分为高桩承台和低桩承台。高桩承台是指桩顶位于地面以上相当高度的承台，多应用于桥梁、码头工程中；凡桩顶位于地面以下的桩承台称为低桩承台，其与浅基础一样，要求底面埋置于当地冻结深度以下。

8.5.1 桩基承台的构造要求

(1)桩基承台的平面尺寸。依据桩的平面布置，边桩中心至承台边缘的距离不宜小于桩的直径或边长，且桩的外缘至承台边缘的距离不小于 150 mm；承台的宽度不宜小于 500 mm。对于条形承台梁，桩的外边缘至承台梁边缘的距离不小于 75 mm。

(2)桩基承台的厚度。要保证桩顶嵌入承台，并防止桩的集中荷载造成承台的冲切破坏，承台的最小厚度不宜小于 300 mm。对大中型工程承台厚度应进行抗冲切计算确定，如果桩承台厚度太小，承台容易发生冲切破坏，可能导致整栋大楼沉陷或倒塌。

（3）承台的配筋。对于矩形承台，其钢筋应按双向均匀通长布置，如图 8-15（a）所示，钢筋直径不宜小于 10 mm，间距不宜大于 200 mm；对于三桩承台，钢筋应按三向板带均匀布置，且最里面的三根钢筋围成的三角形应在柱截面范围内，如图 8-15（b）所示；承台梁的主筋除应满足计算要求外，还应符合最小配筋率的要求，主筋直径不宜小于 12 mm，架立筋不宜小于 10 mm，箍筋直径不宜小于 6 mm，如图 8-15（c）所示。桩下独立桩基承台的最小配筋率不应小于 0.15%。钢筋锚固长度自边桩内侧（当为圆桩时，应将其直径乘以 0.886 等效为方桩）算起，锚固长度不应小于 35 倍钢筋直径，当不满足时应将钢筋向上弯折，此时钢筋水平段的长度不应小于 25 倍钢筋直径，弯折段的长度不应小于 10 倍钢筋直径。承台混凝土强度等级不应低于 C20，纵向钢筋的混凝土保护层厚度不应小于 70 mm，当有混凝土垫层时，不应小于 50 mm，且不应小于桩头嵌入承台内的长度。

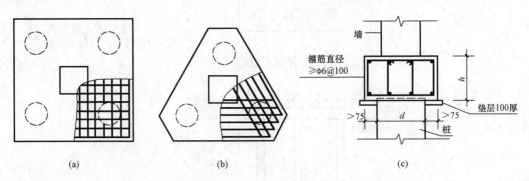

图 8-15 承台构造及配筋示意
(a)矩形承台配筋；(b)三桩承台配筋；(c)承台梁配筋

✍ **知识窗**

承台之间的连接

（1）单桩承台，宜在两个互相垂直的方向上设置联系梁。

（2）两桩承台，宜在其短方向设置联系梁。

（3）有抗震要求的柱下独立承台，宜在两个主轴方向设置联系梁。

（4）联系梁顶面宜与承台位于同一标高。联系梁的宽度不应小于 250 mm，梁的高度可取承台中心矩的 1/10～1/15。

（5）联系梁的主筋应按计算要求确定。联系梁内上下纵向钢筋直径不应小于 12 mm 且不应少于 2 根，并应按受拉要求锚入承台。

8.5.2 桩基承台承载力计算

1. 承台受弯承载力计算

承台受弯承载力和配筋按《混凝土结构设计规范（2015 年版）》(GB 50010—2010) 的规定进行，这里仅介绍承台的弯矩计算。

柱下桩基承台的弯矩可按以下简化计算方法确定：

（1）多桩矩形承台。计算截面应取在柱边和承台高度变化处，如图 8-16（a）锥坡式承台的 x—x、y—y 截面，弯矩的计算式为

$$M_x = \sum N_i y_i \qquad\qquad (8\text{-}33)$$

$$M_y = \sum N_i x_i \qquad\qquad (8\text{-}34)$$

式中　M_x、M_y——垂直于 y 轴和 x 轴方向计算截面处的弯矩设计值(kN·m);

$\quad\quad x_i$、y_i——垂直于 y 轴和 x 轴方向自桩轴线到相应计算截面的距离(m);

$\quad\quad N_i$——扣除承台和其上填土自重后相应于作用的基本组合时的第 i 桩竖向力设计值(kN)。

对阶梯形承台,应根据计算的柱边截面和高度变化处截面的弯矩,分别计算同一方向各截面的钢筋量后,取各方向的最大值进行配筋。

(2)三桩承台。柱下三桩承台分为等边和等腰两种形式,其承台弯矩设计值的计算式如下:

等边三桩承台[见图 8-16(b)]:

$$M = \frac{N_{\max}}{3}\left(s - \frac{\sqrt{3}}{4}c\right) \qquad\qquad (8\text{-}35)$$

式中　M——由承台形心至承台边缘距离范围内板带的弯矩设计值(kN·m);

$\quad\quad N_{\max}$——扣除承台和其上填土自重后的三桩中相应于作用的基本组合时的最大单桩竖向力设计值(kN);

$\quad\quad s$——桩中心距(m);

$\quad\quad c$——方柱边长(m),圆柱时 $c = 0.866d$(d 为圆柱直径,m)。

等腰三桩承台[图 8-16(c)]

$$M_1 = \frac{N_{\max}}{3}\left(s - \frac{0.75}{\sqrt{4-\alpha^2}}c_1\right) \qquad\qquad (8\text{-}36)$$

$$M_2 = \frac{N_{\max}}{3}\left(\alpha s - \frac{0.75}{\sqrt{4-\alpha^2}}c_2\right) \qquad\qquad (8\text{-}37)$$

式中　M_1、M_2——由承台形心到承台两腰和底边的距离范围内板带的弯矩设计值(kN·m);

$\quad\quad s$——长边方向桩中心距(m);

$\quad\quad \alpha$——短边方向桩距与长边方向桩距之比,当 $\alpha < 0.5$ 时,应按变截面的二桩承台设计;

$\quad\quad c_1$、c_2——垂直和平行于承台底边的柱截面边长(m)。

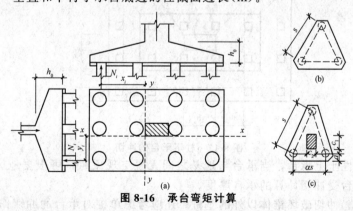

图 8-16　承台弯矩计算

2. 承台冲切承载力计算

在承台有效高度不足时将产生冲切破坏。其破坏方式可分为沿桩(墙)边的冲切和单一基桩对承台的冲切两类。当柱边冲切破坏锥体斜截面与承台底面夹角大于或等于 45°时,该斜面的上周边位于柱与承台交接处或变阶处。

(1)柱对承台的冲切可按下式计算(图 8-17):

$$N_l \leqslant 2[\alpha_{0x}(b_c + a_{0y}) + \alpha_{0y}(h_c + a_{0x})]\beta_{hp}f_t h_0 \qquad (8-38)$$

$$F_l = F - \sum N_i \qquad (8-39)$$

$$\alpha_{0x} = \frac{0.84}{\lambda_{0x} + 0.2} \qquad (8-40)$$

$$\alpha_{0y} = \frac{0.84}{\lambda_{0y} + 0.2} \qquad (8-41)$$

式中　F_l——扣除承台和其上填土自重作用在冲切破坏锥体上相应于作用基本组合时的冲切力设计值(kN),冲切破坏锥体应采用自柱边或承台变阶处相应桩顶边缘连线构成的锥体,锥体与承台地面的夹角不小于 45°,如图 8-17 所示;

　　α_{0x}、α_{0y}——冲切系数;

　　f_t——承台混凝土抗拉强度设计值;

　　h_c——承台冲切破坏锥体的有效高度;

　　λ_{0x}、λ_{0y}——冲跨比,$\lambda_{0x} = a_{0x}/h_0$,$\lambda_{0y} = a_{0y}/h_0$,其值均应满足 0.25~1.0 的要求;

　　a_{0x}、a_{0y}——柱边变阶处至柱边的水平距离,当 $a_{0x}(a_{0y}) < 0.25h_0$ 时,取 $a_{0x}(a_{0y}) = 0.25h_0$;当 $a_{0x}(a_{0y}) > h_0$ 时,取 $a_{0x}(a_{0y}) = h_0$;

　　F——柱根部轴力设计值(kN);

　　$\sum N_i$——冲切破坏锥体范围内各基桩的净反力设计值之和(kN)。

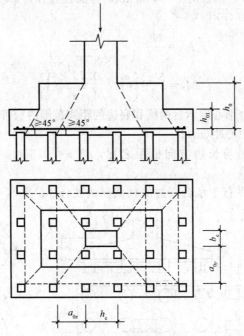

图 8-17　柱下承台的冲切

对中低压缩性土上承台,当承台与地基之间无脱空现象时,可根据地区经验适当减少柱下桩基独立承台受冲切计算的承台厚度。

对位于柱(墙)冲切破坏锥体以外的基桩,还应考虑单桩对承台的冲切作用,并按四柱、三柱承台的不同情况计算受冲切承载力。

(2)对四桩(含四桩)以上承台受角桩冲切的承载力按下式计算(图 8-18):

$$N_l \leqslant \left[\alpha_{1x}\left(c_2 + \frac{a_{1y}}{2}\right) + \alpha_{1y}\left(c_1 + \frac{a_{1x}}{2}\right)\right]\beta_{hp}f_t h_0 \qquad (8-42)$$

$$\alpha_{1x}=\frac{0.56}{\lambda_{1x}+0.2} \tag{8-43}$$

$$\alpha_{1y}=\frac{0.56}{\lambda_{1y}+0.2} \tag{8-44}$$

式中　N_l——扣除承台和其上填土自重的角桩桩顶相应于作用的基本组合时的竖向力设计值（kN）；

α_{1x}、α_{1y}——角桩冲切系数；

λ_{1x}、λ_{1y}——角桩冲垮比，$\lambda_{1x}=a_{1x}/h_0$，$\lambda_{1y}=a_{1y}/h_0$，其值均应满足 0.25～1.0 的要求；

c_1、c_2——从角桩内边缘至承台外边缘的距离（m）；

h_0——承台外边缘的有效高度（m）；

a_{1x}、a_{1y}——从承台底角桩内边缘引 45°冲切线与承台顶面相交点至角桩内边缘的水平距离（m）。

（3）对于三桩三角形承台受角桩冲切的承载力按下式计算（图 8-19）：

底部角桩：

$$N_l\leqslant\alpha_{11}(2c_1+a_{11})\tan\frac{\theta_1}{2}\beta_{hp}f_th_0 \tag{8-45}$$

$$\alpha_{11}=\frac{0.56}{\lambda_{11}+0.2} \tag{8-46}$$

顶部角桩：

$$N_l\leqslant\alpha_{12}(2c_2+a_{12})\tan\frac{\theta_2}{2}\beta_{hp}f_th_0 \tag{8-47}$$

$$\alpha_{12}=\frac{0.56}{\lambda_{12}+0.2} \tag{8-48}$$

式中　a_{11}、a_{12}——从承台底角桩顶内边缘向相邻承台引 45°冲切线与承台顶面相交点至角桩内边缘的水平距离；当柱位于该 45°线以内时，则取由柱边与柱内边缘连线为冲切锥体的锥线；

λ_{11}、λ_{12}——角桩冲跨比，$\lambda_{11}=a_{11}/h_0$，$\lambda_{12}=a_{12}/h_0$，其值均应满足 0.25～1.0 的要求。

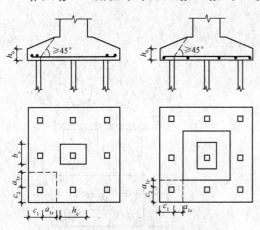

图 8-18　四桩以上角桩冲切验算

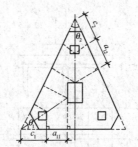

图 8-19　三桩三角形承台角桩冲切验算

3. 承台剪切承载力计算

柱下桩基独立承台应分别对柱边和桩边、变阶处和桩边连线形成的斜截面进行受剪计算(图 8-20)。当柱边外有多排桩形成多个剪切斜截面时，还应对每个斜截面进行验算。斜截面受剪承载力可按下式计算：

$$V \leqslant \beta_{hs} \beta f_t b_0 h_0 \tag{8-49}$$

$$\beta = \frac{1.75}{\lambda + 1.0} \tag{8-50}$$

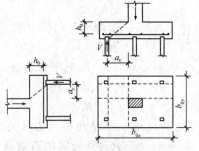

图 8-20 承台斜截面受剪计算

式中 V——扣除承台和其上填土自重后相应于作用的基本组合时斜截面的最大剪力设计值(kN)；

h_0——计算宽度处的承台有效高度(m)；

β_{hs}——受剪切承载力截面高度影响系数；

β——剪切系数；

λ——计算截面的剪跨比，$\lambda_x = a_x/h_0$，$\lambda_y = a_y/h_0$（a_x、a_y 为柱边或承台变阶处至 x、y 方向计算一排桩的桩边的水平距离），当 λ <0.3 时取 0.3，当 λ >3 时取 3；

b_0——承台计算截面处的计算宽度(m)。对阶梯形承台及锥形承台，b_0 按下式确定：

阶梯形承台(图 8-21)：变阶处截面 A_1—A_1、B_1—B_1 的有效高度均为 h_{01}，截面计算宽度分别为 b_{y1} 和 b_{x1}；柱边截面 A_2—A_2、B_2—B_2 处的有效高度均为 $h_{01} + h_{02}$，截面计算宽度为

A_2—A_2 截面

$$b_{y0} = \frac{b_{y1} h_{01} + b_{y2} h_{02}}{h_{01} + h_{02}} \tag{8-51}$$

B_2—B_2 截面

$$b_{x0} = \frac{b_{x1} h_{01} + b_{x2} h_{02}}{h_{01} + h_{02}} \tag{8-52}$$

锥形承台(图 8-22)：A—A 及 B—B 两个截面的有效高度均为 h_0，截面的计算宽度为

A—A 截面

$$b_{y0} = \left[1 - 0.5 \frac{h_1}{h_0} \left(1 - \frac{b_{y2}}{b_{y1}} \right) \right] b_{y1} \tag{8-53}$$

B—B 截面

$$b_{x0} = \left[1 - 0.5 \frac{h_1}{h_0} \left(1 - \frac{b_{x2}}{b_{x1}} \right) \right] b_{x1} \tag{8-54}$$

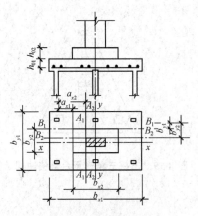

图 8-21 阶梯形承台受剪
截面计算宽度计算

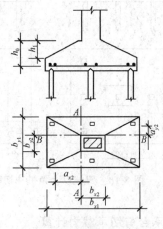

图 8-22 锥形承台受剪
截面计算宽度计算

【例 8-3】 某建筑桩基如图 8-23 所示。柱截面尺寸为 450 mm×600 mm，作用在基础顶面的荷载设计值：$F = 2\,800$ kN，$M = 210$ kN·m（作用于边长方向），$H = 145$ kN，采用截面为 350 mm×350 mm 的预制混凝土方桩，承台长边和短边分别为 $a = 2.8$ m，$b = 1.75$ m，承台高 0.8 m，桩顶伸入承台 50 mm，钢筋保护层取 40 mm，承台有效高度：$h_0 = 0.8 - 0.05 - 0.04 = 0.71(m)= 710$ mm。承台混凝土强度等级为 C20，配置 HPB300 级钢筋。试验算承台承载力。

解：（1）计算柱顶荷载设计值。

取承台和其上土的平均重度 $\gamma_G = 20$ kN/m³，则桩顶平均竖向设计值为

$$N = \frac{F+G}{n} = \frac{2800 + 1.2 \times 20 \times 2.8 \times 1.75 \times 1.3}{6} = 492.1\,(\text{kN})$$

$$N_{\min}^{\max} = N \pm \frac{(M+Hh)x_{\max}}{\sum x_i^2} = 492.1 \pm \frac{(210 + 145 \times 0.8) \times 1.05}{4 \times 1.05^2}$$

$$= 492.1 \pm 77.6\,(\text{kN})$$

$$N_{\max} = 569.7\,(\text{kN})$$

$$N_{\min} = 414.5\,(\text{kN})$$

（2）计算承台受弯承载力。

$$x_i = 1\,050 - \frac{600}{2} = 750\,(\text{mm}) = 0.75 \text{ m}$$

$$y_i = 525 - \frac{450}{2} = 300\,(\text{mm}) = 0.3 \text{ m}$$

$$M_x = \sum N_i y_i = 3 \times 492.1 \times 0.3 = 442.89\,(\text{kN·m})$$

$$A_s = \frac{m_x}{0.9 f_y h_0} = \frac{442.89 \times 10^6}{0.9 \times 300 \times 710} = 2\,310\,(\text{mm}^2)\text{，选用 22}\Phi\text{12，} A_s = 2\,488 \text{ mm}^2$$

$$M_y = \sum N_i x_i = 2 \times 569.7 \times 0.75 = 854.55\,(\text{kN·m})$$

$$A_s = \frac{m_y}{0.9 f_y h_0} = \frac{854.55 \times 10^6}{0.9 \times 300 \times 710} = 4\,458\,(\text{mm}^2)\text{，选用 14}\Phi\text{20，} A_s = 4\,398 \text{ mm}^2$$

（3）验算承台受冲切承载力验算。

1）柱对承台的冲切。

$$\lambda_{0x} = \frac{a_{0x}}{h_0} = \frac{0.575}{0.710} = 0.810 < 1.0$$

$$\beta_{0x} = \frac{0.84}{\lambda_{0x} + 0.2} = \frac{0.84}{0.810 + 0.2} = 0.832$$

$$\lambda_{0y} = \frac{a_{0y}}{h_0} = \frac{0.125}{0.710} = 0.176 < 0.25\text{，取 } \lambda_{0y} = 0.25$$

$$\beta_{0y} = \frac{0.84}{\lambda_{0y} + 0.2} = \frac{0.84}{0.25 + 0.2} = 1.867$$

因 $h = 800$ mm，故 $\beta_{hp} = 1.0$。

$2[\beta_{0x}(b_c + a_{0y}) + \beta_{0y}(h_c + a_{0x})]\beta_{hp} f_t h_0$

$= 2 \times [0.832 \times (0.45 + 0.125) + 1.867 \times (0.60 + 0.575)] \times 1.0 \times 1.1 \times 10^6 \times 0.71$

$= 4\,173.9 \times 10^3\,(\text{N})$

$= 4\,173.9 \text{ kN} > \gamma_0 F_l = 1.0 \times (2\,800 - 0) = 2\,800\,(\text{kN})$

满足要求。

2）角桩对承台的冲切。

$$c_1 = c_2 = 0.525 \text{ m}$$

$$a_{1x} = a_{0x} = 0.575 \text{ m}, \quad \lambda_{1x} = \lambda_{0x} = 0.81$$

$$a_{1y} = a_{0y} = 0.125 \text{ m}, \quad \lambda_{1y} = \lambda_{0y} = 0.25$$

$$\beta_{1x} = \frac{0.56}{\lambda_{1x} + 0.2} = \frac{0.56}{0.81 + 0.2} = 0.554$$

$$\beta_{1y} = \frac{0.56}{\lambda_{1y} + 0.2} = \frac{0.56}{0.25 + 0.2} = 1.244$$

$$\left[\beta_{1x}\left(c_2 + \frac{a_{1y}}{2}\right) + \beta_{1y}\left(c_1 + \frac{a_{1x}}{2}\right)\right]\beta_{hp} f_t h_0$$

$$= \left[0.554 \times \left(0.525 + \frac{0.125}{2}\right) + 1.244 \times \left(0.525 + \frac{0.575}{2}\right)\right] \times 1.0 \times 1.1 \times 10^6 \times 0.71$$

$$= 1\,043.6 \times 10^3 \text{(N)}$$

$$= 1\,043.6 \text{ kN} > \gamma N_{max} = 1.0 \times 569.7 = 569.7 \text{(kN)}$$

满足要求。

(4)验算承台受剪承载力。

剪跨比与以上冲跨比相同,对 I — I 斜截面,有

$$\lambda_x = \lambda_{0x} = 0.810$$

$$\beta = \frac{1.75}{\lambda + 1.0} = \frac{1.75}{0.81 + 1.0} = 0.967$$

因 $h_0 = 710$ mm < 800 mm,故取 $\beta_{hs} = 1.0$。

$$\beta_{hs}\beta f_t b_0 h_0 = 1.0 \times 0.967 \times 1\,100 \times 1.75 \times 0.71$$

$$= 1\,321.6 \text{(kN)} > 2\gamma_0 N_{max} = 2 \times 1.0 \times 569.7$$

$$= 1\,139.4 \text{(kN)}$$

满足要求。

对 II — II 斜截面,因取 $\lambda = 0.3$,其受剪切承载力更大,故验算从略。

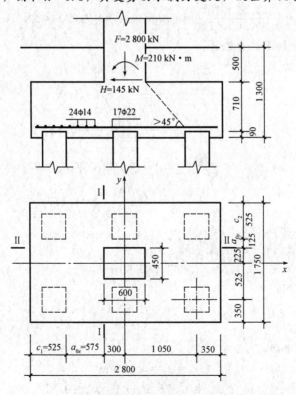

图 8-23 例 8-3 图

8.6 桩基设计与施工

8.6.1 桩基设计步骤

桩基的设计应做到安全、经济和合理。对桩和承台来说，应有足够的强度、刚度和耐久性；对地基(主要是桩端持力层)来说，要有足够的承载力和不致产生过量的变形。桩基设计流程图如图8-24所示。

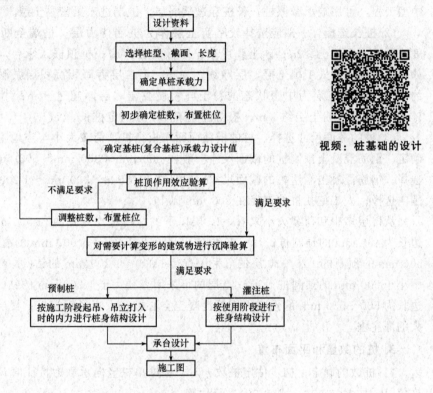

图 8-24　桩基设计流程

1. 调查研究，收集资料

在桩基设计之前，首先应通过调查研究，充分掌握一些基本的设计资料，其中包括下列几个方面：

(1)工程地质与水文地质勘察资料。掌握设计所需用岩土物理力学参数及原位测试参数，地下水情况，有无液化土层、特殊土层和地质灾害等。这些资料直接影响到桩型的选择、持力层的选择、施工方法、桩的承载力和变形等各个方面。

(2)建筑场地与环境条件的有关资料。建筑场地管线分布，相邻建筑物基础形式及埋深，防振、防噪声的要求，泥浆排放、弃土条件，抗震设防烈度和建筑场地类别。

(3)上部结构特点。应注意上部结构的平面布置、结构形式、荷载分布、使用要求，特别是不同结构体系对变形特征的不同要求。

（4）施工条件。考虑可获得的施工机械设备；制桩、运输和沉桩的条件，施工工艺对地质条件的适应性；水、电及建筑材料的供应条件，施工对环境的影响。

（5）地方经验。了解备选桩型在当地的应用情况，已使用的桩在类似条件下的承载力和变形情况。重视地方规范，一些计算系数，特别是沉降计算经验系数，优先考虑地方取值经验。

2. 选择桩的类型、桩长和截面尺寸

（1）桩的类型选择。根据建筑桩基的等级、规模、荷载大小，结合工程地质剖面图、各土层的性质与层厚，确定桩的受力工作类型。例如，地表为粉质黏土，层厚为 1.68 m，第二层为淤泥，层厚达 18.9 m，第三层为紧密黏土层，如为低层房屋可采用摩擦桩；如为大中型工程，可用端承摩擦桩，长桩穿透软弱层，桩端进入紧密黏土层。

（2）桩长选择。一般应选择较坚实土层作为桩端持力层。桩端全断面进入持力层的深度：黏性土、粉土≥2d；砂土≥1.5d；碎石类土≥1d；桩顶嵌入承台，以此确定桩长。例如，地基表层为人工填土层，层厚约 3.5 m；第二层为海相沉积层淤泥与淤泥质土，层厚约 11.6 m；第三层为中密状态的粉土与粉质黏土，层厚超过 8 m；用送桩器送入地面下1 m，桩端进入粉土层约 1 m，根据这些条件不难确定桩长。

（3）桩的截面尺寸选择。桩的横截面面积根据桩顶荷载大小与当地施工机具及建筑经验确定。钢筋混凝土预制桩的截面尺寸一般在 300 mm×300 mm～500 mm×500 mm 范围内选择；钢筋混凝土灌注桩的截面尺寸一般可在 300 mm×300 mm～1 200 mm×1 200 mm 范围内选择；人工挖孔桩的直径在 800 mm 以上。

从楼层多少和荷载大小来看，10 层以下的，可考虑采用直径 500 mm 左右的灌注桩和边长为 400 mm 的预制桩；10～20 层的可采用直径 800～1 000 mm 的灌注桩和边长为 400～500 mm 的预制桩；20～30 层的可采用直径 1 000～1 200 mm 的钻（冲、挖）孔灌注桩和边长不小于 500 mm 的预制桩；30～40 层的可采用直径大于 1 200 mm 的钻（冲、挖）孔灌注桩和边长为 500～550 mm 的预应力钢筋混凝土空心桩和大直径钢管桩；楼层更多的可用直径更大的灌注桩。

3. 桩的数量和平面布置

（1）桩数的确定。初步估定桩数 n 时，根据单桩竖向承载力特征值 R_a 或单桩轴向受压容许值 $[R_a]$ 按式（8-55）、式（8-56）进行估算：

建筑桩基：

$$n \geqslant \mu \frac{F_k + G_k}{R_a} \tag{8-55}$$

桥梁桩基：

$$n \geqslant \mu \frac{N}{[R_a]} \tag{8-56}$$

式中　F_k——相应于作用的标准组合时，作用于桩基承台顶面的竖向力（kN）；

　　　G_k——桩基承台及承台上土自重标准值（kN）；

　　　N——作用在桩基承台底面以上的竖向荷载（kN）；

　　　μ——考虑荷载偏心的经验系数，取 $\mu = 1.1 \sim 1.2$。

承受水平荷载的桩基，在确定桩数时，还应满足对桩的水平承载力的要求。此时，可以取各单桩水平承载力之和，作为桩基的水平承载力。这样做通常是偏于安全的。

（2）桩的平面布置。在桩的数量初步确定后，可根据上部结构的特点与荷载性质进行桩的平面布置。

1）桩的中心距。通常桩的中心距宜取(3~4)d(桩径)。若中心距过小，桩施工时互相挤土影响桩的质量；反之，桩的中心距过大，则桩承台尺寸太大，不经济。桩的最小中心距应符合表 8-11 的规定。当施工中采取减小挤土效应的可靠措施时，可根据当地经验适当减小。

表 8-11　桩的最小中心距

土类与成桩工艺		排列不少于 3 排且桩数不少于 9 根的摩擦型桩桩基	其他情况
非挤土灌注桩		$3.0d$	$3.0d$
部分挤土桩	非饱和土、饱和非黏性土	$3.5d$	$3.0d$
	饱和黏性土	$4.0d$	$3.5d$
挤土桩	非饱和土、饱和非黏性土	$4.0d$	$3.5d$
	饱和黏性土	$4.5d$	$4.0d$
钻、挖孔扩底桩		$2D$ 或 $D+2.0$ m（当 $D>2.0$ m 时）	$1.5D$ 或 $D+1.5$ m（当 $D>2.0$ m 时）
沉管夯扩、钻孔挤扩桩	非饱和土、饱和非黏性土	$2.2D$ 且 $4.0d$	$2.0D$ 且 $3.5d$
	饱和黏性土	$2.5D$ 且 $4.5d$	$2.2D$ 且 $4.0d$

注：1. d 为圆桩设计直径或方桩设计边长，D 为扩大端设计直径。
　　2. 当纵横向桩距不相等时，其最小中心距应满足"其他情况"一栏的规定。
　　3. 当为端承桩时，非挤土灌注桩的"其他情况"一栏可减小至 $2.5d$。

2）桩位布置原则。力求使桩基中各桩受力均匀：作用在板式承台上荷载的合力作用点，应与群桩横截面的重心相重合或接近；桩基在承受水平和弯矩较大方向有较大的抵抗矩，以增强桩基的抗弯能力。

3）桩位布置形式。根据桩基的受力情况，桩在平面内可布置成方形、矩形、三角形和梅花形等。对于柱基，通常布置成梅花形或行列式；对于条形基础，通常布置成一字形，小型工程一排桩、大中型工程两排桩；对于烟囱、水塔基础，通常布置成圆环形，如图 8-25 所示。

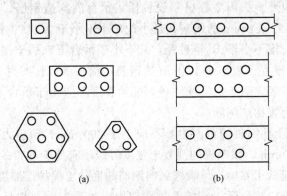

图 8-25　桩的平面布置

(a)柱下桩基；(b)墙下桩基

4. 桩基承载力验算

《建筑桩基技术规范》(JGJ 94—2008)规定，在轴心竖向力作用下按下式计算：

$$N_k = \frac{F_k + G_k}{n} \leqslant R \tag{8-57}$$

在偏心竖向力作用下，除满足式(8-57)外，还应满足下式要求：

$$N_{kmax} = \frac{F_k + G_k}{n} + \frac{m_{xk}\,y_{max}}{\sum y_i^2} + \frac{m_{yk}\,x_{max}}{\sum x_i^2} \leqslant 1.2R \tag{8-58}$$

式中　N_k——相应于作用的标准组合轴心竖向力作用下，基桩或复合基桩的平均竖向力 (kN)；

N_{kmax}——相应于作用的标准组合偏心竖向力作用下，桩顶最大竖向力(kN)；

F_k——相应于作用的标准组合下，作用于承台顶面的竖向力(kN)；

G_k——桩基承台和承台上土自重标准值，对稳定的地下水位以下部分应扣除水的浮力(kN)；

R——基桩或复合基桩竖向承载力特征值(kN)；

M_{xk}、M_{yk}——相应于作用的标准组合下，作用于承台底面，绕通过桩群形心的 x、y 主轴的力矩(kN·m)；

x_i、y_i——第 i 基桩或复合基桩至 y、x 轴的距离(m)；

x_{max}、y_{max}——与 N_{kmax} 对应的角部基桩或复合基桩至 y、x 轴的距离(m)。

5. 桩身结构设计

(1)灌注桩。灌注桩在使用阶段的结构设计，原则上和混凝土预制桩相同，应按桩身内力进行强度验算，必要时还应进行抗裂验算。但由于灌注桩在现场成桩，故其构造要求与预制桩有所不同。

灌注桩的混凝土强度等级一般不得低于 C15，集料粒径不大于 40 mm，坍落度一般采用 50～70 mm；水下灌注混凝土不得低于 C20，集料粒径应小于导管内径的 1/4，最大粒径不大于 50 mm，坍落度以 160～200 mm 为宜；沉管灌注桩的预制桩尖，其混凝土等级不得低于 C30。

灌注桩按偏心受压柱或受弯构件计算，若计算表明桩身混凝土强度满足要求时，桩身可不配置受压钢筋，只要根据需要在桩顶设置插入承台的构造钢筋。对一级建筑桩基，主筋为 6～10 根直径为 12～14 mm 的钢筋，最小配筋率不小于 0.2%，锚入承台长度为 30 倍主筋直径，伸入桩身长度不小于 10 倍桩径，且不小于承台下软弱土层层底深度；对二级建筑桩基，主筋为 4～8 根直径为 10～12 mm 的钢筋，锚入承台长度为 30 倍主筋直径，伸入桩身长度不小于 5 倍桩径，对于沉管灌注桩，配筋长度不应小于承台下软弱土层层底深度；对三级建筑桩基可不配置构造钢筋。

(2)预制桩。混凝土预制桩的截面边长不应小于 200 mm；预应力混凝土预制实心桩的截面边长不宜小于 350 mm。预制桩的混凝土强度等级不宜低于 C30；预应力混凝土实心桩的混凝土强度等级不应低于 C40；预制桩纵向钢筋的混凝土保护层厚度不宜小于 30 mm。

预制桩的桩身配筋应按吊运、打桩及桩在使用中的受力等条件计算确定。采用锤击法沉桩时，预制桩的最小配筋率不宜小于 0.8%。静压法沉桩时，最小配筋率不宜小于 0.6%，主筋直径不宜小于 14 mm，打入桩桩顶以下 4～5 倍桩身直径长度范围内箍筋应加密，并设置钢筋网片。预制桩的分节长度应根据施工条件及运输条件确定；每根桩的接头数量不宜超过 3 个。预制桩的桩尖可将主筋合拢焊在桩尖辅助钢筋上，对于持力层为密实砂和碎石类土时，宜在桩尖处包以钢桩靴，加强桩尖。

6. 桩基设计实例

【例 8-4】 某工程为二级建筑物，位于软土地区，采用桩基，如图 8-26 所示。已知上部结构传来的相当于荷载效应标准组合的基础顶面竖向荷载 $N_k = 3\,200$ kN，弯矩 $M_k = 350$ kN·m，水平方向剪力 $T_k = 40$ kN。工程地质勘察表明，地基表层为人工填土，厚度达 2.0 m；第二层为软塑状态黏土，厚度达 8.5 m；第三层为可塑状态粉质黏土，厚度达 6.8 m。地下水位埋深 2.0 m，位于第二层黏土顶面。土工试验结果见表 8-12，其中第二层 $f_{ak} = 115$ kPa，第三层 $f_{ak} = 220$ kPa。采用钢筋混凝土预制桩，截面为 300 mm×300 mm，长 10 m，进行现场静荷载试验，得单桩承载力特征值 $R_a = 320$ kN，试设计此工程的桩基。

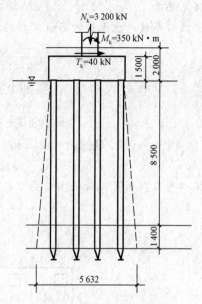

图 8-26 群桩承载力验算

表 8-12 地基土的性质指标

编号	土层名称	厚度 /m	w /%	γ /(kN·m⁻³)	e	w_L /%	w_P /%	I_P	I_L	c /kPa	φ /(°)	E_s /MPa
1	人工填土	2.0		16.0								
2	灰色黏土	8.5	38	18.9	1.0	38.2	18.4	19.8	1.0	12	18.6	4.6
3	粉质黏土	6.8	27	19.6	0.78	32.7	17.7	15.0	0.6	18	28.6	7.0

解： (1)根据地质资料确定第三层粉质黏土为桩端持力层。采用与现场荷载试验相同的尺寸：桩截面尺寸为 300 mm×300 mm，桩长 10 m。考虑桩承台埋深 2.0 m，桩顶嵌入承台 0.1 m，则桩端进入持力层 1.4 m。

(2)桩身材料。混凝土强度等级为 C30，钢筋用 HRB335 级钢筋 4Φ16。

(3)单桩竖向承载力特征值 $R_a = 320$ kN。

(4)估算桩数及承台面积。

1)桩的数量。

$$n \geqslant u \frac{F_k}{R_a} = 1.2 \times \frac{3\,200}{320} = 12.0 \text{(根)}$$

这里未考虑承台、土重及偏心距的影响，所以乘以 1.2 的扩大系数。

2)桩的中心距。桩的最小中心距 3.5d(挤土预制桩)，取中心距为 1 200 mm。

3)桩的排列。采用行列式，桩基在受弯方向排列 4 根，另一方向排列 3 根，如图 8-27 所示。

4)桩基承台。桩基承台尺寸，根据桩的排列，柱外缘每边外伸净距为 1/2d = 150 mm，则桩承台长 $L = 4\,200$ mm，宽度 $b = 3\,000$ mm，设计埋深为 2.0 m，位于人工填层以下、黏土层顶部。承台及上覆重 $G_k = 4.2 \times 3.0 \times 2.0 \times 20 = 504$(kN)。

(5)验算单桩受力。按中心受压桩平均受力计算，应满足下式的要求：

$$Q_k = \frac{F_k + G_k}{n} = \frac{3\,200 + 504}{12} = 308.7(\text{kN}) \leqslant R_a = 320\ \text{kN}$$

满足要求。

按偏心荷载考虑承台四角最不利的桩的受力情况，按下式计算：

$$Q_{ik} = \frac{F_k + G_k}{n} \pm \frac{m_{yk} x_i}{\sum x_i^2}$$

$$= \frac{3\,200 + 504}{12} \pm \frac{(350 + 40 \times 1.5) \times 1.8}{6 \times (0.6^2 + 1.8^2)}$$

$$= 308.7 \pm 34.2(\text{kN})$$

$$Q_{ik\max} = 342.9\ \text{kN} \leqslant 1.2R_a = 1.2 \times 320 = 384(\text{kN})$$

$$Q_{ik\min} = 274.5\ \text{kN} > 0$$

偏心荷载作用下，最边缘桩受力安全。

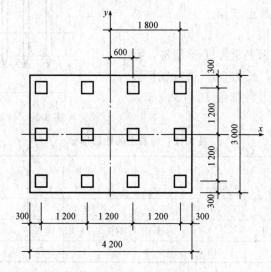

图 8-27 桩的排列

(6)验算群桩承载力。

1)计算假想实体基础底面尺寸。桩周摩擦力向外扩散角 $\theta = \varphi_n/4$（φ_n 为桩身范围内摩擦角的加权平均值），即

$$\varphi_n = \frac{\varphi_2 l_2 + \varphi_1 l_1}{l_2 + l_1} = \frac{18.6 \times 8.5 + 28.5 \times 1.4}{8.5 + 1.4} = \frac{198}{9.9} = 20°$$

$$\theta = \frac{\varphi_n}{4} = \frac{20°}{4} = 5°$$

$$\tan\theta = \tan 5° = 0.087\,5$$

由于边桩外围尺寸为 3 900 mm×2 700 mm，故实体基础底面长度为

$$l' = 3\,900 + 9\,900 \times 0.087\,5 \times 2 = 5.63(\text{m})$$

$$b' = 2\,700 + 9\,900 \times 0.087\,5 \times 2 = 4.43(\text{m})$$

2)计算桩端地基土的承载力特征值。

$$\gamma_m = \frac{\gamma_1 h_1 + \gamma_2 h_2 + \gamma_3 h_3}{h_1 + h_2 + h_3} = \frac{16.0 \times 2.0 + 8.9 \times 8.5 + 9.6 \times 1.4}{2.0 + 8.5 + 1.4}$$

$$= 10.2(\text{kN/m}^3)$$

$$f_a = f_{ak} + \eta_b \gamma (b-3) + \eta_d \gamma_m (d-0.5)$$
$$= 220 + 0.3 \times 9.6 \times (4.43-3) + 1.6 \times 10.2 \times (11.9-0.5)$$
$$= 410.2 (kPa)$$

3）验算桩端地基承载力。假想实体基础自重为

$$G_k = G_{k水上} + G_{k水下} = l' \times b' \times d_1 \times \bar{r}_1 + l' \times b' \times d_2 \times \bar{r}_2$$
$$= 5.63 \times 4.43 \times 2 \times 20 + 5.63 \times 4.43 \times 9.9 \times 9$$
$$= 3\ 219.9 (kN)$$

假想实体基础底面压应力为

$$p_k = \frac{N_k + G_k}{A} = \frac{3\ 200 + 3\ 219.9}{5.63 \times 4.43} = 257.4 (kPa) < f_a = 410.2 (kPa)$$

假想实体基础底面压应力为

$$p_k = \frac{N_k + G_k}{A} \pm \frac{M}{W} = \frac{3\ 200 + 3\ 219.9}{5.63 \times 4.43} \pm \frac{350 + 40 \times 1.5}{\frac{4.43 \times 5.63^2}{6}} = 257.4 \pm 17.5 (kPa)$$

由此可得，基础边缘最大压力为

$$p_{kmax} = 257.4 + 17.5 = 274.9 (kPa) < 1.2 f_a = 1.2 \times 410.2 = 492.2 (kPa)$$

满足设计要求。

8.6.2　桩基施工

1. 沉桩(预制桩)施工

沉桩施工包括桩的制作、桩的吊装及运输和桩的沉入。常用的沉桩方法有打入(锤击)法、振动法和静力压入法。沉桩的类型有实心的钢筋混凝土桩、空心的钢筋混凝土管桩或预应力钢筋混凝土管桩及钢桩。

桩的吊运：预制的钢筋混凝土桩由预制场地吊运到桩架内，在起吊、运输、堆放时，都应按照设计计算的吊点位置起吊(一般吊点在桩内预埋直径为 20~25 mm 的钢筋吊环，或以油漆在桩身标明)，否则桩身受力情况与计算不符，可能引起桩身混凝土开裂，如图 8-28 所示。

预制的钢筋混凝土桩主筋一般是沿桩长按设计内力均匀配置的。桩吊运或堆放时的吊点或支点位置，是根据吊运或堆放时桩身产生的正负弯矩相等的原则确定的，这样较为经济。

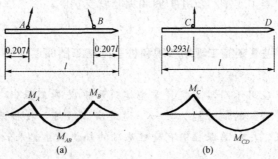

图 8-28　吊点位置及桩身弯矩

(a)两吊点；(b)单吊点

2. 沉管灌注桩施工

沉管灌注桩又称为打拔管式灌注桩，是采用锤击或振动的方法将一根与桩的设计尺寸相适应的钢管（下端带有桩尖）沉入土中，然后将钢筋笼放入钢管内，再灌注混凝土，并边灌边将钢管拔出，利用拔管时的振动力将混凝土捣实。其施工过程如图8-29所示。

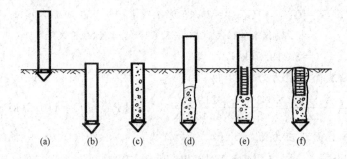

图 8-29　沉管灌注桩的施工过程

(a)就位；(b)沉管；(c)灌注混凝土；

(d)拔管振动；(e)下钢筋笼；(f)灌注成型

3. 挖孔灌注桩施工

(1)施工准备。平整场地，清除坡面危石浮土；坡面有裂缝或坍塌迹象者应加设必要的保护，铲除松软的土层并夯实。孔口四周挖排水沟，做好排水系统；及时排除地表水，搭好孔口雨篷。安装提升设备，布置好出渣道路，合理堆放材料和机具，以免增加孔壁压力，影响施工。

孔口周围须用木料、型钢或混凝土制成框架或围圈予以围护，其高度应高出地面20～30 cm，防止土、石、杂物流入孔内伤人。若孔口地层松软，为防止孔口坍塌，应在孔口用混凝土护壁，高约2 m。

(2)开挖桩孔。一般采用人工开挖，开挖之前应清除现场四周及山坡上的悬石、浮土等，排除一切不安全因素，备好孔口四周临时围护和排水设备，并安排好排土提升设备，布置好弃土通道，必要时孔口应搭雨篷。

开挖时应做好安全技术措施和排水措施，完成后应进行终孔检查。

(3)护壁和支撑。挖孔桩开挖过程中，开挖和护壁两个工序必须连续作业，以确保孔壁不塌，应根据地质、水文条件、材料来源等情况因地制宜地选择支撑和护壁方法。常用的孔壁支护方法有现浇混凝土支护、沉井护圈和钢套管支护。

>> **任务实施**

桩基础施工现场参观和桩基础施工图阅读训练

1. 目的与意义

目前桩基础已广泛应用于高层建筑、重型建筑和桥梁等工程中，能正确进行桩基础施工是施工现场技术人员必需的职业能力之一。通过实训锻炼，把桩基础施工中与桩基础设计相关的要点结合起来，把相关课程中有关桩基础的知识联系起来。

2. 内容与要求

在教师或工程技术人员的指导下，选择一个有代表性的桩基础施工现场，熟悉桩基础施工图和桩基础施工方案，针对本工程桩基础形式、适用条件、受力特点、设计要点、构造要求、施工工艺、质量技术标准、施工现场的技术与管理工作进行分析，初步学会正确实施桩基础施工方案，把握关键点。

📖 项目小结

桩基础是一种发展迅速，应用广泛的基础形式，是工程界非常感兴趣的研究对象。本项目主要介绍了桩基础的分类、特点、构造与适用条件、单桩竖向及水平承载力计算、桩基承载力与沉降量计算、承台设计、桩基设计与施工。

📖 思考与练习

1. 在哪些情况下可考虑采用桩基？

2. 桩基设计应符合哪些要求？

3. 什么是单桩竖向承载力？

4. 单桩水平承载力的影响因素有哪些？

5. 桩基承台构造应符合哪些要求？

6. 挖孔灌注桩施工应符合哪些要求？

7. 柱下桩基的地基剖面图如图 8-30 所示，承台底面位于杂填土的下层面，其下黏土层厚 6.0 m，液性指数 $I_L = 0.5$，$q_{s1k} = 25.4$ kPa，$q_{p1k} = 800$ kPa；下面为 9.0 m 厚的中密粉细砂层，$q_{s2k} = 25$ kPa，$q_{p2k} = 1\ 500$ kPa。拟采用直径为 30 cm 的钢筋混凝土预制桩基，如要求单桩竖向承载力特征值达 420 kN，试按《建筑地基基础设计规范》(GB 50007—2011) 求桩的长度。

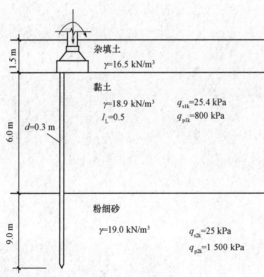

图 8-30 习题 7 图

8. 某工程一群桩基中桩的布置及承台尺寸如图 8-31 所示，其中桩采用 $d = 500$ mm 的钢筋混凝土预制桩，桩长为 12 m，承台的埋置深度为 1.3 m。土层分布第一层为 3 m 厚的条填土，第二层为 4 m 厚的可塑状态黏土，其下为很厚的中密中砂层。上部结构传至承台的轴心荷载标准值 $F_k = 5\ 400$ kN，弯矩 $M_k = 1\ 200$ kN·m，试验算该桩基是否满足设计要求。

9. 某框架内柱桩基，柱截面尺寸为 500 mm×500 mm，相应于作用的基本组合时柱底荷载为 $F=1\,700$ kN，$M=180$ kN·m，$H=100$ kN，桩为 5 根直径为 400 mm 的 PHC 管桩，布置如图 8-32 所示，试进行该桩基承台的结构设计。

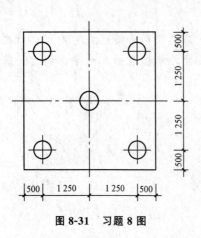

图 8-31　习题 8 图

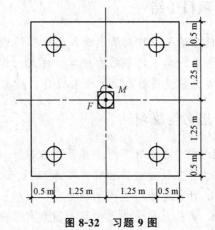

图 8-32　习题 9 图

项目9　软弱地基处理

素养课堂

软土地基处理的方法有很多种类，但是作为一名学生我们要通过社会实践将理论联系实际，将课堂所学、教育者灌输的教育内容做到活学活用，促进学生发现问题、分析问题、解决问题能力的提升，突出学习的灵活性、应用性、实用性。社会实践也不可避免地会让学生遇到新、奇、特的知识、事物，这就要求学生在实践过程中，不断发挥想象力、增强敏锐感，追求真知、攻坚克难。挖掘学生的创新潜能，激发创新意识，塑造创新活力，这些都凸显了社会实践的创造性。

项目导入

某厂房为一幢高四层，框架结构的建筑物，长55.0 m，宽15.0 m，占地面积825 m²，原设计采用人工挖孔桩基础，由于场地工程地质情况复杂，厂房中段和东段分别分布有一层厚为3~6 m和7~9 m的流塑状淤泥，使建筑区内部分地段挖孔桩方案无法实施，而改用条形基础下的砂垫层方案（垫层厚度1.00 m），而西段淤泥层较薄（厚1~2 m），却浇筑了

16条桩柱，于是同一建筑物采用了两种在受力和变形方面完全不同的基础形式。厂房于1999年10月建成，使用期间发现不均匀沉降，导致厂房结构出现严重拉裂和剪切破坏，危及安全使用。

沉降原因分析：

(1)地质因素：据钻探揭露，厂房建造在一条山坡冲沟的边麓地段，地下水丰富，水位埋深约0.30m，淤泥(含腐木)等软土的分布极不均匀，层厚由西向东递增，这是造成厂房不均匀沉降的客观因素。

(2)结构因素：同一栋厂房，采用了两种不同的基础形式，地质条件较好的西段，采用人工挖孔桩基础，桩端支承在坚硬状的残积土层里，而地质条件极差的东段，则采用了条形基础下的砂垫层，垫层厚仅1.0m，未作压密处理。根据推算，采用桩基础的最终下沉量仅为1.4mm(设桩长10m，进入坚硬状土层)，而采用条形基础下砂垫层处理的基础经推算仍有200mm的沉降量，条形基础的刚度起不到变形(沉降)调节作用，因此导致厂房的不均匀沉降，影响到厂房的安全使用，所以必须尽快处理。

加固方案：

为确保该厂房的安全使用，对该建筑物的处理宜把上部结构的加固和地基的处理结合起来进行。先处理地基，以控制地基的继续沉降，后加固上部结构。根据钻探和变形测量资料显示，对厂房地基的加固可采用压力灌浆补强和静力压桩等方法，但根据业主的要求以不影响生产为原则，同时受场地工程地质条件的影响，决定采用压力灌浆加固法。

本次加固目的旨在通过浆体的渗压改善软土地基的承载力和压缩(变形)模量，逐渐减少地基的沉降量，以满足厂房的使用要求。

9.1　软弱地基认知

9.1.1　软弱地基的特性与类型

软弱地基是指主要由淤泥、淤泥质土、冲填土、杂填土或其他高压缩性土层构成的地基。这种地基天然含水量过大，承载力低，在荷载作用下易产生滑动或固结沉降。构成软弱地基的这些软弱土有以下特性。

知识拓展：地基
处理的目的

1. 淤泥及淤泥质土

淤泥及淤泥质土是在净水或缓慢流水环境中沉积的，经生物化学作用形成的，天然含水量高的，承载力(抗剪强度)低的，软塑到流塑状态的饱和黏性土。其含水量一般大于液限；天然孔隙比一般大于或等于1.0；当土由生物化学作用形成，并含有机质，其天然孔隙比e大于1.5时为淤泥；天然孔隙比小于1.5而大于1.0时称为淤泥质土，淤泥和淤泥质土总称软(黏)土，广泛分布在我国东南沿海，如天津、上海、杭州、宁波、温州、福州、厦门、广州等地区及其他内陆、湖泊和平原地区。其工程特性主要有触变性、高压缩性、低透水性、不均匀性以及流变性等。在荷载作用下，地基承载能力低，地基沉降变形大，不均匀沉降也大，而且沉降稳定时间比较长。

2. 冲填土

冲填土是由水力冲填泥沙沉积形成的填土，常见于沿海地带和江河两岸。冲填土的特性与其颗粒组成有关，此类土含水量较大，压缩性较高，强度低，具有软土性质。它的工程性质随土的颗粒组成、均匀性和排水固结条件不同而异，当含砂量较多时，其性质基本上与粉细砂相同或类似，就不属于软弱土；当黏土颗粒含量较多时，往往欠固结，其强度和压缩性指标都比天然沉积土差，则属于软弱土。

3. 杂填土

杂填土是含有大量建筑垃圾、工业废料及生活垃圾等杂物的填土，常见于一些较古老城市和工矿区。它的成因没有规律，成分复杂，分布极不均匀，厚度变化大，有机质含量较多，性质也不相同且无规律性。它的主要特性是土质结构比较松散，均匀性差，变形大，承载力低，压缩性高，有浸水湿陷性，就是在同一建筑物场地的不同位置，地基承载力和压缩性也有较大的差异，一般需经处理才能作为建筑物地基。对有机质含量较多的生活垃圾和对基础有侵蚀性的工业废料等杂填土地基，未经处理不宜做持力层。

4. 其他高压缩性土

饱和的松散粉细砂(含部分粉质黏土)，也属于软弱地基的范畴。当受到机械振动和地震荷载重复作用时，将产生液化现象；基坑开挖时会产生流砂或管涌，同时建筑物的荷重及地下水的下降也会促使砂土下沉。其他特殊土如湿陷性黄土、膨胀土、盐渍土、红黏土以及季节性冻土等的不良地基现象，也属于需要地基处理的软弱地基范畴。

> ### 📝 知识窗
>
> 对建在软弱地基上的建筑物，在工程设计和地基处理方案确定前，应进行工程地质和水文地质勘察，查明软弱土层的组成、地质成因、分布范围、均匀性、软弱土层厚度、持力层位置和状况以及地基土的物理和化学性质等。对冲填土还应了解均匀性和排水固结条件；对杂填土还应查明堆载历史年代，明确自重下稳定性和湿陷性等基本因素；对其他特殊土应查明其特征、工程性质、成层情况等，以作为工程设计和选用地基处理方案的依据。

9.1.2　可以直接建造建筑物的软弱地基

当建筑物的地基遇到软弱地基时，因现场条件所限，无法进行地基处理或者费工费时，造价太高而且其承载力基本满足要求时，可以考虑利用软弱土层作为建筑物持力层，不需要进行地基处理。

利用软弱土层作为持力层时，根据《建筑地基基础设计规范》(GB 50007—2011)可按下列规定执行：淤泥和淤泥质土，宜利用其上覆较好土层作为持力层，当上覆土层较薄时，应采取避免施工时对淤泥和淤泥质土扰动的措施；冲填土、建筑垃圾和性能稳定的工业废料，当均匀性和密实度较好时，可利用作为轻型建筑物地基的持力层。

9.1.3　必须进行地基处理的软弱地基

对于有机质含量较多的生活垃圾和对基础有侵蚀性的工业废料等杂填土，未经处理不宜作为持力层。局部软弱土层以及暗塘、暗沟等，可采用基础梁、换土、桩基或其他方法处理。对淤泥、淤泥质土、冲填土、杂填土或其他高压缩性土层构成的地基，当其承载力不满足要求时，也应进行地基处理。

知识拓展：软弱地基
上建筑物一般规定

地基处理方法有换填垫层法、机械动力压实法、砂石桩法、水泥土搅拌法、高压喷射注浆法、预压法、夯实水泥土桩法、水泥粉煤灰碎石桩法、石灰桩法、灰土挤密桩法和土挤密桩法、柱锤冲扩桩法、单液硅化法和碱液法等。

地基处理设计时，应考虑上部结构基础和地基的共同作用，必要时应采取有效措施，加强上部结构的刚度和强度，以增加建筑物对地基不均匀变形的适应能力。对已选定的地基处理方法，宜按建筑物地基基础设计等级，选择代表性场地进行相应的现场试验并进行必要的测试，以检验设计参数和加固效果，同时为施工质量检验提供相关依据。地基处理方案的确定可按下列步骤进行：

第一，搜集详细的工程质量、水文地质及地基基础的设计材料。

第二，根据结构类型、荷载大小及使用要求，结合地形地貌、土层结构、土质条件、地下水特征、周围环境和相邻建筑物等因素，初步选定可供集中考虑的地基处理方案。另外，在选择地基处理方案时，应同时考虑上部结构、基础和地基的共同作用；也可选用加强结构措施（如设置圈梁和沉降缝等）和处理地基相结合的方案。

第三，对初步选定的各种地基处理方案，分别从处理效果、材料来源及消耗、机具条件、施工进度、环境影响等方面进行认真的技术经济分析和对比，根据安全可靠、施工方便、经济合理等原则，从而因地制宜地选择最佳的处理方法。值得注意的是，每一种处理方法都有一定的适用范围、局限性和优缺点。没有一种处理方案是万能的。必要时也可选择两种或多种地基处理方法组成的综合方案。

第四，对已选定的地基处理方法，应按建筑物重要性和场地复杂程度，可在有代表性的场地上进行相应的现场试验和试验性施工，并进行必要的测试以验算设计参数和检验处理效果。如达不到设计要求，应查找原因、采取措施或修改设计以满足设计的要求。

第五，地基土层的变化是复杂的，因此，确定地基处理方案时一定要让有经验的工程技术人员参加，对重大工程的设计一定要请专家参与。当前有一些重大工程，由于设计部门缺乏经验和过分保守，往往很多方案确定得不合理，浪费也很严重，必须加以重视。

经处理后的地基，当按地基承载力确定基础底面积及埋深而需要对地基承载力特征值进行修正时，基础宽度的地基承载力修正系数取零，基础埋深的地基承载力修正系数取1.0；在受力范围内仍存在软弱下卧层时，应验算软弱下卧层的地基承载力。对受较大水平荷载或建造在斜坡上的建筑物或构筑物，以及钢油罐、堆料场等，地基处理后应进行地基稳定性计算。结构工程师需根据有关规范分别提供用于地基承载力验算和地基变形验算的荷载值；根据建筑物荷载差异大小、建筑物之间的联系方法、施工顺序等，按有关规范和地区经验对地基变形允许值合理提出设计要求。地基处理后，建筑物的地基变形应满足现行有关规范的要求，并在施工期间进行沉降观测，必要时还应在使用期间继续观测，用以评价地基加固效果和作为使用维护依据。复合地基设计应满足建筑物承载力和变形要求。地基土为欠固结土、膨胀土、湿陷性黄土、可液化土等特殊土时，设计要综合考虑土体的特殊性质，选用适当的增强体和施工工艺。复合地基承载力特征值应通过现场复合地基荷载试验确定，或采用增强体的荷载试验结果和其周边土的承载力特征值结合经验确定。

下面重点介绍地基处理方法中较常用的换填垫层法、机械动力压实法、高压喷射注浆法、水泥粉煤灰碎石桩法、预压法，其余的方法可以参考《建筑地基处理技术规范》(JGJ 79—2012)。

9.2　换填垫层法分析

9.2.1　换填垫层法概述

当建筑物基础下的持力层比较软弱、不能满足上部结构荷载对地基的要求时，常采用换填土垫层来处理软弱地基(图 9-1)。即将基础下一定范围内的土层挖去，然后回填以强度较大的砂、砂石或灰土等，并分层夯实至设计要求的密实程度，作为地基的持力层。换填垫层法适于浅层软弱地基及不均匀地基处理，处理深度可达 2～3 m。在饱和软土上换填砂垫层时，砂垫层具有提高地基承载力，减小沉降量，防止冻胀和加速软土排水固结的作用。

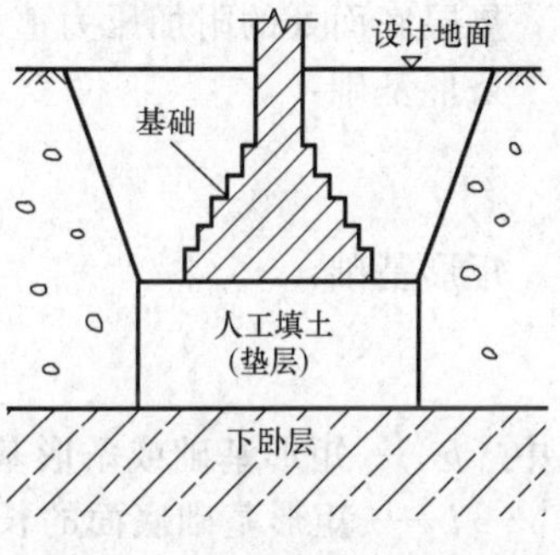

图 9-1　换填垫层处理法示意

换填垫层法的主要作用：①置换作用。将基底以下软弱土全部或部分挖出，换填为较密实材料，可提高地基承载力，增强地基稳定性。②应力扩散作用。基础底面下一定厚度垫层的应力扩散作用，可减小垫层下天然土层所受的压力和附加压力，从而减小基础沉降量，并使下卧层满足承载力的要求。③加速固结作用。用透水性强的材料作垫层时，软土中的水分可部分通过它排除，在建筑物施工过程中，可加速软土的固结，减小建筑物建成后的工后沉降。④防止冻胀。由于垫层材料是不冻胀材料，采用换土垫层对基础底面以下可冻胀土层全部或部分置换后，可防止土的冻胀作用。⑤均匀地基反力与沉降作用。对石牙出露的山区地基，将石牙间软弱土层挖出，换填压缩性低的土料，并在石牙以上也设置垫层；或对于建筑物范围内局部存在松填土、暗沟、暗塘、古井、古墓或拆除旧基础后的坑穴，可进行局部换填，保证基础底面范围内土层压缩性和反力趋于均匀。

视频：换填垫层法

特别提醒

换填的目的：提高承载力；增加地基强度；减少基础沉降；垫层采用透水材料可加速地基的排水固结。

9.2.2 换填垫层法设计

换填垫层法设计的主要内容是确定断面的合理厚度和宽度。对于垫层，既要求有足够的厚度来置换可能被剪切破坏的软弱土层，又要有足够的宽度以防止垫层向两侧挤出。对于排水垫层来说，除要求有一定的厚度和密度满足上述要求外，还要求形成一个排水面，促进软弱土层的固结，提高其强度，以满足上部荷载的要求。

1. 垫层厚度的确定

垫层的厚度一般应满足垫层底面处土的自重应力与附加应力之和不大于同一标高处软弱土层的承载力特征值。具体计算时，一般是先初步拟定一垫层厚度，按下列各式计算，如果不满足，再选较大值代入，直到满足要求为止。垫层厚度一般不宜大于 3 m，也不宜小于 0.5 m。太厚施工较困难，太薄则换土垫层的作用不显著。垫层厚度的确定，除应满足计算要求外，还应根据当地的经验综合考虑。

$$p_z + p_{cz} \leqslant f_{az} \tag{9-1}$$

式中　p_z——垫层底面处的附加压力值(kPa)；

　　　p_{cz}——垫层底面处的自重压力值(kPa)；

　　　f_{az}——垫层底层处下卧土层的地基承载力特征值(kPa)。

垫层底面处的附加压力值 p_z 可分别按式(9-2)、式(9-3)简化计算。

条形基础：

$$p_z = \frac{b(p_k - p_c)}{b + 2z\tan\theta} \tag{9-2}$$

矩形基础：

$$p_z = \frac{bl(p_k - p_c)}{(b + 2z\tan\theta)(l + 2z\tan\theta)} \tag{9-3}$$

式中　b——矩形基础或条形基础底面的宽度(m)；

　　　l——矩形基础底面的长度(m)；

　　　p_k——基础底面压力值(kPa)；

　　　p_c——基础底面处土的自重压力值(kPa)；

　　　z——基础底面下垫层的厚度(m)；

　　　θ——垫层的压力扩散角(°)，可按表 9-1 确定。

表 9-1　压力扩散角 θ

换填材料 z/b	中砂、粗砂、砾砂、圆砾、角砾、石屑、卵石、碎石、矿渣	粉质黏土、粉煤灰	灰土
0.25	20	6	28
≥0.5	30	23	

注：1. 当 $z/b < 0.25$ 时，除灰土取 $\theta = 28°$ 外，其余材料均取 $\theta = 0°$，必要时宜由试验确定；

　　2. 当 $0.25 < z/b < 0.50$ 时，θ 值可内插求得。

2. 垫层宽度的确定

垫层的宽度除应满足基础底面应力扩散的要求外，还应考虑垫层侧面土的强度条件，防止垫层材料由于侧面土的强度不足或由于侧面土的较大变形而向侧边挤出，增大垫层的竖向变形，使建筑物沉降增大。整片垫层的宽度可根据施工要求适当加宽；垫层顶面每边超出基础底面不宜小于 300 mm，或从垫层底面两侧向上按开挖基坑的要求放坡。

垫层底面宽度应满足基础底面应力扩散的要求，按式(9-4)计算或根据当地经验确定：

$$b' \geqslant b + 2z\tan\theta \tag{9-4}$$

式中　b'——垫层底面宽度(m)；

　　　b——矩形基础或条形基础底面的宽度(m)；

　　　θ——垫层的压力扩散角(°)，可按照表 9-1 确定；当 $z/b < 0.25$ 时，仍按表中 $z/b = 0.25$ 取值。

3. 垫层承载力的确定

经换填处理后的地基，由于理论计算方法尚不完善，垫层的承载力宜通过现场荷载试验确定，如对于一般工程可直接用标准贯入试验、静力触探和取土分析法等，当无试验资料或无经验时可按《建筑地基处理技术规范》(JGJ 79—2012)选用，并应验算下卧层承载力。

📝 知识窗

垫层可选用下列材料：

(1)砂石：宜选用碎石、卵石、角砾、圆砾、砾砂、粗砂、中砂或石屑(粒径小于 2 mm 的部分不应超过总重的 45%)，应级配良好，不含植物残体、垃圾等杂质。对湿陷性黄土地基，不得选用砂石等透水材料。

(2)粉质黏土：土料中有机质含量不得超过 5%，亦不得含有冻土或膨胀土。当含有碎石时，其粒径不宜大于 50 mm。

(3)灰土：体积配合比宜为 2∶8 或 3∶7。土料宜用粉质黏土，不宜使用块状黏土和砂质粉土，不得含有松软杂质，并应过筛，其颗粒不得大于 15 mm。石灰宜用新鲜的消石灰，其颗粒不得大于 5 mm。

(4)矿渣：垫层使用的矿渣是指高炉重矿渣，可分为分级矿渣、混合矿渣及原状矿渣。矿渣垫层主要用于堆场、道路和地坪，也可用于小型建筑、构筑物地基。

(5)粉煤灰：可用于道路、堆场和小型建筑、构筑物等的换填垫层。粉煤灰垫层上宜覆土 0.3～0.5 m。

(6)其他工业废渣：在有可靠试验结果或成功工程经验时，对质地坚硬、性能稳定、无腐蚀性和放射性危害的工业废渣等均可用于填筑换填垫层。

(7)土工合成材料：由分层铺设的土工合成材料与地基土构成加筋垫层。在软土地基上使用加筋垫层时，应保证建筑稳定并满足允许变形的要求。

由垫层材料确定常用的垫层：砂垫层、碎石垫层、素土垫层、灰土垫层、矿渣垫层、粉煤灰垫层以及用其他性能稳定、无侵蚀性的材料做的垫层等。

9.2.3　换填垫层法施工

(1)砂垫层施工中的关键是将砂加密到设计要求的密实度。加密的方法常用的有振动法(包括平振、插振、夯实)、碾压法等。这些方法要求在基坑内分层铺砂，然后逐层振密或压实，分层的厚度视振动力的大小而定，一般为 15～20 cm。施工时，下层的密实度经检验合格后方可进行上层施工。

(2)砂及砂石料可根据施工方法的不同控制最优含水量。最优含水量由工地试验确定。

(3)铺筑前应先行验槽。浮土应清除，边坡必须稳定，防止塌土。基坑(槽)两侧附近如有低于地基的孔洞、沟、井和墓穴等，应在未做垫层前加以填实。

(4)开挖基坑铺设砂垫层时，必须避免扰动软弱土层的表面，否则坑底土的结构在施工时遭到破坏后，其强度就会显著降低，以致在建筑物荷重的作用下，将产生很大的附加沉降。因此，基坑开挖后应及时回填，不应暴露过久或浸水，并防止践踏坑底。

(5)砂、砂石垫层底面应铺设在同一标高上，如深度不同，基坑地基土面应挖成踏步（阶梯）或斜坡搭接，搭接处应注意捣实，施工应按先深后浅的顺序进行。

（6）人工级配的砂石垫层，应将砂石拌合均匀后再行铺填捣实。采用细砂作为垫层的填料时，应注意地下水的影响，且不宜使用平振法、插振法。

（7）地下水位高出基础底面时，应采用排水降水措施，这时要注意边坡的稳定，以防止塌土混入砂石垫层中影响垫层的质量。

9.2.4　换填垫层法质量检验

换填垫层法质量检验包括分层施工质量检查和工程竣工质量验收。

1. 分层施工质量检查

分层施工的质量标准是应使垫层达到设计要求的密实度。检验方法主要有环刀法和贯入法（可用钢叉或钢筋贯入代替）两种。

（1）环刀法：用环刀压入垫层中的每层 2/3 的深度处取样，测定其干密度，干密度应不小于该砂石料在中密状态的干密度值。

（2）贯入法：先将砂垫层表面 3 cm 左右厚的砂刮去，然后用贯入仪、钢叉或钢筋以贯入度的大小来定性地检验砂垫层质量，以不大于通过相关试验所确定的贯入度为合格。钢筋贯入法所用的钢筋为直径 20 mm、长 1.25 m 的平头钢筋，垂直举离砂垫层表面 70 cm 时自由下落，测其贯入深度。钢叉贯入法所用的钢叉有四齿，重 40 N，让它于 50 cm 高处自由落下，测其贯入深度。

2. 工程竣工质量验收

工程竣工质量验收的检测、试验，其数量每单位工程不应少于 3 个；1 000 m² 以上工程，每 100 m² 至少应有 1 点；3 000 m² 以上的工程，每 300 m² 至少应有 1 点。每一独立基础下至少应有 1 点，基槽每 10～20 m 应有 1 点。试验方法如下：

（1）静荷载试验：根据垫层静荷载实测资料，确定垫层的承载力和变形模量。

（2）静力触探试验：根据现场静力触探试验的比贯入阻力曲线资料，确定垫层的承载力及其密实状态。

（3）标准贯入试验：由标准贯入试验的贯入锤击数换算出垫层的承载力及其密实状态。

9.3　机械动力压实法分析

机械动力压实法是指采用机械的动力和压力对软弱地基进行处理加固的方法，适用于处理碎石土、砂土、低饱和度或高饱和度的粉土与黏性土、软流塑的黏性土、湿陷性黄土、杂填土和素填土等地基，有利于提高土的强度，减少压缩性，改善土体抵抗振动液化能力和消除土的湿陷性。在设计前必须通过现场试验确定其适用性和处理效果。

视频：机械
动力压实法

9.3.1　机械碾压法

机械碾压法（图 9-2）是利用机械滚轮的压力压实土壤，使之达到所需的密实度。这种压实方法常用于地下水位以上大面积填土的压实以及一般非饱和黏性土与杂填土地基的浅层处理。碾压机械有平碾及羊足碾等。平碾（光碾压路机）是一种以内燃机为动力的自行式压路机，重达 6～15 t。羊足碾单位面积的压力比较大，土壤压实的效果好。羊足碾一般用于碾压黏性土，不适于砂性土，因为砂土在碾压时，土的颗粒受到羊足碾较大的单位压力后会向四面移动而使土的结构遭到破坏。松土碾压宜先用轻碾压实，再用重碾压实，效果较好。碾压机械压实填方时，行驶速度不宜过快，一般平碾应不超过 2 km/h，羊足碾应不超过 3 km/h。

图 9-2 机械碾压法

每层铺土（虚铺）厚度为 200～300 mm，对黏性土，压实系数（施工时所控制的土的干密度与最大干密度之比）一般控制在 0.94～0.97。对杂填土或湿陷性黄土地基进行机械碾压加固处理时，一定要把土的含水量控制在最佳含水量范围内。一般来说，机械碾压最佳含水量为 8%～12%，按"轮迹互相搭接"的要求往复碾压。

以填方区为例，填方从最低处开始，由下向上整个地基宽度水平分层碾压。为了提高碾压效率，在碾压机械碾压之前用推土机铺土、推平，低速预压 4～5 遍，以保证表面平实。然后采用"薄填、慢驶、多次"的方法碾压：碾压方向从两边逐渐压向中间，碾轮每次碾压与前次碾压后轮轮迹重叠一半左右；碾压时要控制行驶速度，压实遍数不少于 6 遍。每碾压完一层后（以轮子下沉量不超过 2 cm 为度），用人工或推土机拉毛，以保证层间的接合，然后继续填土碾压。当土层表面太干时，洒水湿润，使其含水量达到最佳，以保证上下土层结合良好。在路基边缘，碾压机无法碾压之处应人工夯实并注意其质量控制。

9.3.2 滚动冲击压实法

滚动冲击压实法（图 9-3）是近些年发展起来的一种新型土壤压实技术。从作业形式上它不同于传统的压实方法，是夯实（又称往复式冲击压实）与滚动压实两种技术的结合。该压实技术保持了低频率大振幅夯击压实方法中冲击波穿透力强，影响深度大，压实效果好的特点，又吸取了滚动压实方法的连续作业效率高、机动性好的优点，特别适合于大面积高填土厚铺层的基层压实施工。

图 9-3 滚动冲击压实法

1. 冲击压实机特点

冲击压实机为拖动式，由功率匹配的装载机牵引行驶和工作。冲击压实机由冲击轮、机架和连接机械三部分组成，采用静碾或振动压路机压实路基土，每层的松铺厚度控制在 30 cm，而使用冲击压实机每层的松铺厚度可达 60 cm，减少了铺筑层数，同时对填土以下的地基下卧层土仍有击实作用。对于已填筑完成的地基可以进行追密压实。

2. 准备工作

(1)含水率检测。冲击碾压土的含水率应满足最优含水率(正偏差不超过 2%，负偏差不超过 4%)，对地基事先加水润湿；当土体的含水率大于正偏差时，对地基应进行晾晒，使其达到合理要求。

(2)冲击区段划分。首先根据施工图纸放线，放设时加宽 30 cm，并用白灰线划分冲击起始里程，并用小红旗标识清楚，以便于驾驶员识别。

(3)测点布设。在平整后的冲击碾压区内定位埋设相应的沉降观测点(用铁钉系红布条的办法予以明确标记)，其他测点可参照沉降观测点的位置予以确定，测点布设好之后进行初始检测。

3. 冲击压实

(1)压实机械由装载机牵引，牵引车速为 9～15 km/h。

(2)施工中配备平地机，路基起伏过大时，进行整平然后继续冲压。冲压完成后，用压路机进行整平压实。

(3)冲击压实质量检测。冲击压实地段，应在施工前和施工后各检查一遍，用前后数据进行对比以判断冲击压实的质量。冲击压实质量检测采用标准贯入、动力触探、现场荷载等现场原位测试方法和室内土工试验检查加固效果。

(4)冲击时自一侧开始顺(逆)时针行驶，以冲击面中心线为轴转圈，而后按纵向错轮排压后，再自行向内冲压。排压遍数和沉降量以试验路段确定。

(5)冲压 10 遍左右后，用平地机大致整平，再冲击压实到规定效果。

(6)冲压完成后计量。冲压完成后由冲击压实实施方负责对压实度与承载比进行检验，并填表报验，冲击压实实施方、标段承包商、驻地监理工程师共同丈量冲压面积，驻地监理抽检合格后填报相关图表。

📝 **知识窗**

(1)对于不同深度的压实度和物理力学参数等，每次测完后应将其开挖的松土予以回填夯实，以使冲击机械能继续平稳冲压行驶。任何两个深度超过 1 m 的挖坑之间距离不得小于 6 m。

(2)贯入仪检测时贯入杆的螺栓必须拧紧，锤击时贯入杆必须扶直打入，标示每击的贯入度。

(3)当地面波浪形起伏比较严重时，用平地机予以刮平。刮平时注意不得将观测点铁钉刮掉或埋掉，即在铁钉周围 200 mm 的地方不得有扰动。

(4)冲压时要及时对路基适量洒水，洒水量以确保冲压时不扬尘为原则。

9.3.3 重锤夯实法与强夯法

重锤夯实法(图 9-4)是利用起重机械将夯锤提到一定高度(2.5~4.5 m),然后使锤自由落下并重复夯击以加固地基。锤质量一般为 1.5~3 t,经夯击以后,地基表层土体的相对密实度或干密度将增加,从而提高表层地基的承载力。对于湿陷性黄土,重锤夯实可减少表层土的湿陷性;对于杂填土,则可减少其不均匀性。

强夯法地基加固施工技术由 20 世纪 70 年代法国工程师梅纳首先创用,又称动力固结法(Dynamic Consolidation Method)或动力压实法,是在重锤夯实法的基础上发展起来的,我国于 20 世纪 80 年代开始,在天津新港、河北、山西等地进行了强夯法的试验研究,并取得了较好的加固效果,此后在全国推广使用。其锤质量为 8~30 t,落距为 6~30 m。通过起重机械将大吨位夯锤起吊到设计高度后自由落下,给地基土以冲击能量强大的夯击,使土中出现冲击波和很大的冲击压力,迫使土层空隙压缩,土体局部液化,在夯击点周围产生裂隙,形成良好的排水通

图 9-4 重锤夯实法

道,孔隙水和气体逸出,使土粒重新排列,经时效压密达到固结,其强大的冲击使地基深层得到加固,从而提高地基承载力,降低其压缩性并减少或消除土体湿陷性,是一种有效的地基处理方法。实践证明,经强夯处理的地基,其承载力可提高2~5倍,压缩性可降低200%~500%。影响深度在 10 m 以上。一般可用于处理碎石土、砂土、低饱和度的粉土、黏性土、湿陷性黄土、杂填土和素填土地基,还可在不深的水中夯实地基。由于强夯效果好,速度快,节省材料且使用广泛,在业界受到广泛的重视。强夯法的缺点是施工时噪声和振动大,且对邻近建筑物影响大,因而不宜在人口稠密的城市中使用。

重锤夯实法与强夯法施工的要点及步骤如下:

(1)进行施工场地平整;

(2)在平整后的场地上标出第一遍夯击点的位置,并测量场地高程;

(3)起重机就位,使夯锤对准夯击位置;

(4)记录夯击前锤顶的高程;

视频:强夯法　　视频:DDC 孔内深层强夯法

(5)将夯锤提升到预定高度,脱钩自由落下进行夯实并记录锤顶高程,若发现因坑底倾斜而造成夯锤倾斜时,应及时将坑底填平;

(6)重复(5),按设计规定的夯击次数及控制标准,完成一个夯点的夯击;

(7)换夯点重复上述步骤第(3)至(6),直到全部完成第一遍全部夯点的击实;

(8)用推土机将夯坑补土、填平,测量夯后场地高程;

(9)按上述步骤逐次完成全部夯击,最后用低能量满夯,将场地表层松土夯实,并测量夯后场地标高。

施工时应注意,对杂填土或湿陷性黄土地基进行强夯加固处理时,一定要把土的含水量控制在最佳含水量范围内,一般来说,强夯的最佳含水量为8%~12%。强夯法的夯击点应按正方形或梅花形网格布置,每个夯击点的夯击数一般为5~10击,夯击遍数通常为3~5遍,

头 2～3 遍为"间夯"，最后一遍为"满夯"，每个夯点只夯 1～2 击。每夯击一遍后，应测量场地平均下沉量，然后用土将夯坑填平。间隔 1～2 d 或连续进行下一遍夯击。强夯法的加固顺序是先深后浅，即先加固深层土再加固中层土，最后加固表层土。根据上述施工顺序，在最后一遍夯击完成后，用推土机将夯坑填平。因此，夯坑地面以上的填土比较疏松，加上强夯产生的强大振动，也会使周围已经夯实的表层有一定程度的振松，所以，一般在最后一遍完成后，再以低能量满夯一遍。但在夯后工程质量检测时，常发现厚度 1 m 左右的表层土，其密实程度要比下层土差，说明满夯没有达到预期效果，这是因为目前大部分工程的低能量满夯，是采用同一夯锤低落距夯击，由于夯锤较重，而表层土因为没有上覆压力，侧向约束小，所以夯击时土体侧向变形大。工程上为了避免上述现象发生，一般在满夯时采用小夯锤夯击，并适当增加满夯的夯击遍数，以提高表层土的夯实效果。

9.4 高压喷射注浆法分析

9.4.1 高压喷射注浆法概述

高压喷射注浆法始创于日本，它是在化学注浆法的基础上，采用高压水射流切割技术而发展起来的。该法利用钻机钻孔，把带有喷嘴的注浆管插至土层的预定位置后，以高压设备使浆液成为 20 MPa 以上的高压射流，从喷嘴中喷射出来冲击、破坏土体。部分细小的土料随着浆液冒出水面，其余土粒在喷射流的冲击力、离心力和重力等作用下，与浆液搅拌混合，并按一定的浆土比例有规律地重新排列。浆液凝固后，便在土中形成一个固结体，与桩间土一起构成复合地基，从而提高地基承载力，减少地基的变形，达到地基加固的目的。原理如图 9-5 所示。该法对砾石直径过大、含量过多及有大量纤维质的腐殖土喷射质量稍差，有时甚至不如静压灌浆的效果。对地下水流速过大，喷射的浆液无法在灌浆管周围凝结，无填充物的岩溶地带，永冻土和对水泥有严重腐蚀的地基，均不宜采用高压喷射灌浆法。

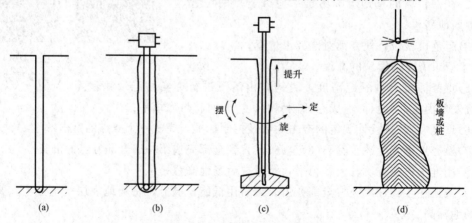

图 9-5　高压喷射注浆法的原理
(a)钻孔；(b)下注浆管；(c)喷射提升；(d)形成加固体

高压喷射注浆法适用处理淤泥、淤泥质土、黏性土、粉土、黄土、砂土、人工填土和碎石土等地基。当土中含有较多的大粒径块石、坚硬黏性土、大量植物根茎或有过多的有机质时，应根据现场试验结果确定其适用程度。对地下水流速度过大、喷射浆液无法在注浆套管周围凝固等情况不宜采用。高压喷射注浆法处理深度较大，除地基加固外，也可作为深基坑或大坝的止水帷幕，目前最大处理深度已超过 30 m。地基高压喷射注浆施工现场如图 9-6 所示。

图 9-6　地基高压喷射注浆施工现场

9.4.2　高压喷射注浆法的主要特征和类型

以高压喷射流直接冲击破坏土体，浆液与土以半置换或全置换凝固为固结体的高压喷射注浆法，从施工方法、加固质量到适用范围，不但与静压注浆法有所不同，而且与其他地基处理方法相比亦有独到之处。

高压喷射注浆法的主要特征如下：

(1)适用的范围较广。喷射注浆法以高压喷射流直接破坏并加固土体，固结体的质量明显提高。它既可用于工程新建之前，也可用于工程修建之中，特别是用于工程落成之后，显示出不损坏建筑物的上部结构和不影响运营使用的长处。

(2)施工简便。旋喷施工时，只需在土层中钻一个孔径为 50 mm 或 300 mm 的小孔，便可在土中喷射成直径为 0.4~4.0 m 的固结体，因而能贴近已有建筑物基础建设新建筑物。此外它还能灵活地成型，既可在钻孔的全长成柱型固结体，也可仅作其中一段，如在钻孔的中间任何部位。

(3)固结体形状可以控制。为满足工程的需要，在旋喷过程中，可调整旋喷速度和提升速度，增减喷射压力，可更换喷嘴孔径并改变流量，使用固结体成为设计所需要的形状。高压喷射注浆法所形成的固结体形状与喷射流移动方向有关，一般分为旋转喷射(简称旋喷)、定向喷射(简称定喷)和摆动喷射(简称摆喷)三种形式。旋喷法施工时，喷嘴一面喷射一面旋转并提升，固结体呈圆柱状。它主要用于加固地基，提高地基的抗剪强度，改善土的变形性质，也可组成闭合的帷幕，用于阻挡地下水流和治理流砂。旋喷法施工后，在地基中形成的圆柱体称为旋喷桩。定喷法施工时，喷嘴一面喷射一面提升，喷射方向固定不变，固结体形如板状或壁状。摆喷法施工时，喷嘴一面喷射一面提升，喷射的方向呈较小角度来回摆动，固结体形如较厚墙状。定喷及摆喷两种方法通常用于基坑防渗、改善地基土的水流性质和稳定边坡等工程。

（4）较好的耐久性。在一般的软弱地基加固中，能预期得到稳定的加固效果并有较好的耐久性能，可用于永久性工程。

按喷射介质及其管路多少，高压喷射注浆法可分为单管旋喷法、二管旋喷法、三管旋喷法等。

（1）单管旋喷法：通过单根管路，利用高压浆液（20～30 MPa），喷射冲切破坏土体，成桩直径为 40～50 cm。其加固质量好，施工速度快，成本低，但固结体直径较小。

（2）二管旋喷法：在单管旋喷法的基础上又加以压缩空气，并使用双通道的二重灌浆管。在管的底部侧面有一个同轴双重喷嘴，高压浆液以 20 MPa 左右的压力从内喷嘴中高速喷出，在射流的外围加以 0.7 MPa 左右的压缩空气喷出，在土体中形成直径明显增加的柱状固结体，达 80～150 cm。

（3）三管旋喷法：使用分别输送水、气、浆三种介质的三重灌浆管。高压水射流和外围环绕的气流同轴喷射冲切破坏土体，在高压水射流的喷嘴周围加上圆筒状的空气射流，进行水、气同轴喷射，可以减少水射流与周围介质的摩擦，避免水射流过早雾化，增强水射流的切割能力。喷嘴边旋转喷射边提升，在地基中形成较大的负压区，携带同时压入的浆液充填空隙，就会在地基中形成直径较大、强度较高的固结体，起到加固地基的作用。

9.4.3　高压喷射注浆法设计

在加固软土中夹有硬层的地基时，在有可能的前提下，首先使桩长达到相对硬层，然后再选择合理的置换率。一般情况下，当有相对硬层存在，则桩长达到硬层时复合地基的承载力最大，变形最小。短于或长于此桩长，加固效果均不佳。

对于深厚软土的地基处理，合理选择桩身强度至关重要。因为在置换率相同时，桩身强度越大，则桩土应力比也越大，复合地基越接近于桩基础，应力扩散明显，桩端产生高应力区，下卧层受到较大的附加应力，沉降有增大的可能。另外在深厚软土中一般采用"短而密"的布桩方式比"长而稀"的加固效果好、沉降小。

目前对于深层搅拌桩刺入式破坏的变形研究不多，也没有相应较好的沉降计算方法，而且在这种情况下一般沉降较大，加固的效果不明显，因此在设计过程中应严格控制桩体刚度，避免桩体刚度过大引起刺入式破坏。

在饱和黏性土中，单管法施工其喷射桩桩径为 0.6～1.2 m。由于土层沿垂向上的变化，对于硬土层、砂砾层，可考虑到复喷问题，以保证成桩的完整性并达到桩径的设计值。高等级公路下伏软土地基的高压喷射注浆一般采用水泥浆液，水胶比为 1∶1 左右。

下面以单管旋喷法为例说明高压旋喷注浆法的设计。

1. 旋喷桩尺寸和强度设计

（1）旋喷直径的确定。旋喷直径确定得正确与否，不仅关系到工程的经济效益，而且可能导致工程的失败。固结体尺寸主要取决于下列因素：土的类别及其密实程度；高压喷射注浆法（注浆管的类型）；喷射技术因素（包括喷射压力与流量，喷嘴直径与个数，压缩空气的压力、流量与喷嘴间隙，浆管的提升速度与旋转速度）。在无试验资料的情况下，对小型的或不太重要的工程可根据经验选用。对于大型的或重要的工程应通过现场喷射试验后开挖或钻孔采样确定。由于该经验选取值估计喷射桩的直径具有较大的误差，因此也可通过计算求出喷射桩的直径。

(2)旋喷桩强度设定。注浆材料为水泥，固结体抗压强度的初步设计对砂性土为3～7 MPa，对黏性土为1.5～5 MPa，无侧限抗压强度采用2 MPa。

2. 地基加固承载力设计

(1)单桩轴向承载力设计。单桩轴向承载力可通过现场荷载试验确定，也可按《建筑地基处理技术规范》(JGJ 79—2012)中的公式计算。

(2)复合地基承载力设计。采用复合地基的模式进行承载力计算的出发点，是考虑到喷射桩的强度较低(与混凝土桩相比)和经济性两方面。黄土地区采用高压旋喷桩处理的软土地基，应按复合地基对待。旋喷桩复合地基承载力标准值应通过现场复合地基荷载试验确定，也可按《建筑地基处理技术规范》(JGJ 79—2012)中的公式计算，或结合当地情况与其土质相似工程的经验确定。

3. 布孔形式及孔距确定

(1)布孔形式确定。喷射桩的平面布置需根据加固的目的给予具体考虑，地基加固的布孔形式有三角形式和矩形布置两种。

(2)孔距确定。桩间土的承载力由原来的提高到加固后的，根据桩间土的承载力增加倍数及《建筑地基处理技术规范》(JGJ 79—2012)可以求出孔距。

4. 喷射浆液材料

浆液材料中水泥是喷射注浆的基本材料。水泥类浆液可分为：普通型浆液，适应于无特殊要求的工程；速凝－早强型浆液，适用地下水位较高或要求早期承担荷载的工程；高强型浆液，可以选择高强度等级的水泥。水胶比一般采用1∶1至1.5∶1，就能保证浆液的喷射效果。

5. 注浆边界范围确定

喷射范围应在现场通过试验确定。高喷固结体的范围大小与土的种类和其密实程度有较密切关系，不同的喷射种类和喷射方式所形成的固结体大小也不相同。确定注浆范围包括平面上确定地基处理的长度和宽度，垂直方向上确定喷射桩的深度。地基处理深度为持力层的深度或压缩层下限处附加应力约为自重应力的0.15倍处。

6. 注意事项

高压喷射注浆形成的加固体强度和范围，应通过现场试验确定。当无现场试验资料时，亦可参照相似土质条件的工程经验。竖向承载旋喷桩复合地基承载力特征值应通过现场复合地基荷载试验确定。初步设计时，也可按《建筑地基处理技术规范》(JGJ 79—2012)中的公式估算。单桩竖向承载力特征值可通过现场单桩荷载试验确定，也可按《建筑地基基础设计规范》(GB 50007—2011)有关规定或地区经验确定。当旋喷桩处理范围以下存在软弱下卧层时，应按现行国家标准《建筑地基基础设计规范》(GB 50007—2011)有关规定进行下卧层承载力验算。竖向承载旋喷桩复合地基宜在基础和桩顶之间设置褥垫层。褥垫层厚度可取200～300 mm，其材料可选用中砂、粗砂、级配砂石等，最大粒径不宜大于30 mm。竖向承载旋喷桩的平面布置可根据上部结构和基础特点确定。独立基础下的桩数一般不应少于4根。桩长范围内复合土层以及下卧层地基变形值应按《建筑地基基础设计规范》(GB 50007—2011)有关规定计算，其中复合土层的压缩模量可根据地区经验确定。

9.4.4 高压喷射注浆法施工

单管及双管旋喷法的高压水泥浆和三管旋喷法高压水的压力原则上应大于 20 MPa。高压喷射注浆的主要材料为水泥，宜采用强度等级为 30 级及以上的普通硅酸盐水泥。根据需要可加入适量的外加剂及掺和料。外加剂和掺和料的用量可通过试验确定。水泥浆液的水灰比视工程地质特点或实际工程要求确定，可取 0.8～1.5，常用 1.0。高压喷射注浆的施工工序为机具就位—灌入喷射管—喷射注浆—拔管和冲洗等。喷射孔与高压注浆泵的距离不宜大于 50 m，钻孔的位置与设计位置的偏差不得大于 50 mm。实际孔位、孔深和每个钻孔内的地下障碍物、洞穴、涌水、漏水及与岩土工程勘察报告不符等情况均应详细记录。当喷射注浆管贯入土中，喷嘴达到设计标高时，即可喷射注浆。在喷射注浆参数达到规定值后，随即分别按旋喷、定喷或摆喷的工艺要求，提升喷射管，由下而上喷射注浆。喷射管分段提升的搭接长度不得小于 100 mm。根据国内实际工程的应用实例，高压水泥浆液流或高压水射流的压力宜大于 20 MPa，气流的压力以空气压缩机的最大压力为限，通常在 0.7 MPa 左右，低压水泥浆的灌注压力通常在 1.0～2.0 MPa。对需要局部扩大加固范围或提高强度的部位，可采用复喷措施。

施工程序及要点：尽管各种高压喷射注浆法所注入的介质种类和数量不同，但其施工程序却基本一致，均按照自下而上的工序进行施工。

(1)钻孔。钻孔的目的是将喷射注浆管插入预定的地层中，钻孔方法视地层地质情况、加固深度、机具设备等条件而定。钻进深度可达 30 m 以上，当遇到较坚硬的土层时宜采用地质钻机钻孔，一般在二重管和三重管旋喷法施工中采用地质钻机钻孔。

(2)插管。钻孔完成后，应及时将喷射注浆管插入地层预定深度，插管与钻孔两道工序一般合二为一，但使用地质钻机钻孔完成后，必须拔出岩心管，插入喷射管。在插管过程中，为防止泥砂堵塞喷嘴，可边射水边插管，水压力一般不超过 1MPa。压力过高易将孔壁射塌。

(3)喷浆。根据土质、土类、地下水等环境调整喷浆压力、流量、旋转提升速度等，自下而上喷射注浆。根据工程需要进行原位第二次喷射(复喷)，复喷时喷射流冲击的对象为第一次喷射的浆土混合体，喷射流所遇阻力小于第一次喷射，有增加固结体直径的效果。

(4)补浆。喷射的浆液与土搅拌混合后的凝固过程中，由于浆液的析水作用，一般均有不同程度的收缩，造成固结体顶部凹陷，对地基的加固和防渗堵水极为不利。目前一般采用直接从喷射孔口注入浆液填满收缩空洞，或采用二次注浆的方法对固结体顶部进行第二次注浆。

9.4.5 高压喷射注浆法质量检验

1. 开挖检验

待浆液凝结具有一定的强度后，即可开挖检查固结体垂直度、形状和质量。

2. 钻孔检查

从固结体中钻取芯样，进行室内物理力学性能试验。在钻孔中做压水或抽水试验，测定其抗渗能力。

3. 标准贯入试验

在旋喷固结体的中部可进行标准贯入试验。

4. 荷载试验

静荷载试验，有垂直静荷载试验和水平静荷载试验两种。试验时，需在受力部位浇筑0.2～0.3 m厚的混凝土层。

5. 围井试验

在板墙一侧增加喷孔，与板墙形成封闭围井，在井中进行压水和抽水两种试验，或观测井内外水位，多用于防渗效果检查。

9.5　水泥粉煤灰碎石桩法分析

9.5.1　水泥粉煤灰碎石桩法概述

水泥粉煤灰碎石桩(简称 CFG 桩)法，是近年发展起来的处理软弱地基的一种新方法。它是指在碎石桩的基础上掺入适量石屑、粉煤灰和少量水泥，加水拌和后制成具有一定强度的桩体。其骨料仍为碎石，用掺入石屑来改善颗粒级配；掺入粉煤灰来改善混合料的和易性，并利用其活性减少水泥用量；掺入少量水泥使碎石具有一定黏结强度。水泥粉煤灰碎石桩应选择承载力相对较高的土层作为桩端持力层，基础和桩顶之间需设置一定厚度的褥垫层，保证桩、土共同承担荷载形成复合地基。它不同于碎石桩，碎石桩是由松散的碎石组成，在荷载作用下将会产生鼓胀变形，当桩周土为强度较低的软黏土时，桩体易产生鼓胀破坏；并且碎石桩仅在上部约 3 倍桩径长度的范围内传递荷载，超过此长度，增加桩长，承载力提高不显著，故此碎石桩加固黏性土地基，承载力提高幅度不大(20%～60%)。CFG 桩是一种低强度混凝土桩，是具有一定胶结强度的桩体，可充分利用桩间土的承载力，共同作用，并可传递荷载到深层地基中去，由它组成的复合地基能够较大幅度提高承载力，具有较好的技术性能和经济效果。水泥粉煤灰碎石桩示例如图 9-7 所示。

(a)　　　　　　　　　　　　　(b)

图 9-7　水泥粉煤灰碎石桩示例

(a)先钻孔，后沉管或灌桩；(b)基坑开挖，露出桩头

1. 优点及适用范围

CFG 桩的优点：改变桩长、桩径、桩距等设计参数，可使承载力在较大范围内调整；有较高的承载力，承载力提高幅度在 250%～300%，对软土地基承载力提高更大；沉降量小，变形稳定快，如将 CFG 桩落在较硬的土层上，可较严格地控制地基沉降量（在 10 mm以内）；工艺性好，由于大量采用粉煤灰，桩体材料具有良好的流动性与和易性，灌筑方便，易于控制施工质量；可节约大量水泥、钢材，利用工业废料，消耗大量粉煤灰，降低工程费用，与预制钢筋混凝土桩加固相比，可节省投资 30%～40%。

CFG 桩适用多层和高层建筑的条基、独立基础、箱基、筏基等下面的砂土、粉土、松散填土、粉质黏土、黏土、淤泥质黏土地基的处理，可用来提高地基承载力和减少变形，对可液化地基，可采用碎石桩和水泥粉煤灰碎石桩多桩型复合地基，达到消除地基土的液化和提高承载力的目的。但对淤泥质土应通过现场试验确定其适用性。水泥粉煤灰碎石桩不仅用于承载力较低的土，对承载力较高（如承载力 200 kPa）但变形不能满足要求的地基，也可采用水泥粉煤灰碎石桩以减少地基变形。

2. 机具设备

CFG 桩成孔、灌筑一般采用振动式沉管打桩机架，配 DZJ90 型变矩式振动锤，主要技术参数如下：电动机功率为 90 kW；激振力为 0～747 kN；质量为 6 700 kg。也可根据现场土质情况和设计要求的桩长、桩径，选用其他类型的振动锤。还可采用履带式起重机、走管式或轨道式打桩机，配有挺杆、桩管。桩管外径分为 $\phi325$ mm 和 $\phi377$ mm 两种。此外配备混凝土搅拌机、电动气焊设备及手推车、吊斗等机具。

3. 材料要求及配合比

(1)碎石粒径为 20～50 mm，松散密度为 1.39 t/m³，杂质含量小于 5%。

(2)石屑粒径为 2.5～10 mm，松散密度为 1.47 t/m³，杂质含量小于 5%。

(3)用Ⅲ级粉煤灰。

(4)用强度等级为 42.5 级的普通硅酸盐水泥，新鲜无结块。

(5)混合料配合比根据拟加固场地的土质情况及加固后要求达到的承载力而定。

⚇ 特别提醒

水泥、粉煤灰、碎石混合料的配合比相当于抗压强度为 C1.2 至 C7 的低强度等级混凝土，密度大于 2.0 t/m³。掺加最佳石屑率（石屑量与碎石和石屑总质量之比）约为 25% 的情况下，当 W/B（水与水泥用量之比）为 1.01～1.47，F/C（粉煤灰与水泥重量之比）为 1.02～1.65 时，对应的混凝土抗压强度为 8.8～1.42 MPa。

9.5.2　复合桩基设计

1. 构造要求

(1)桩径根据振动沉桩机的管径大小而定，一般为 350～400 mm。

(2)桩距根据地基承载力、土质、桩施工工艺、布桩形式、场地情况选用。设计的桩距首先要满足承载力和变形量的要求。其次，对挤密性好的土（如砂土、粉土、松散填土）、可挤密性土（如粉质黏土、非饱和黏土）、不可挤密性土（如饱和黏土、淤泥质土）的单（双）排布桩的条基，桩距分别取（3～5）d、（3.5～5）d、（4～5）d；对上述三类土的独立基础，

桩距分别取 $(3\sim6)d$、$(3.5\sim6)d$、$(4\sim6)d$；对上述三类土的满堂桩基，桩距分别取 $(4\sim6)d$、$(4\sim6)d$、$(4.5\sim7)d$。d 为桩径，以成桩后桩的实际桩径为准。再次，施工工艺可分为两大类：一是对桩间土产生扰动或挤密的施工工艺，如振动沉管打桩机成孔制桩，属挤土成桩工艺；二是对桩间土不产生扰动或挤密的施工工艺，如长螺旋钻孔灌注成桩，属非挤土成桩工艺。对挤土成桩工艺和不可挤密土宜采用较大的桩距。在满足承载力和变形要求的前提下，可以通过调整桩长来调整桩距，桩越长，桩间距可以越大。另外，从施工角度考虑，尽量选用较大的桩距，以防止新打桩对已打桩的不良影响。

（3）桩长根据需挤密加固深度而定，一般为 6～12 m。

（4）桩顶和基础之间应设置褥垫层。褥垫层在复合地基中具有如下作用：保证桩、土共同承担荷载，它是水泥粉煤灰碎石桩形成复合地基的重要条件；通过改变褥垫层厚度，调整桩垂直荷载的分担，通常褥垫层越薄桩承担的荷载占总荷载的百分比越高，反之亦然；减少基础底面的应力集中；调整桩、土水平荷载的分担，褥垫层越厚，土分担的水平荷载占总荷载的百分比越大，桩分担的水平荷载占总荷载的百分比越小。

褥垫层材料宜用中砂、粗砂、级配砂石和碎石，最大粒径不宜大于 30 mm。不宜采用卵石，由于卵石咬合力差，施工时扰动较大，褥垫层厚度不容易保证均匀。褥垫层厚度宜取 150～300 mm，当桩径大或桩距大时褥垫层厚度宜取高值。

（5）水泥粉煤灰碎石桩可只布置在基础范围内，对可液化地基，基础内可采用振动沉管水泥粉煤灰碎石桩，振动沉管碎石桩间作的加固方案，但基础外一定范围内须打设一定数量的碎石桩。

2. 复合地基承载力计算

水泥粉煤灰碎石桩复合地基承载力特征值，应通过现场复合地基荷载试验确定，初步设计时也可按式（9-5）估算。

$$f_{spk} = m\frac{R_a}{A_p} + \beta(1-m)f_{sk} \tag{9-5}$$

式中　f_{spk}——复合地基承载力特征值（kPa）；

　　　m——面积换算率；

　　　R_a——单桩竖向承载力特征值（kN）；

　　　A_p——桩的截面积（m^2）；

　　　β——桩间土承载力折减系数，宜按地区经验取值，无经验时可取 0.75～0.95，天然地基承载力较高时取大值；

　　　f_{sk}——处理后桩间土承载力特征值（kPa），宜按当地经验取值，无经验时可取天然地基承载力特征值。

单桩竖向承载力特征值 R_a 的取值，应符合下列规定：当采用单桩荷载试验时，应将单桩竖向极限承载力除以安全系数 2；当无单桩荷载试验资料时，可按式（9-6）估算。

$$R_a = u_p\sum_{i=1}^{n}q_{si}l_i + q_pA_p \tag{9-6}$$

式中　u_p——桩的周长（m）；

　　　n——桩长范围内所划分的土层数；

　　　q_{si}、q_p——桩周第 i 土层的侧阻力、桩端阻力特征值（kPa），可按现行国家标准《建筑地基基础设计规范》（GB 50007—2011）有关规定确定；

　　　l_i——第 i 层土的厚度（m）。

桩体试块抗压强度平均值应满足式（9-7）要求：

$$f_{cu} \geqslant 3\frac{R_a}{A_p} \tag{9-7}$$

式中 f_{cu}——桩体混合料试块(边长 150 mm 立方体)标准养护 28 d 立方体抗压强度平均值(kPa)。

3. 复合地基沉降变形计算

水泥粉煤灰碎石桩具有较强的置换作用。在其他参数相同的情况下,桩越长,桩的荷载分担比(桩承担的荷载占总荷载的百分比)越高。设计时须将桩端落在相对好的土层上,这样可以很好地发挥桩的端阻力,也可避免场地岩性变化大可能造成建筑物沉降的不均匀。

目前国内许多地区发生的建筑物倾斜、开裂等事故,由地基变形不均匀所致占了较大的比例。特别是地基土岩性变化大,若只按承载力控制进行设计,将会出现变形过大或严重不均匀,影响建筑物正常使用。水泥粉煤灰碎石桩复合地基应进行地基变形验算,是与现行国家标准《建筑地基基础设计规范》(GB 50007—2011)强调按变形控制的设计思想相一致的。复合地基变形计算过程中,在复合土层范围内,当压缩模量很高时,可能漏掉桩端以下土层的变形量,因此,计算时计算深度必须大于复合土层厚度,并应符合《建筑地基基础设计规范》(GB 50007—2011)中地基变形计算深度的有关规定。

复合土层的分层与天然地基相同,各复合土层的压缩模量等于该层天然地基压缩模量的 ζ 倍,ζ 值可按下式(9-8)确定:

$$\zeta = \frac{f_{spk}}{f_{ak}} \tag{9-8}$$

式中 f_{ak}——基础底面下天然地基承载力特征值(kPa);

f_{spk}——意义同前。

利用《建筑地基基础设计规范》(GB 50007—2011)计算复合地基变形时的经验系数 ψ_s,根据当地沉降观测资料及经验确定,也可采用表 9-2 的数值。

表 9-2　变形计算经验系数 ψ_s

$\overline{E_s}$	2.5	4.0	7.0	15.0	20.0
ψ_s	1.1	1.0	0.7	0.4	0.2

表中 $\overline{E_s}$ 为变形计算深度范围内压缩模量的当量值(MPa),应按式(9-9)计算:

$$\overline{E_s} = \frac{\sum A_i}{\sum \dfrac{A_i}{E_{si}}} \tag{9-9}$$

式中 A_i——第 i 层土附加应力系数沿土层厚度的积分值;

E_{si}——基础底面下第 i 层土的压缩模量值(MPa);桩长范围内的复合土层按复合土层的压缩模量取值。

👤 特别提醒

地基沉降变形已经实现软件计算,手算较繁杂,具体的公式可参考《建筑地基基础设计规范》(GB 50007—2011)。

9.5.3　复合桩基施工

1. 成桩方法

水泥粉煤灰碎石桩的施工,应根据设计要求和现场地基土的性质、地下水埋深、场地周边有无居民、有无对振动反应敏感的设备等多种因素选择施工工艺。三种常用的施工工艺如下：长螺旋钻孔灌注成桩；长螺旋钻孔、管内泵压混合料成桩；振动沉管灌注成桩。若地基土是松散的饱和粉细砂、粉土，以消除液化和提高地基承载力为目的，此时应选择振动沉管打桩机施工。振动沉管灌注成桩属挤土成桩工艺，对桩间土具有挤（振）密效应。但振动沉管灌注成桩工艺难以穿透厚的硬土层、砂层和卵石层等。在饱和黏性土中成桩，会造成地表隆起，挤断已打桩，且振动和噪声污染严重，在城市居民区施工受到限制。在夹有硬的黏性土时，可采用长螺旋钻机引孔，再用振动沉管打桩机制桩。长螺旋钻孔灌注成桩适用地下水位以上的黏性土、粉土、素填土及中等密实以上的砂土，属非挤土成桩工艺，该工艺具有穿透能力强、无振动、低噪声、无泥浆污染等特点，但要求桩长范围内无地下水，以保证成孔时不塌孔。长螺旋钻孔与管内泵压混合料成桩工艺，是国内近几年来使用比较广泛的一种新工艺，属非挤土成桩工艺，具有穿透能力强、低噪声、无振动、无泥浆污染、施工效率高及质量容易控制等特点。当用振动沉管灌注成桩和长螺旋钻孔灌注成桩施工时，桩体配比中采用的粉煤灰可选用电厂收集的粗灰；当采用长螺旋钻孔、管内泵压混合料灌注成桩时，为增加混合料和易性与可泵性，宜选用细度（0.045 mm方孔筛筛余百分比）不大于45%的Ⅲ级或Ⅲ级以上等级的粉煤灰。

长螺旋钻孔、管内泵压混合料成桩施工中存在钻孔弃土。对弃土和保护土层，清运时如采用机械、人工联合清运，应避免机械设备超挖，并应预留至少50 cm用人工清除，避免造成桩头断裂和扰动桩间土层。

2. 工艺流程

水泥粉煤灰碎石桩施工流程及要点如下：

(1)水泥粉煤灰碎石桩（CFG桩）施工流程如图9-8所示。

(2)桩施工程序：桩机就位→钻孔后灌桩或沉管至设计深度→停振下料→振动捣实后拔管→留振10 s→振动拔管、复打。应考虑隔排隔桩跳打，新打桩与已打桩间隔时间不应少于7 d。

(3)桩机就位须平整、稳固，沉管与地面保持垂直，垂直度偏差不大于1.5%；如带预制混凝土桩尖，需埋入地面以下300 mm。

(4)在沉管过程中用料斗在空中向桩管内投料，待沉管至设计标高后须尽快投料，直至混合料与钢管上部投料口齐平。如上料量不够，可在拔管过程中继续投料，以保证成桩标高、密实度要求。混合料应按设计配合比配制，投入搅拌机加水拌和，搅拌时间不少于2 min，加水量由混

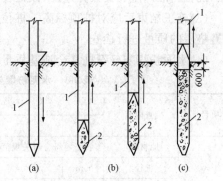

图9-8　粉煤灰碎石桩施工流程
(a)打入桩管（之前可钻孔或不钻孔）；
(b)灌水泥、粉煤灰、碎石并振动拔管；(c)成桩
1—桩管；2—水泥粉煤灰碎石桩

合料坍落度控制，一般坍落度为30~50 mm；成桩后桩顶浮浆厚度一般不超过200 mm。

(5)当混合料加至钢管投料口齐平后，沉管在原地留振10 s左右，即可边振动边拔管，拔管速度控制在1.2~1.5 m/min，每提升1.5~2.0 m留振20 s。施工桩顶标高宜高出设计桩顶标高不少于0.5 m，即施工中桩顶标高应高出设计桩顶标高，留有保护桩长。保护桩长的设置基于以下几个因素：成桩时桩顶不可能正好与设计标高完全一致，一般要高出桩顶设计标高一段长度；桩顶一般由于混合料自重压力较小或由于浮浆的影响，靠桩顶一

段桩体强度较差；已打桩尚未结硬时，施打新桩可能导致已打桩受振动挤压，混合料上涌使桩径缩小。桩管拔出地面确认成桩符合设计要求后，用粒状材料或黏土封顶。

（6）桩体经 7 d 达到一定强度后，可以进行基槽开挖。如桩顶离地面在 1.5 m 以内，宜用人工开挖；如大于 1.5 m，下部 700 mm 宜人工开挖，以避免损坏桩头部分。为使桩与桩间土更好地共同工作，在基础下宜铺一层 150～300 mm 厚的碎石或灰土垫层。

📝 知识窗

（1）成桩过程中，抽样做混合料试块，每台机械一天应做一组（3 块）试块（边长为 150 mm 的立方体），标准养护，测定其立方体抗压强度。

（2）冬期施工时混合料入孔温度不得低于 5 ℃，对桩头和桩间土应采取保温措施。

（3）清土和截桩时，不得造成桩顶标高以下桩身断裂和扰动桩间土。

（4）褥垫层铺设宜采用静力压实法，当基础底面下桩间土的含水量较小时，也可采用动力夯实法，夯填度（夯实后的褥垫层厚度与虚铺厚度的比值）不得大于 0.9。

（5）施工垂直度偏差应不大于 1%；对满堂布桩基础，桩位偏差应不大于 0.4 倍桩径；对条形基础，桩位偏差应不大于 0.25 倍桩径，对单排布桩桩位偏差应不大于 60 mm。

9.5.4　质量检验与控制

（1）施工前应对水泥、粉煤灰、砂及碎石等原材料进行检验。

（2）施工中主要应检查施工记录、混合料坍落度与配合比、桩数、桩位偏差、成孔深度、混合料灌入量、提拔杆速度（或提套管速度）。

（3）施工结束后应对桩顶标高、桩位、桩体试块抗压强度及完整性、复合地基承载力以及褥垫层的质量进行检查。

（4）水泥粉煤灰碎石桩复合地基质量检验标准见表 9-3。

表 9-3　水泥粉煤灰碎石桩复合地基质量检验标准

项目	检查内容	允许偏差或允许值		检查方法
		单位	数值	
主控项目	原材料	符合有关规范、规程要求与设计要求		检查出厂合格证及抽样送检
	桩径	mm	−20	尺量或计算填料量
	桩身强度	设计要求		查 28 d 试块强度
	地基承载力	设计要求		按规定的方法
一般项目	桩身完整性	按有关检测规范		按有关检测规范
	桩位偏差	满堂布桩≤0.4D 条基布桩≤0.25D		用钢尺量，D 为桩径
	桩垂直度	1.5%		用经纬仪测桩管
	桩长	mm	+100	测桩管长度或垂球测孔深
	褥垫层夯填度	≤0.9		用钢尺量

注：1. 夯填度指夯实后的褥垫层厚度与虚体厚度的比值；
　　2. 桩径允许偏差负值是就个别断面而言。

（5）水泥粉煤灰碎石桩地基竣工验收时，承载力检验应采用复合地基荷载试验。

（6）水泥粉煤灰碎石桩地基荷载试验检验应在桩身强度满足试验荷载条件时，并宜在施工结束28 d后进行。试验数量宜为总桩数的0.5%～1%，且每个单体工程的试验数量应不少于3点。复合地基荷载试验所用荷载板的面积应与受检测桩所承担的处理面积相同。

（7）应抽取不少于总桩数10%的桩进行低应变动力试验，检测桩身完整性。

9.6　预压法分析

9.6.1　预压法概述

预压法是在建筑物施工前，用堆土或其他荷重对地基进行预压，使地基土压实后再将荷载卸除的一种软土地基处理方法。其原理为利用荷载对地基施加应力，引起地基中孔隙水压力增加，经过一定时间的预压，如5～10个月，地基不断沉降，孔隙水压力不断趋向原始应力状态，时间足够长时，沉降趋于稳定。如果进行预压的荷载超过设计的工程荷载，称为超载预压；预压荷载等于工程荷载，称为等载预压；预压荷载小于工程荷载称为欠载预压。为了达到理想的效果，应采用超载预压法或等载预压法。预压法施工简便易行，但需要较长的固结时间。常需采用砂垫层、砂井等排水措施的配合方能满足工期要求。

预压法使地基土压密，从而提高地基强度和减少建筑物建成后的沉降量。预压荷载可采用堆载、真空顶压或堆载加真空预压联合预压，还有降水预压等。预压法对各类软弱地基，包括天然沉积层或人工冲填的土层，如沼泽土、淤泥、淤泥质土以及水力冲填土等均有效。

视频：堆载预压法

9.6.2　砂井堆载预压法

砂井堆载预压法原理如图9-9所示。

在地基上堆放重物（水、土、砂、石等）进行预压。预压所需时间的长短取决于地基土层的渗透特性、厚度和预压荷载的大小等因素。这些因素可以根据地基固结理论进行计算预计。施工时应监测地面沉降和土中孔隙水压力的消散情况，对预压加以控制。为了加速厚层软土的固结，缩短预压时间，应设法改善厚层软土的排水条件。最常用的排水方法是在地基中按一定间距作孔，孔内填砂以形成砂井，然后

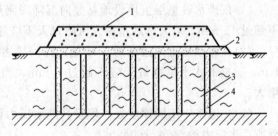

图9-9　砂井堆载预压法原理
1—堆料；2—砂垫层；3—淤泥；4—砂井

在地面加铺砂垫层加以沟通。近年来，土工织物日益发展，已开始采用纤维编织的袋装砂井和在排水纸板上发展起来的塑料板排水。砂井堆载预压法早在20世纪50年代就广泛地应用于铁路、公路路堤、码头和岸坡的地基处理；还应用于土坝、水闸、房屋、冷藏库和

油罐等工程的软基处理。经过预压后，大大减少了建筑物地基的沉降量，并提高了地基的承载力。

1. 砂井设计

砂井的长度、直径和间距可根据工程对固结时间的要求，通过固结理论计算确定。一般要求在预期内能完成该荷载下80％的固结度，但是，很大程度上是取决于地质条件和施工方法等因素。砂井的作用是加速地基固结，而排水固结效应与固结压力的大小成正比。由于预压荷载在地基中引起的附加应力一般都是随深度而逐渐减少，所以在地基深处，砂井的作用将很小。当软土层不太厚时，砂井应尽可能打穿软土层，如软土层较厚，而土层中夹有砂层时，则应尽量打到砂夹层中，对排水固结有利。对以地基抗滑稳定性控制的工程，竖井深度至少应超过最危险滑动面2 m。加大砂井直径和缩短砂井间距都对地基的排水固结有利，经计算比较，缩短桩距比增大井径对加速固结效果更显著，即采用"细而密"的布井方案较好。在实用上，砂井直径不能过小，间距也不可过密，否则将增加施工难度与提高造价。一般砂井直径为200～300 mm，袋装砂井直径可取70～100 mm。塑料排水带或带装砂井的间距可取井径的15～22倍，普通砂井的间距可取桩径的6～8倍。

经综合考虑上述各因素后，可以先给定砂井长度、直径和间距，然后计算拟达到设计固结度所需的预压时间，如不符合要求，再予以修正调整。

2. 堆载预压的设计与施工

预压荷载的大小根据设计要求确定，一般宜接近设计荷载，必要时可超出设计荷载10％～20％，有时直接利用填土自重使地基固结，因设置了砂井，从而达到加速地基固结的目的。预压荷载的分布应与地基设计荷载的分布大致相同。

在施加预压荷载的过程中，任何时刻作用于地基上的荷载不得超过地基的极限荷载，以免地基失稳被破坏。如需施加较大荷载时，应采取分级加荷，并控制加荷速率，使之与地基的强度增长相适应，待地基在前一级荷载作用下达到一定的固结度后再施加下一级荷载。特别是在加荷后期，更须严格控制加荷速率。加荷速率可通过理论计算来确定，但是一般情况下，通过现场原位测试来控制。

现场原位测试工作项目有：地面沉降速率、边桩水平位移和地基中孔隙压力的量测等。根据工程实践经验，提出如下几项控制要求：

(1)在排水砂垫层上埋设地基竖向沉降观测点，对竖井地基要求堆载中心地表沉降每天不超过15 mm，对天然地基最大沉降每天不应超过10 mm。

(2)在离预压土体边缘约1 m处，打一排边桩(即短木桩)，长1.5～2.0 m，打入土中1 m，边桩的水平位移每天应不超过5 mm，当堆载接近极限荷载时，边桩位移量将迅速增大。

(3)在地基中不同深度处，埋设孔隙水压力计，应控制地基中孔隙水压力不超过预压荷载所产生应力的50％～60％。

(4)当超过上述三项控制值时，地基有可能发生破坏，应立即停止加荷，一般情况下，加载在60 kPa以前，加载速率可不受限制。

9.6.3 真空预压法

真空预压法是先在需加固的软土地基表面铺设一层透水砂垫层或砂砾层，再在其上覆盖一层不透气的塑料薄膜或橡胶布，四周密封好与大气隔绝，在砂垫层内埋设渗水管道，然后与真空泵连通进行抽气，使透水材料保持较高的真空度，在土的孔隙水中产生负的孔隙水压力，将土中孔隙水和空气逐渐吸出，从而使土体固结。如果设置排水砂井，还可将孔隙内的水加速排出。此法首先由瑞典皇家地质学院于1952年提出。到20世纪80年代，中国也进行了室内外试验，并且已经开始在工程中应用，如图9-10所示。

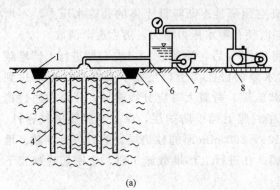

(a)   (b)

图9-10 真空预压法

(a)真空预压法原理；(b)真空预压法施工现场

1—橡皮布；2—砂垫层；3—淤泥；4—砂井；

5—黏土；6—集水罐；7—抽水泵；8—真空泵

真空预压法适于饱和均质黏性土及含薄层砂夹层的黏性土，特别适于新吹填土、超软地基的加固，但不适用于在加固范围内有足够的水源补给的透水土层，以及无法堆载的倾斜地面和施工场地狭窄等场合。

(1)施工流程：

1)铺砂垫层；

2)打设竖向排水通道；

3)在砂垫层表面铺设安装传递真空压力及抽气集水用的滤水管；

4)挖压膜沟；

5)铺塑料薄膜；

6)封压膜沟；

7)安装抽水泵和真空泵，连接管路；

8)布设沉降杆；

9)抽气；

10)观测。

(2)注意事项：铺设砂垫层厚度应均匀，表面应整平，砂垫层厚度及砂料要求可参照砂井堆载预压法的规定；砂垫层中沿水平方向应埋设滤水管，在预压过程中滤水管能适应地基变形；采用的密封膜应满足施工和当地气候条件要求；密封膜周边及表面应采取挖沟填埋、沿周边筑沟、沟内膜上覆水等处理措施；当加固区边缘或表层土有透水层或透气层时，应采用密封墙将其封闭。

(3)质量控制：真空预压法的质量检测及检验，基本上与砂井堆载预压法相同，另外还应测真空泵及膜下真空度，并应在真空预压加固边缘处埋设测斜仪，测量土体沿深度的侧向位移。

9.6.4 真空预压联合堆载预压法

当地基预压荷载大于 80 kPa 时，应在真空预压抽真空的同时再施加定量的堆载，称为真空预压联合堆载预压法。真空预压与堆载预压联合加固，加固效果可以叠加，是由于它们符合有效应力原理，并经工程实践证明。真空预压是逐渐降低土体的孔隙水压力，不增加总应力；而堆载预压是增加土体总应力，同时使孔隙水压力增大，然后逐渐消散。

对一般软黏土，当膜下真空度稳定地达到 80 kPa 后，抽真空 10 d 左右即进行上部堆载施工，即边抽真空边连续施加堆载。对高含水量的淤泥类土，当膜下真空度稳定地达到 80 kPa 后，一般抽真空 20～30 d 即可进行堆载施工，荷载大时应分级施加，分级数通过稳定计算确定。在进行上部堆载之前，必须在密封膜上铺设防护层，保护密封膜的气密性。防护层可采用编织布或无纺布等，其上铺设 100～300 mm 厚的砂垫层，然后再行堆载。堆载时宜采用轻型运输工具，并不得损坏密封膜。在进行上部堆载施工时，应密切观察膜下真空度的变化，发现漏气应及时处理。

▶▶任务实施

地基处理案例分析

1. 目的与意义

地基虽不是建筑物本身的一部分，但它在建筑中占有十分重要的地位，地基处理恰当与否，直接关系到整个工程的质量、投资和进度。通过实践锻炼，加深对本项目内容的理解，初步掌握本地区常见地基处理方法的基本原理、适用条件与局限性，能依据地基处理方案和现行规范的要求进行一般的地基处理。

2. 内容与要求

在教师或工程技术人员的指导下，结合本地区实际，选择有代表性的地基处理设计方案，了解施工现场的工程地质和水文地质资料，了解地基土的特性、处理要点、处理效果及该处理方法的工作机理和适用性。熟悉该处理方法的施工机具、施工程序、施工中的注意事项、施工中常见的问题与处理措施，以及质量技术标准和质量检验方法等。若条件允许，可以深入施工现场参与施工过程。

📖 项目小结

软土地基天然含水量过大，承载力低，在荷载作用下易产生滑动或固结沉降，常采取各种地基加固、补强等技术措施改善地基土的工程性质以满足工程要求。本项目主要介绍了常见的地基问题及相应处理措施，各类地基处理方法的工作原理、适用条件及设计等。

📖 思考与练习

1. 软弱地基的特性是什么？软弱地基有哪些类型？
2. 在什么情况下可以在软弱地基上直接建造建筑物？
3. 在什么情况下必须对软弱地基进行地基处理才能在其上建造建筑物？
4. 换填垫层法的设计要点有哪些？
5. 机械碾压法的要点有哪些？

6. 滚动冲击压实法的要点有哪些？

7. 重锤夯实法与强夯法的要点有哪些？

8. 简述高压喷射注浆法的原理。

9. 水泥粉煤灰碎石桩的施工流程及要点是什么？

10. 砂井堆载预压法的设计与施工要点有哪些？

11. 真空预压法的施工流程是什么？

项目 10 特殊土地基

知识目标

1. 了解膨胀土、黄土、冻土等的成因类型及分布；

2. 熟悉膨胀土、黄土、冻土等的工程特征；

3. 掌握特殊土地基稳定性评价与设计方法；熟悉特殊土地基的工程措施。

能力目标

1. 能够充分认识膨胀土地基的特性及变化规律，并对膨胀土地基与基础进行设计。

2. 能够充分认识黄土地基的特性及变化规律，并对黄土地基与基础进行设计。

3. 能够充分认识冻土地基的特性及变化规律，并对冻土地基与基础进行设计。

素养目标

1. 养成查阅相关资料，时刻学习的好习惯。

2. 具有良好的团队合作、吃苦耐劳、爱岗敬业的职业精神。

素养课堂

　　我国地域辽阔，地理环境、地形高差、气温、雨量、地质成因和地质历史千差万别，加上组成土的物质成分和次生变化等多种复杂因素，形成若干特殊性土。当其作为建筑物地基时，如果不注意这些特性，可能引起事故。教师应引导学生认识事物时，不能不注意其普遍性的一面，这是主要的，但也不能忘记其特殊性的方面。因为如果只注意事物的普遍性而不掌握其特殊性，就不能认识任何具体的事物，论证时就会生搬硬套基本原理，而造成疏漏、错误甚至会闹出笑话。所以，认识事物和解决问题时，既要注意共性，也要注意个性，须坚持具体问题具体分析的原则。

项目导入

　　宁夏扬黄扩灌工程十一泵站主副厂房总长度为 77.5 m，主厂房宽度为 13 m，副厂房宽度为 14.5 m。其基础为自重湿陷性黄土，厚度达 36.5 m，自重湿陷等级为Ⅲ～Ⅳ级，湿陷评价为严重～很严重。由于基础湿陷等级太高，而且厚度很大，面又广，经过多方比较，基础处理方案定为采用预浸水处理消除基础黄土的湿陷性。设计在建筑物周边外放 5～10 m 范围内(80 m×40 m)布置了 6 个 20 m×20 m 的浸水畦块，浸水坑深 80 cm，然后在坑内用洛阳铲挖浸水孔，孔径 8 cm，孔深 23 m，孔距 5.0 m，孔内填入碎石或砂砾石。浸水时，水深保持在淹没浸水孔 0.5 m 以上。经过 224 d 的持续观测(其中浸水观测 162 d，停水观测 62 d)。坑内停水前沉降量为 127.5～188.6 cm，平均 167.7 cm，停水后沉降量为 16.2～85.3 cm，平均

167.7 cm。浸水前后累计平均沉降量为 215.1 cm。单位面积耗水量 33.6 t/m³。浸水停止 4 个月后，在现场布置探坑 3 个，探坑深度 13 m，在探坑深度范围内每米取样 1 件，进行室内常规土工试验。探坑开挖后发现，13 m 以下的土层仍呈饱和状态，不能取样。根据土工试验结果，在饱和自重压力下的自重湿陷性系数（δ_{zs}）均小于 0.015，计算自重湿陷量 Δ_{zs}=1.9 cm，小于 7 cm。200 kPa 压力下的最大湿陷系数（δ）也小于 0.015，计算总湿陷量 Δ=6.0 cm。说明基础黄土的湿陷性已基本消除。

实际施工中存在的问题是浸水处理后的泵站场地上层土层，仍呈中~高压缩性，以中压缩性为主，其承载力标准值为 130~150 kPa。另外，预浸水后基础土层含水率过高，接近于饱和状态致使后续工作无法正常进行，这也正是预浸水处理的弊端。根据以往工程的经验，预浸水处理耗时较长，一般停水后要 1a 左右的时间才能使土层的含水率降低到最初状态，因此在采用预浸水处理时一定要充分考虑工期问题。另外预浸水处理只能消除地表 6 m 以下土层的湿陷性，对于表层 6 m 范围内的土层还具有高压缩性，应结合使用换填等其他办法消除其高压缩的外荷湿陷性。在该工程中施工单位最后对表层 8 m 范围内的土层采用了水泥粉喷桩处理。

10.1 膨胀土地基

10.1.1 膨胀土的成因类型及分布

膨胀土一般指黏粒成分主要由强亲水性的蒙脱石和伊利石矿物组成，具有显著吸水膨胀和失水收缩性能的黏性土。膨胀土在天然状态下工程性质良好，强度较高，压缩性较低，因而过去常被看作一种较好的天然地基材料。从 1938 年以后，人们才开始认识到它的胀缩特性，其体积变化可达原体积的 40% 以上，且胀缩性又是可逆的。将其作为建筑物地基时，若未经处理或处理不当，则土层厚度不同、含水率的变化、土的不均匀性以及建筑物传递在其上荷载的差异性，常常会造成建筑物的不均匀胀缩变形，导致建筑物的开裂和破坏。

膨胀土广泛分布在美国、澳大利亚、中国、印度、加拿大、南非、以色列等四十多个国家的半干旱和半湿润地区，地理位置大致在北纬 60° 至南纬 50°。其在我国主要分布于云南、广西、河南、安徽、四川、陕西、河北、贵州、新疆等二十多个省、自治区。我国的膨胀土地质年代大多属于第四纪晚更新世（Q_3）或更早一些，具有黄、红、灰白等颜色，常呈斑状，并含有铁锰质或钙质结核。

10.1.2 膨胀土的特征及危害

1. 膨胀土的特征

（1）胀缩性。膨胀土吸水后体积膨胀，使建筑物隆起，如果膨胀受阻即产生膨胀力，膨胀土失水后体积收缩，造成土体开裂，并使建筑物下沉。

（2）崩解性。膨胀土浸水后体积膨胀，发生崩解，强膨胀土浸水后几分钟即完全崩解，弱膨胀土崩解缓慢且不完全。

（3）多裂隙性。膨胀土中的裂隙，主要分为垂直裂隙、水平裂隙和斜交裂隙三种类型。这些裂隙将土层分割成具有一定几何形状的块体，破坏了土体的完整性，容易造成边坡塌滑。

（4）超固结性。膨胀土大多具有超固结性，天然孔隙比小，密实度大，初始结构强度高。

（5）风化特性。膨胀土对气候因素很敏感，极易产生风化破坏作用，基坑开挖后，在风力作用下，土体很快会产生碎裂、剥落，结构遭到破坏，强度降低。受大气、风作用影响深度各地不完全一样，云南、四川、广西地区在地表下 3～5 m；其他地区在地表下 2 m 左右。

（6）强度衰减性。膨胀土的抗剪强度为典型的变动强度，具有极高的峰值，而残余强度又极低，由于膨胀土的超固结性，其初期强度极高，现场开挖很困难。然而，由于胀缩效应和风化作用时间增加，抗剪强度大幅度衰减。在风化带以内，湿胀干缩效应显著，经过多次湿胀干缩循环以后，黏聚力大幅度下降，而内摩擦角变化不大，一般反复循环 2～3 次以后趋于稳定。

2. 膨胀土的危害

膨胀土的膨胀—收缩—再膨胀的往复变形特性非常显著，建造在膨胀土地基上的建筑物，随季节气候变化会反复不断地产生不均匀的抬升和下沉，其而使建筑物破坏，破坏具有下列规律：

（1）建筑物的开裂破坏具有地区性成群出现的特点，建筑物裂缝随气候变化不停地张开和闭合，而且以低层轻型、砖混结构损坏最为严重。

（2）房屋在垂直和水平方向都受弯和受扭，故在房屋转角处首先开裂，墙上出现对称或不对称的"八"字形、X形缝。外纵墙基础受到地基在膨胀过程中产生的竖向切力和侧向水平推力的作用，造成基础移动而产生水平裂缝和位移。室内地坪和楼板发生纵向隆起开裂。

（3）膨胀土边坡不稳定，地基会产生水平向和垂直向的变形，坡地上的建筑物损坏要比平地上更严重。

【小提示】 膨胀土的胀缩特性除使房屋发生开裂、倾斜外，还会使公路路基发生破坏，堤岸、路堑产生滑坡，涵洞、桥梁等刚性结构物产生不均匀沉降，导致开裂等。

10.1.3 膨胀土地基的评价

1. 膨胀土胀缩性评价指标

（1）自由膨胀率 δ_{ef}。人工制备的烘干土，经充分吸水膨胀稳定后，在水中增加的体积与原体积之比，称为自由膨胀率，按下式计算：

$$\delta_{ef} = \frac{V_w - V_0}{V_0} \tag{10-1}$$

式中　V_w——土样在水中膨胀稳定后的体积（mL）；

　　　V_0——干土样原来的体积（mL）。

自由膨胀率 δ_{ef} 表示膨胀土在无结构力影响下和无压力作用下的膨胀特性，可反映土的矿物成分及含量，也可用来初步判定膨胀土。

(2)膨胀率 δ_{ep}。原状土样在侧限压缩仪中，在一定的压力下，浸水膨胀稳定后，土样增加的高度与原高度之比，称为膨胀率，表示为

$$\delta_{ep} = \frac{h_w - h_0}{h_0} \qquad (10\text{-}2)$$

式中　h_w——土样浸水膨胀稳定后的高度（mm）；

　　　h_0——土样的原始高度（mm）。

膨胀率 δ_{ep} 可用来评价地基的胀缩等级，计算膨胀土地基的变形量以及测定膨胀力。

(3)线缩率 δ_s 和收缩系数 λ_s。膨胀土失水收缩，其收缩性可用线缩率和收缩系数表示。它们是地基变形计算中的两项主要指标。

线缩率是指土的竖向收缩变形与原状土样高度之比，表示为

$$\delta_s = \frac{h_0 - h_i}{h_0} \times 100\% \qquad (10\text{-}3)$$

式中　h_i——某含水率为 w_i 时的土样高度（mm）；

　　　h_0——土样的原始高度（mm）。

绘制的线缩率与含水率关系曲线如图 10-1 所示。由图可见，随着含水率减小，δ_s 增大。直线段 ab 为收缩阶段，曲线段 bc 为收缩过渡阶段，直线段 cd 为土的微缩阶段，至 d 点后，含水率虽然继续减小，但体积收缩已基本停止。利用直线收缩段可求得收缩系数 λ_s，它表示原状土样在直线收缩阶段含水率减少 1% 时的竖向线缩率，按下式计算：

$$\lambda_s = \frac{\Delta\delta_s}{\Delta\omega} \qquad (10\text{-}4)$$

式中　$\Delta\delta_s$——收缩过程中，直线变化阶段内两点含水率之差（%）；

　　　$\Delta\omega$——两点含水率之差对应的竖向线缩率之差（%）。

(4)膨胀力 p_e。原状土样在体积不变时，由于浸水膨胀产生的最大内应力，称为膨胀力。以各级压力下的膨胀率 δ_{ep} 为纵坐标，以压力 p 为横坐标，将试验结果绘制成 p-δ_{ep} 关系曲线，该曲线与横坐标轴的交点即膨胀力 p_e，如图 10-2 所示。

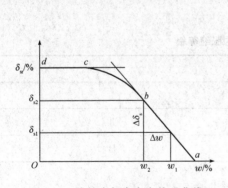

图 10-1　线缩率与含水率关系曲线

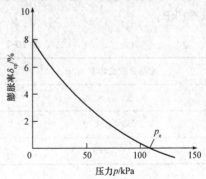

图 10-2　膨胀率与压力关系曲线

【小提示】　膨胀力 p_e 在选择基础形式及基底压力时，是一个很有用的指标，在设计上如果希望减小膨胀变形，应使基底压力接近 p_e。

2. 膨胀土地基评价方法

进行膨胀土地基的评价时，应查明建筑场地内膨胀土的分布及地形地貌条件，根据工程地质特征及土的自由膨胀率等指标综合评价，必要时还应进行土的矿物成分鉴定及其他试验。

（1）膨胀土的判别。我国目前采用综合的判别方法，也即根据现场的工程地质特征、土的自由膨胀率和建筑物的破坏特征三部分来综合判定，其中前两者是用来判别膨胀土的主要依据，但不是唯一因素。按《膨胀土地区建筑技术规范》(GB 50112—2013)的规定，凡具有下列工程地质特征的场地和建筑物破坏形态，且土的自由膨胀率大于或等于 40%的黏性土应被判定为膨胀土：

①土的裂隙、发育，常有光滑面和擦痕，有的裂隙中充填灰白、灰绿等杂色黏土。在自然条件下呈坚硬或硬塑状态。

②多处露于二级或二级以上的阶地、山前和盆地边缘的丘陵地带，地形较平缓，无明显自然陡坎。

③常见浅层滑坡、地裂，新开挖坑(槽)壁易发坍塌等。

④建筑物裂缝随气候变化而张开和闭合。

（2）膨胀土的膨胀潜势。不同胀缩性能的膨胀土对建筑物的危害程度明显不同。当判定土为膨胀土后，还要进一步确定膨胀土的胀缩性能，即胀缩强弱。δ_{ef} 较小的膨胀土，膨胀潜势较弱，建筑物损坏轻微；δ_{ef} 较大的膨胀土，膨胀潜势较强，建筑物损坏严重。因此，按自由膨胀率 δ_{ef} 的大小划分土的膨胀潜势，以判别土的胀缩性高低，见表 10-1。

表 10-1　膨胀土的膨胀潜势的分类

自由膨胀率/%	膨胀潜势
$40 \leqslant \delta_{ef} < 65$	弱
$65 \leqslant \delta_{ef} < 90$	中
$\delta_{ef} \geqslant 90$	强

（3）膨胀土的胀缩等级。膨胀土地基评价，应根据地基的膨胀、收缩变形对低层砖混房屋的影响程度进行。地基的胀缩等级可按表 10-2 分为三级。计算分级变形量时，膨胀率的压力取 50 kPa。

表 10-2　膨胀土的胀缩等级

地基分级变形量 s_c/mm	级别
$15 \leqslant s_c < 35$	I
$35 \leqslant s_c < 70$	II
$s_c \geqslant 70$	III

10.1.4　膨胀土地基设计

1. 膨胀土地基变形量计算

膨胀土地基的变形量，可按下列三种情况分别计算：

（1）当离地表下 1 m 处地基上的天然含水率等于或接近最小值时，或地面有覆盖且无蒸发可能时，以及建筑物在使用期间经常有水浸湿的地基，按膨胀变形量 s_e 计算。

（2）当离地表下 1 m 处地基土的天然含水率大于 1.2 倍塑限含水率时，或直接受高温作用时，按收缩变形量 s_e 计算。

（3）其他情况下按胀缩变形量计算。

当对膨胀土地基变形量进行取值时，应符合下列规定：

（1）膨胀变形量，应取基础某点的最大膨胀上升量。

（2）收缩变形量，应取基础某点的最大收缩下沉量。

（3）胀缩变形量，应取基础某点的最大膨胀上升量与最大收缩下沉量之和。

（4）变形差，应取相邻两基础的变形量之差。

（5）局部倾斜，应取砖混承重结构沿纵墙 6～10 m 内基础两点的变形量之差与其距离的比值。

下面分别说明膨胀土地基的膨胀变形量、收缩变形量和胀缩变形量的计算方法。地基土的膨胀变形量 s_e 应按下式计算：

$$s_e = \varphi_e \sum_{i=1}^{n} \delta_{epi} h_i \qquad (10\text{-}5)$$

式中　s_e——地基土的膨胀变形量(mm)；

　　　φ_e——计算膨胀变形量的经验系数，宜根据当地经验确定，若无可依据经验时，3 层及 3 层以下建筑物可采用 0.6；

　　　δ_{epi}——基础底面下第 i 层土在该层土的平均自重压力与平均附加压力之和作用下的膨胀率，由室内试验确定；

　　　h_i——第 i 层土的计算厚度(mm)；

　　　n——自基础底面至计算深度内所划分的土层数[图 10-3(a)]，计算深度应根据大气影响深度确定，有浸水可能时，可按浸水影响深度确定。

地基土的收缩变形量应按下式计算：

$$s_s = \psi_s \sum_{i=1}^{n} \lambda_{si} \Delta w_i h_i \qquad (10\text{-}6)$$

式中　s_s——地基土的收缩变形量(mm)；

　　　ψ_s——计算收缩变形量的经验系数，宜根据当地经验确定，若无可依据经验时，3 层及 3 层以下建筑物可采用 0.8；

　　　λ_{si}——第 i 层土的收缩系数，应由室内试验确定；

　　　Δw_i——地基土收缩过程中，第 i 层土可能发生的含水率变化的平均值(以小数表示)；

　　　n——自基础底面至计算深度内所划分的土层数[图 10-3(b)]，计算深度可取大气影响深度，当有热源影响时，应按热源影响深度确定。

地基土的胀缩变形量应按下式计算：

$$s = \psi \sum_{i=1}^{n} (\delta_{epi} + \lambda_{si} \Delta w_i) h_i \qquad (10\text{-}7)$$

式中　ψ——计算胀缩变形量的经验系数，可取 0.7。

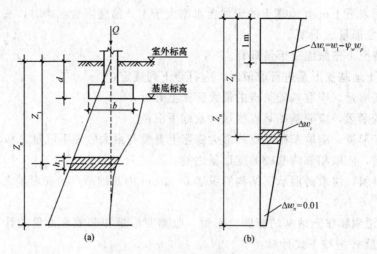

图 10-3 地基土变形量计算示意

【例 10-1】 试按表 10-3 中参数计算膨胀土地基的分级变形量。

表 10-3 某膨胀土地基参数

层序	层厚 h_i /m	层密深度 /m	第 i 层含水量变化 Δw_i	第 i 层收缩系数 λ_{si}	第 i 层在 50 kPa 下的 膨胀率 δ_{cpi}
1	0.64	1.60	0.027 3	0.28	0.008 4
2	0.86	2.50	0.021 1	0.48	0.022 3
3	1.00	3.50	0.014 0	0.35	0.024 9

解： $s_e = \psi \sum\limits_{i=1}^{n} (\delta_{cpi} + \lambda_{si} \times \Delta w_i) h_i$

$= 0.7 \times [(0.008\ 4 \times 640 + 0.022\ 3 \times 860 + 0.024\ 9 \times 1\ 000) + (0.28 \times 0.027\ 3 \times$

$640 + 0.48 \times 0.021\ 1 \times 860 + 0.35 \times 0.014\ 0 \times 1\ 000)]$

$= 47.57 (\text{mm})$

2. 膨胀土地基承载力的确定

(1)用现场浸水荷载试验方法确定。荷载较大的建筑物或无建筑经验的地区采用这种方法，可以得到较精确、可靠的地基承载力数值。通过试验绘制各级荷载下的变形和压力曲线，即 $p\text{-}s$ 曲线，确定土的破坏荷载，取破坏荷载的一半为地基土承载力基本值。在特殊情况下，可按地基设计要求的变形值在 $p\text{-}s$ 曲线上选取所对应的荷载作为地基土承载力的基本值。

(2)根据土的抗剪强度指标计算。采用饱和三轴不排水快剪试验确定土的抗剪强度指标，并利用公式来计算地基承载力特征值。

(3)用经验法确定。某些地区已有大量的试验资料，制定了承载力表，可供一般工程采用。如无资料，可按表 10-4 确定。

表 10-4　膨胀土地基承载力的基本值 f_k　　　　　　　　　　　kPa

空隙比 含水比	0.6	0.9	1.1
<0.5	350	280	200
0.5～0.6	300	220	170
0.6～0.7	250	200	150

注：1. 含水比为天然含水率与液限的比值。
2. 本表适用于基坑开挖时土的天然含水率小于或等于勘察取土时土的天然含水率。

10.1.5　膨胀土地基的工程措施

膨胀土地基的工程建设，应根据当地气候条件、地基胀缩等级、场地工程地质和水文地质条件，结合当地建筑施工经验，因地制宜地采取综合措施，一般可从以下两个方面考虑：

(1)设计措施。建筑物应避开地质条件不良地段，如浅层滑坡、地裂发育、地下水水位剧烈变化等地段。尽量将地基布置在地形条件比较简单、地质较均匀、胀缩性较弱的场地。

建筑上力求体型简单，建筑物不宜过长，在地基土不均匀、建筑平面转折、高差较大及建筑结构类型不同处，应设置沉降缝。膨胀土地区的建筑层数宜多于 2 层，以加大基底压力，防止膨胀变形。外廊式房屋的外廊部分宜采用悬挑结构。

应加强建筑物的整体刚度，承重墙体宜采用拉结较好的实心砖墙，不得采用空斗墙、砌块墙或无砂混凝土砌体，避免采用对变形敏感的砖拱结构、无砂大孔混凝土和无筋中型砌块等。基础顶部和房屋顶层宜设置圈梁，多层房屋其他各层可隔层设置或逐层设置圈梁。建筑物的角段和内外墙的连接处，必要时可增设水平钢筋。

加大基础埋置深度，且不应小于 1 m。当以基础埋置深度为主要防治措施时，基底埋置深度宜超过大气影响深度或通过变形验算确定。较均匀的膨胀土地基，可采用条形基础；基础埋置深度较大或条形基础基底压力较小时，宜采用墩基。

(2)施工措施。在施工中应尽量减小地基中含水率的变化，以减小膨胀土的胀缩变形。基槽开挖施工宜分段快速作业，避免基坑岩土体受到暴晒或浸泡。雨期施工时应采取防水措施。

由于膨胀土坡地具有多向失水性和不稳定性，坡地建筑比平坦场地的破坏严重，故应尽量避免在坡坎上建筑。若无法避开，首先应采取排水措施，设置支挡和护坡进行治坡，整治环境，然后再开始兴建建筑。

10.2　黄土地基

10.2.1　黄土的分类、特征及分布

1. 黄土的分类

黄土是一种产生于第四纪地质历史时期干旱条件下的沉积物，它的内部物质成分和外部形态特征都不同于同时期的其他沉积物。黄土外观颜色较杂乱，主要呈黄色或褐黄色。

黄土是在干旱或半干旱气候条件下形成的，根据其形成、受力特征可分为湿陷性黄土和非湿陷性黄土两大类。

(1)湿陷性黄土。这类土为形成年代较晚的新黄土，土质均匀或较为均匀，结构疏松，大孔发育，有较强烈的湿陷性。

(2)非湿陷性黄土。在一定压力下受水浸湿，土结构不破坏，并无显著附加沉陷的黄土称为非湿陷性黄土。这种形成年代久远的老黄土土质密实，颗粒均匀，无大孔或略具大孔结构，一般不具有湿陷性或具有轻微湿陷性。

湿陷性黄土分为非自重湿陷性和自重湿陷性两种。非自重湿陷性黄土在土的自重应力的作用下受水浸湿后不发生显著附加下沉；自重湿陷性黄土在上覆土的自重应力下浸湿后则发生显著附加下沉。

2. 黄土的特征及分布

人们在长期的实践和研究中，将黄土的主要特性归结为以下5个方面：

(1)多孔性。由于黄土主要是由极小的粉状颗粒所组成的，而在干燥、半干燥的气候条件下，它们相互之间结合得很不紧密，一般用肉眼就可以看到颗粒之间具有各种大小和形状不同的孔隙及孔洞。

(2)垂直节理发育。当深厚的黄土层被沿垂直节理劈开后，所形成的陡峻而壮观的黄土崖壁是黄土地区特有的景观。

(3)透水性较强。一般典型的黄土透水性较强，而黄土状岩石透水性较弱；未沉陷的黄土透水性较强，沉陷过的黄土透水性较弱。黄土之所以具有透水性，这和它具有多孔性及垂直节理发育等结构特点是分不开的。黄土的多孔性及垂直节理越发育，黄土层在垂直方向上的透水性越高，而在水平方向上的透水性则越微弱。另外，当黄土层中具有土壤层或黄土结核层时，就会导致黄土层的透水性不良，甚至产生不透水层。

(4)沉陷性。黄土经常具有独特的沉陷性质，这是任何其他岩石较少有的。黄土沉陷的原因多种多样，只有把黄土本身的性质与外在环境的条件结合起来考虑，才能真正了解黄土沉陷的原因。

(5)粉末性。粉末性表明黄土粉末颗粒之间的相互结合是不够紧密的，所以，每当土层浸湿时或在重力作用的影响下，黄土层本身就失去了它的固结性能，因而也就常常产生强烈的沉陷和变形。

黄土的上述五种特性并不是互不相干的，而是相互影响、互为作用的，所以对黄土的特性必须全面综合地加以研究。

【小提示】 黄土在全世界的分布面积达 1 300 万平方千米，约占陆地总面积的 9.3%，其主要分布于中纬度干旱、半干旱地区。我国黄土分布非常广泛，面积约为 64 万平方千米，其中湿陷性黄土约占 3/4，以黄河中游地区最为发育，多分布于甘肃、陕西、山西地区，青海、宁夏、河南地区也有部分分布。

10.2.2 黄土湿陷的影响因素

黄土湿陷的影响因素可归结为内因和外因两个方面。黄土受水浸湿和荷载作用是湿陷发生的外因，黄土的结构特征及物质成分是产生湿陷性的内因。

(1)黄土的物质成分。黄土中胶结物的多寡和成分，以及颗粒的组成和分布，对于黄土的结构特点和湿陷性的强弱有着重要的影响。胶结物含量大，可将骨架颗粒包围起来，则黄土结构致密。黏粒含量多，并且均匀分布在骨架之间，也起了胶结物的作用。这些情况都会使黄土的湿陷性降低并使其力学性质得到改善。反之，粒径大于 0.05 mm 的颗粒增多，胶结物多呈薄膜状分布，骨架颗粒多数彼此直接接触，则黄土结构疏松、强度降低而湿陷性增强。我国黄土湿陷性存在由西北向东南递减的趋势，这与自西北向东南方向砂粒含量减少而黏粒含量增多是一致的。此外，黄土中的盐类，如以较难溶解的碳酸钙为主而具有胶结作用时，湿陷性减弱，但石膏及易溶盐的含量大时，湿陷性增强。

(2)黄土的物理性质。黄土的湿陷性与其空隙比和含水率等物理性质有关。天然孔隙比越大或天然含水率越小，则湿陷性越强。饱和度大于或等于 80% 的黄土，称为饱和黄土，其湿陷性已退化。在天然含水率相同时，黄土的湿陷变形随湿度的增加而增大。

(3)水的浸湿。管道或水池漏水、地面积水、生产和生活用水等渗入地下，或降水量较大，灌溉渠和水库的渗漏，回水使地下水水位上升等原因易引起湿陷。但受水浸湿只是湿陷发生所必需的外界条件，而黄土的结构特征及物质成分是产生湿陷性的内在因素。

另外，黄土的湿陷性还与其所受压力的大小有关。在天然孔隙比和含水率不变的情况下，随着压力的增大，黄土的湿陷量增加，但当压力超过某一数值后，再增加压力，湿陷量反而减少。

10.2.3 黄土湿陷性的评价

1. 湿陷性的判定

黄土的湿陷性在国内外都采用湿陷系数 δ_s 来判定，δ_s 可通过室内浸水压缩试验测定。将保持天然含水率和结构的黄土土样装入侧限压缩仪内，逐级加压，达到规定试验压力，土样压缩稳定后，进行浸水，使含水率接近饱和，土样又迅速下沉，再次达到稳定，得到浸水后土样高度，由下式求得土的湿陷系数：

$$\delta_s = \frac{h_p - h'_p}{h_0} \tag{10-8}$$

式中 h_p——保持天然湿度和结构的土试样，加压至一定压力时下沉稳定后的高度；

h_p'——上述加压稳定后的土试样，在浸水作用下，下沉稳定后的高度；

h_0——土试样的原始高度。

【小提示】 按照国内各地经验采用 $\delta_\mathrm{s}=0.015$ 作为湿陷性黄土的界限值，$\delta_\mathrm{s}\geqslant0.015$ 定为湿陷性黄土，否则为非湿陷性黄土。测定湿陷系数的压力，应自基础底面(初步勘察时，自地面下 1.5 m)算起，10 m 以内的土层应用 200 kPa；10 m 以下至非湿陷性土层顶面，应用其上覆土的饱和自重压力(当大于 300 kPa 时，仍应用 300 kPa)。

湿陷性黄土的湿陷程度也是用湿陷系数确定的。一般认为，$0.015\leqslant\delta_\mathrm{s}\leqslant0.03$ 为弱湿陷性黄土，$0.03<\delta_\mathrm{s}\leqslant0.07$ 为中等湿陷性黄土，$\delta_\mathrm{s}>0.07$ 为强湿陷性黄土。

2. 湿陷类型的划分

建筑场地的湿陷类型，应按实测自重湿陷量 Δ_zs' 或按室内压缩试验累计的计算自重湿陷量 Δ_zs 判定。实测自重湿陷量 Δ_zs' 应根据现场试坑浸水试验确定，该试验方法比较可靠，但费水、费时，有时受各种条件限制，往往不易做到。因此，规定除在新建区，对甲类、乙类建筑物宜采用现场试坑浸水试验外，对一般建筑物可按计算自重湿陷量划分场地类型。

计算自重湿陷量按下式进行：

$$\Delta_\mathrm{zs}=\beta_0\sum_{i=1}^{n}\delta_\mathrm{zsi}h_i \tag{10-9}$$

式中 δ_zsi——第 i 层土在上覆土的饱和自重应力作用下的湿陷系数，其测定和计算方法同 δ_s，即 $\delta_\mathrm{zs}=(h_z-h_z')/h$，其中 h_z 是加压至土的饱和自重应力时下沉稳定后的高度，h_z' 是前述加压稳定后，在浸水作用下，下沉稳定后的高度；

h_i——第 i 层土的厚度(cm)；

n——总计算土层内湿陷土层的数目，总计算厚度应从天然地面算起(当挖、填方厚度及面积较大时，自设计地面算起)至其下全部湿陷性黄土层的底面为止($\delta_\mathrm{s}<0.015$ 的土层不计)；

β_0——因土质地区而异的修正系数，对陇西地区可取 1.5，对陇东、陕北、晋西地区可取 1.2，对关中地区可取 0.9，对其他地区可取 0.5。

Δ_zs 应自天然地面(当挖、填方的厚度和面积较大时，应自设计地面)算起，至其下非湿陷性黄土层的顶面上，其中 $\Delta_\mathrm{zs}<0.015$ 的土层不累计。

【小提示】 当实测自重湿陷量 Δ_zs' 或计算自重湿陷量 Δ_zs 小于 7 cm 时，应定为非自重湿陷性黄土地区；大于 7 cm 时，应定为自重湿陷性黄土地区。

3. 黄土地基的湿陷等级

湿陷性黄土地基的湿陷等级，应根据基底下各土层累计的总湿陷量 Δ_s 和计算自重湿陷量的大小等因素按表 10-5 判定。总湿陷量可按下式计算：

$$\Delta_\mathrm{s}=\sum_{i=0}^{n}\beta\delta_\mathrm{si}h_i \tag{10-10}$$

式中 δ_si——第 i 层土的湿陷系数；

h_i——第 i 层土的厚度(cm)；

β——考虑地基土的侧向挤出和浸水概率等因素的修正系数，基底下 5 m 或压缩层深度内可取 1.5，5 m 或压缩层深度以下，在非自重湿陷性黄土场地，可不计算，在自重湿陷性黄土场地，可按规定的 β_0 值取用。

表 10-5　湿陷性黄土地基的湿陷等级

湿陷类型 Δ_{zs}/cm　　Δ_s/cm	非自重湿陷性地基	自重湿陷性地基	
	$\Delta_{zs} \leqslant 7$	$7 < \Delta_{zs} \leqslant 35$	$\Delta_{zs} > 35$
$\Delta_s \leqslant 30$	Ⅰ（轻微）	Ⅱ（中等）	—
$30 < \Delta_s \leqslant 70$	Ⅱ（中等）	Ⅱ 或 Ⅲ	Ⅲ（严重）
$\Delta_s > 70$	—	Ⅲ（严重）	Ⅳ（很严重）

注：当湿陷量的计算值 $\Delta_s > 60$ cm，自重湿陷量的计算值 $\Delta_{zs} > 30$ cm 时，可判定为Ⅲ级，其他情况可判定为Ⅱ级。

总湿陷量应自基础底面（初步勘察时，自地面下 1.5 m）算起，在非自重湿陷性黄土场地，累计至基底下 5 m 或压缩层深度。在自重湿陷性黄土场地，对甲类、乙类建筑应按穿透湿陷性土层的取土勘探点，累计至非湿陷性土层顶面；对丙类、丁类建筑，当基底下的湿陷性土层厚度大于 10 m 时，其累计深度可根据工程所在地区确定，但陇西、陇东、陕北地区不应小于 15 m，其他地区不应小于 10 m，其中湿陷系数或自重湿陷系数小于 0.015 的土层不应累计。

【例 10-2】　关中地区某建筑场地初勘时 4 号探井的土工试验资料见表 10-6，试确定场区的湿陷类型和地基的湿陷等级。

表 10-6　4 号探井的土工试验资料

土样野外编号	取土深度 /m	土粒相对密度 d_s	孔隙比 e	重度 /(kN·m^{-3})	δ_s	δ_{zs}	备　注
4—1	1.5	2.70	0.975	17.8	0.085	0.002#	
4—2	2.5	2.70	1.100	17.4	0.059	0.013#	
4—3	3.5	2.70	1.215	16.8	0.076	0.022	
4—4	4.5	2.70	1.117	17.2	0.028	0.012#	
4—5	5.5	2.70	1.126	17.2	0.094	0.031	# 表示 δ_s 或 $\delta_{zs} <$ 0.015，属于非湿陷性土层，不参与累计
4—6	6.5	2.70	1.300	16.5	0.091	0.075	
4—7	7.5	2.70	1.179	17.0	0.071	0.060	
4—8	8.5	2.70	1.072	17.4	0.039	0.001 2#	
4—9	9.5	2.70	1.787	18.9	0.002#	0.001#	
4—10	10.5	2.70	1.778	18.9	0.001 2#	0.008#	

解：（1）自重湿陷量计算。因场地挖方的厚度和面积较大，自重湿陷量应自设计地面起累计至其下全部湿陷性黄土层的底面为止。对关中地区，β_0 值可取 0.9，自重湿陷量为

$$\Delta_{zs} = \beta_0 \sum_{i=1}^{n} \delta_{zsi} h_i$$

$$= 0.9 \times (0.022 \times 1\,000 + 0.031 \times 1\,000 + 0.075 \times 1\,000 + 0.060 \times 1\,000)$$

$$= 169.20 (\text{mm}) = 16.92 (\text{cm}) > 7 \text{ cm}$$

故该场地应判定为自重湿陷性黄土场地。

（2）黄土地基的总湿陷量计算。对自重湿陷性黄土地基，按地区建筑经验，对关中地区

应自基础底面起累计至非湿陷性黄土层的顶面，基础底面埋置深度初勘时取 1.5 m。

$$\Delta_s = \sum_{i=1}^{n} \beta \delta_{si} h_i$$

$$= 1.5 \times (0.059 \times 1\,000 + 0.076 \times 1\,000 + 0.028 \times 1\,000 + 0.094 \times 1\,000 + 0.091 \times$$

$$1\,000) + 1.0 \times (0.071 \times 1\,000 + 0.039 \times 1\,000)$$

$$= 632(\text{mm}) = 63.2(\text{cm}) > 60\ \text{cm}$$

故该湿陷性黄土地基的湿陷等级可判定为Ⅱ级或Ⅲ级。

以上算式中的两对括号内的计算内容分别是 1.5 m 以下、5 m 范围内和其下深达非湿陷性黄土层的顶面湿陷量（非湿陷性土层不参与累计）。

10.2.4 黄土地基计算

1. 黄土地基变形计算

湿陷性黄土地基的沉降量包括压缩变形和湿陷变形两部分，即

$$s = s_h + s_w \tag{10-11}$$

$$s_w = \sum_{i=1}^{n} \frac{\Delta e_i}{1 + e_{1i}} h_i \tag{10-12}$$

式中　s——黄土地基的总沉降量（mm）；

　　　s_h——天然含水率黄土未浸水的沉降量（mm）；

　　　s_w——黄土浸水后的湿陷变形量（mm）；

　　　Δe_i——在相应的附加压力作用下，第 i 层土样浸水前、后孔隙比的变化；

　　　e_{1i}——第 i 层土样浸水前的孔隙比；

　　　h_i——第 i 层黄土的厚度（mm）。

2. 黄土地基承载力计算

（1）地基承载力基本特征值 f_0。

1）对晚更新世 Q_3、全新世 Q_4^1 湿陷性黄土，新近堆积黄土（Q_4^2）地基上的各类建筑饱和黄土地基上的乙类、丙类建筑，可根据土的物理力学性质指标的平均值或建议值，查表 10-7～表 10-10 确定。

表 10-7　晚更新世（Q_3）、全新世（Q_4^1）湿陷性黄土承载力 f_0 　　　　　kPa

w_L/e	$w/\%$				
	<13	16	19	22	25
22	180	170	150	130	110
25	190	180	160	140	120
28	210	190	170	150	130
31	230	210	190	170	150
34	250	230	210	190	170
37	—	250	230	210	190
注：对小于塑限含水率的土，宜按塑限含水率确定土的承载力。					

表 10-8　新近堆积黄土(Q_4^2)承载力 f_0　　　　　　　　　　kPa

a/MPa^{-1}	w/w_L					
	0.4	0.5	0.6	0.7	0.8	0.9
0.2	148	143	138	133	128	123
0.4	136	132	126	122	116	112
0.6	125	120	115	110	105	100
0.8	115	110	105	100	95	90
1.0	—	100	95	90	85	80
1.2	—	—	85	80	75	70
1.4	—	—	—	70	65	60

注：压缩系数 a 值，可取 50～150 kPa 或 100～200 kPa 压力下的较大值。

表 10-9　新近堆积黄土(Q_4^2)承载力 f_0　　　　　　　　　　kPa

p_s/MPa	0.3	0.7	1.1	1.5	1.9	2.3	2.8	3.3
f_0	55	75	92	108	124	140	161	182

表 10-10　新近堆积黄土(Q_4^2)承载力 f_0　　　　　　　　　　kPa

N_{10}(锤击数)	7	11	15	19	23	27
f_0	80	90	100	110	120	135

2)对饱和黄土地基上的甲类、乙类建筑中 10 层以上的高层建筑，宜采用静荷载试验确定。

3)对丁类建筑，可根据邻近建筑的施工经验确定。

(2)地基承载力特征值 f_{ak}。地基承载力特征值 f_{ak} 可用荷载试验或其他原位测试、公式计算，并结合工程实践经验等方法综合确定，也可下按式计算：

$$f_{ak} = \psi_f f_0 \tag{10-13}$$

式中　ψ_f——回归修正系数，对湿陷性黄土地基上的各类建筑与饱和黄土地基上的一般建筑，ψ_f 宜取 1；对饱和黄土地基上的甲类、乙类中的重要建筑，应按 $\psi_f = 1 - \left(\dfrac{2.384}{\sqrt{n}} + \dfrac{7.918}{n^2}\right)\delta$ 计算确定(δ 为变异系数)。

(3)修正后的承载力特征值 f_a。

$$f_a = f_{ak} + \eta_b \gamma(b-3) + \eta_d \gamma_0 (d-1.5) \tag{10-14}$$

式中　f_a——地基承载力经基础宽度和基础埋置深度修正后的特征值(kPa)；

　　　f_{ak}——地基承载力特征值(kPa)；

　　　η_b，η_d——基础宽度和埋置深度的地基承载力修正系数；

　　　γ——基底以下土的重度(kN/m³)，地下水水位以下取有效重度；

　　　γ_0——基底以上土的加权平均重度(kN/m³)，地下水水位以下取有效重度；

　　　b——基础底面宽度(m)，当基底宽度小于 3 m 时按 3 m 计，大于 6 m 时按 6 m 计；

　　　d——基础埋置深度(m)，当基础埋置深度小于 1.5 m 时，按 1.5 m 计。

10.2.5　黄土地基的工程措施

黄土地基的设计和施工，除必须遵循一般地基的设计和施工原则外，还应针对黄土湿陷性的特点和建筑类别，因地制宜地采用以地基处理为主的综合措施。这些措施包括以下几个方面：

(1)地基处理。其目的在于破坏湿陷性黄土的大孔结构，以便全部或部分消除地基的湿陷性，从根本上避免或削弱湿陷现象的发生。常用的地基处理方法有土(或灰土)垫层、重锤夯实、预浸水、化学加固(主要是硅化和碱液加固)、土(灰土)桩挤密等，也可采用将桩端放入非湿陷性土层的桩基。

(2)防水措施。不仅要放眼于整个建筑场地的排水、防水问题，而且要考虑单体建筑物的防水措施，在建筑物长期使用的过程中要防止地基被浸湿，同时，也要做好施工阶段的排水、防水工作。

(3)结构措施。在建筑物设计中，应从地基、基础和上部结构相互作用的概念出发，采用适当的措施，增强建筑物适应或抵抗由湿陷引起的不均匀沉降的能力。

10.3　冻土地基

10.3.1　冻土的形成条件及分布

冻土是指 0 ℃以下，并含有冰的各种土壤。冻土一般可分为短时冻土(数小时、数日乃至半月)、季节冻土(半月至数月)以及多年冻土(又称为永久冻土，指的是持续两年或两年以上的冻结不融的土层)。地球上多年冻土、季节冻土和短时冻土区的面积约占陆地面积的50%，其中，多年冻土面积占陆地面积的 25%。

随着土中水的冻结，土体产生体积膨胀，即冻胀现象。土发生冻胀是冻结时土中水分向冻结区迁移和积聚的结果。冻胀会使地基土隆起，使建造在其上的建(构)筑物被抬起，引起开裂、倾斜，甚至倒塌；使路面鼓包、开裂、错缝或折断等。对工程危害最大的是季节性冻土地区，当土层解冻融化后，土层软化，强度大大降低。这种冻融现象又使房屋、桥梁和涵管等发生大量沉降和不均匀沉降，道路出现翻浆冒泥等危害。因此，冻土的冻融必须引起注意，并采取必要的防治措施。

冻土分布于高纬地带和高山垂直带上部，其中冰沼土广泛分布于北极圈以北的北冰洋沿岸地区，包括欧亚大陆与北美大陆的极北部分和北冰洋的许多岛屿，在这些地区的冰沼土东西延展呈带状分布，在南美洲无冰盖处也有一些分布。

分布于我国的多年冻土又可分为高纬度多年冻土和高海拔多年冻土，前者分布在东北地区，后者分布在西部高山高原及东部一些较高山地（如大兴安岭南端的黄岗梁山地、长白山、五台山、太白山）。

10.3.2　冻土地基的评价

冻土作为建筑物地基，在冻结状态时，具有较高的强度和较低的压缩性或不具压缩性。但冻土融化后承载力大为降低，压缩性急剧增高，使地基产生融沉；相反，在冻结过程中又产生冻胀，这对地基极为不利。因此，应对季节冻土和季节融化层土的冻胀性进行分级，并根据多年冻土的融沉性分级对多年冻土进行评价。

1. 土的冻胀性指标

土的冻胀性常以冻胀量、冻胀强度、冻胀力和冻结力等指标来衡量。

（1）冻胀量。天然地基的冻胀量有两种情况，即无地下水源补给和有地下水源补给。对于无地下水源补给的，冻胀量等于在冻结深度 H 范围内的自由水（$w-w_p$）在冻结时的体积，冻胀量 h_n 可按下式计算：

$$h_n = 1.09\frac{\rho_s}{\rho_w}(w-w_p)H \tag{10-15}$$

式中　w，w_p——土的含水率和土的塑限（%）；

　　　ρ_s，ρ_w——土粒和水的密度（g/cm³）。

对于有地下水源补给的情况，冻胀量与冻胀时间有关，应该根据现场测试确定。

（2）冻胀强度（冻胀率）。单位冻结深度的冻胀量称为冻胀强度或冻胀率，即

$$\eta = \frac{h_n}{H} \times 100\% \tag{10-16}$$

（3）冻胀力。土在冻结时由于体积膨胀对基础产生的作用力称为土的冻胀力。冻胀力按其作用方向可分为在基础底面的法向冻胀力和作用在侧面的切向冻胀力。冻胀力的大小除与土质、土温、水文地质条件和冻结速度有密切关系外，还与基础埋置深度、材料和侧面的粗糙程度有关。无水源补给的封闭系统，冻胀力一般不大；有水源补给的敞开的系统，冻胀力就可能成倍地增加。

法向冻胀力一般都很大，非建筑物自重能克服，所以，一般要求基础埋置在冻结深度以下，或采取消除的措施。切向冻胀力可在建筑物使用条件下通过现场或室内试验求得，也可根据经验查表 10-11 确定。

表 10-11　冻土对混凝土、木质基础的切向冻胀力

土的名称	含水程度	地　基　类　型						
		基础允许有一定变形的非过水建筑物			基础基本不允许有变形的过水建筑物			
黏性土	液性指数 I_L	$I_L \leqslant 0$	$0 < I_L \leqslant 1$	$I_L > 1$	$I_L \leqslant 0$	$0 < I_L \leqslant 0.5$	$0.5 < I_L \leqslant 1$	$I_L > 1$
	切向冻胀力 τ_1 / kPa	$0 \sim 30$	$30 \sim 80$	$80 \sim 150$	$0 \sim 50$	$50 \sim 100$	$100 \sim 150$	$150 \sim 200$
砂土、碎石土	饱和度 S_r	$S_r \leqslant 0.5$	$0.5 < S_r \leqslant 0.8$	$S_r > 0.8$	$S_r \leqslant 0.5$	$0.5 < S_r \leqslant 0.8$		$S_r > 0.8$
	含水率 $w/\%$	$(w \leqslant 12)$	$(12 < w \leqslant 18)$	$(w > 18)$	$(w \leqslant 12)$	$(12 < w \leqslant 18)$		$(w > 18)$
	切向冻胀力 τ_1 / kPa	$0 \sim 20$	$20 \sim 50$	$50 \sim 100$	$0 \sim 40$	$40 \sim 80$		$80 \sim 160$

注：1. 地表水冻结时，对基础的切向冻胀力为 $150 \sim 200$ kPa。

　　2. 对粉质黏土、粉质黏粒含量大于 15% 的砂土、碎石土，用表中的较大值。

（4）冻结力。冻土与基础表面通过冰晶胶结在一起，这种胶结力称为冻结力。冻结力的使用方向总是与外荷的总作用方向相反，在冻土的融化层回冻期间，冻结力起着抗冻胀的锚固作用；而当季节融化层融化时，位于多年冻土中的基础侧面则相应产生方向向上的冻结力，它又起到了抗基础下沉的承载作用。影响冻结力的因素很多，除温度与含水率外，它还与基础材料表面的粗糙度有关。基础表面粗糙度越大，冻结力也越大，所以在多年冻土地基设计中，应考虑冻结力 S_d 的作用，其数值可查表 10-12 确定。基础侧面总的长期冻结力按下式计算：

$$Q_d = \sum_{i=1}^{n} S_{di} F_{di} \tag{10-17}$$

式中　F_{di}——第 i 层冻土与基础侧面的接触面积（m^2）；

　　　n——冻土与基础侧面接触的土层数；

　　　S_{di}——第 i 层冻土的冻结力。

表 10-12　冻土与混凝土、木质基础表面的长期冻结力 S_d　　　　kPa

土的平均温度/℃　土的名称	-0.5	-1.0	-1.5	-2.0	-2.5	-3.0	-4.0
黏性土及粉土	60	90	120	150	180	210	280
碎石土	70	110	150	190	230	270	350
砂土	80	130	170	210	250	290	380

2. 冻土的冻胀性分级

季节性冻土与季节融化层土，根据土的冻胀率 η 的大小可分为不冻胀土、弱冻胀土、

冻胀土、强冻胀土和特强冻胀土五类，分类时还应符合表10-13的规定。冻土层的平均冻胀率 η 应按下式计算：

$$\eta = \frac{\Delta z}{z_d} \times 100\% \qquad (10\text{-}18)$$

$$z_d = h' - \Delta z \qquad (10\text{-}19)$$

式中　Δz——地表冻胀量(mm)；

　　　z_d——设计冻深(mm)；

　　　h'——冻层厚度(mm)。

表 10-13　季节性冻土与季节融化层土的冻胀性分类

土的名称	冻前天然含水率 w/%	冻前地下水水位距设计冻深的最小距离 h_w/m	平均冻胀率 η/%	冻胀等级	冻胀类别
碎(卵)石，砾、粗、中砂(粒径小于 0.075 mm 的颗粒含量大于15%)，细砂(粒径小于 0.075 mm 的颗粒含量大于10%)	$w \leqslant 12$	>1.0	$\eta \leqslant 1$	I	不冻胀
		$\leqslant 1.0$	$1 < \eta \leqslant 3.5$	II	弱冻胀
	$12 < w \leqslant 18$	>1.0			
		$\leqslant 1.0$	$3.5 < \eta \leqslant 6$	III	冻胀
	$w > 18$	>0.5			
		$\leqslant 0.5$	$6 < \eta \leqslant 12$	IV	强冻胀
粉砂	$w \leqslant 14$	>1.0	$\eta \leqslant 1$	I	不冻胀
		$\leqslant 1.0$	$1 < \eta \leqslant 3.5$	II	弱冻胀
	$14 < w \leqslant 19$	>1.0			
		$\leqslant 1.0$	$3.5 < \eta \leqslant 6$	III	冻胀
	$19 < w \leqslant 23$	>1.0			
		$\leqslant 1.0$	$6 < \eta \leqslant 12$	IV	强冻胀
	$w > 23$	不考虑	$\eta > 12$	V	特强冻胀
粉土	$w \leqslant 19$	>1.5	$\eta \leqslant 1$	I	不冻胀
		$\leqslant 1.5$	$1 < \eta \leqslant 3.5$	II	弱冻胀
	$19 < w \leqslant 22$	>1.5			
		$\leqslant 1.5$	$3.5 < \eta \leqslant 6$	III	冻胀
	$22 < w \leqslant 26$	>1.5			
		$\leqslant 1.5$	$6 < \eta \leqslant 12$	IV	强冻胀
	$26 < w \leqslant 30$	>1.5			
		$\leqslant 1.5$	$\eta > 12$	V	特强冻胀
	$w > 30$	不考虑			

土的名称	冻前天然含水率 $w/\%$	冻前地下水水位距设计冻深的最小距离 h_w/m	平均冻胀率 $\eta/\%$	冻胀等级	冻胀类别
黏性土	$w \leqslant w_p + 2$	>2.0	$\eta \leqslant 1$	I	不冻胀
		$\leqslant 2.0$	$1 < \eta \leqslant 3.5$	II	弱冻胀
	$w_p + 2 < w \leqslant w_p + 5$	>2.0			
		$\leqslant 2.0$	$3.5 < \eta \leqslant 6$	III	冻胀
	$w_p + 5 < w \leqslant w_p + 9$	>2.0			
		$\leqslant 2.0$	$6 < \eta \leqslant 12$	IV	强冻胀
	$w_p + 9 < w \leqslant w_p + 15$	>2.0			
		$\leqslant 2.0$	$\eta > 12$	V	特强冻胀
	$w > w_p + 15$	不考虑			

注：1. w_p 为塑限含水率（%）；w 为冻前天然含水率在冻层内的平均值。

2. 盐渍化冻土不在表列。

3. 塑性指数大于 22 时，冻胀性降低一级。

4. 粒径小于 0.005 mm 的颗粒含量大于 60% 时为不冻胀土。

5. 碎石类土，当填充物大于全部质量的 40% 时，其冻胀性按填充物土的类别判定。

6. 碎石土、砾砂、粗砂、中砂（粒径小于 0.075 mm 的颗粒含量不大于 15%）、细砂（粒径小于 0.075 mm 的颗粒含量不大于 10%）均按不冻胀考虑。

3. 多年冻土的融沉性分级

根据土融化下沉系数 δ_0 的大小，多年冻土可分为不融沉、弱融沉、融沉、强融沉和融陷五类，分类时还应符合表 10-14 的规定。冻土层的平均融化下沉系数可按下式计算：

$$\delta_0 = \frac{h_1 - h_2}{h_1} = \frac{e_1 - e_2}{1 + e_1} \times 100\% \tag{10-20}$$

式中 h_1，e_1——冻土试样融化前的高度（mm）和孔隙比；

h_2，e_2——冻土试样融化后的高度（mm）和孔隙比。

表 10-14 多年冻土的融沉性分类

土的名称	总含水率 $w/\%$	平均融沉系数 δ_0	融沉等级	融沉类别	冻土类型
碎（卵）石，砾、粗、中砂（粒径小于 0.074 mm 的颗粒含量不大于 15%）	$w < 10$	$\delta_0 \leqslant 1$	I	不融沉	少冰冻土
	$w \geqslant 10$	$1 < \delta_0 \leqslant 3$	II	弱融沉	多冰冻土
碎（卵）石，砾、粗、中砂（粒径小于 0.074 mm 的颗粒含量大于 15%）	$w < 12$	$\delta_0 \leqslant 1$	I	不融沉	少冰冻土
	$12 \leqslant w < 15$	$1 < \delta_0 \leqslant 3$	II	弱融沉	多冰冻土
	$15 \leqslant w < 25$	$3 < \delta_0 \leqslant 10$	III	融沉	富冰冻土
	$w \geqslant 25$	$10 < \delta_0 \leqslant 25$	IV	强融沉	饱冰冻土

土的名称	总含水率 w / %	平均融沉系数 δ_0	融沉等级	融沉类别	冻土类型
粉、细砂	$w<14$	$\delta_0\leqslant1$	I	不融沉	少冰冻土
	$14\leqslant w<18$	$1<\delta_0\leqslant3$	II	弱融沉	多冰冻土
	$18\leqslant w<28$	$3<\delta_0\leqslant10$	III	融沉	富冰冻土
	$w\geqslant28$	$10<\delta_0\leqslant25$	IV	强融沉	饱冰冻土
粉土	$w<17$	$\delta_0\leqslant1$	I	不融沉	少冰冻土
	$17\leqslant w<21$	$1<\delta_0\leqslant3$	II	弱融沉	多冰冻土
	$21\leqslant w<32$	$3<\delta_0\leqslant10$	III	融沉	富冰冻土
	$w\geqslant32$	$10<\delta_0\leqslant25$	IV	强融沉	饱冰冻土
黏性土	$w<w_p$	$\delta_0\leqslant1$	I	不融沉	少冰冻土
	$w_p\leqslant w<w_p+4$	$1<\delta_0\leqslant3$	II	弱融沉	多冰冻土
	$w_p+4\leqslant w<w_p+15$	$3<\delta_0\leqslant10$	III	融沉	富冰冻土
	$w_p+15\leqslant w<w_p+35$	$10<\delta_0\leqslant25$	IV	强融沉	饱冰冻土
含土冰层	$w\geqslant w_p+35$	$\delta_0>25$	V	融陷	含土冰层

注：1. 总含水率 w 包括冰和未冻水。
2. 盐渍化冻土、冻结泥炭化土、腐殖土、高塑性黏土不在表列。

10.3.3 冻土地基的工程措施

季节性冻土地基对不冻胀土的基础可不考虑冻深的影响；对冻胀土，基础面可放在有效冻深之内的任一位置，但对其埋置深度必须按规范规定进行冻胀力作用下基础的稳定性计算。若不满足，应重新调整基础尺寸和埋置深度，或采取减小或消除冻胀力的措施。

采用强夯法处理可消除土的部分冻胀性。多年冻土地基基础最小埋置深度应比季节设计融深大 1~2 m，视建筑物等级而定。季节性冻土地基常采用浅基础、桩基，多年冻土地基常采用通风基础、热泵基础，也可采用桩基，视具体情况而定。

📖 项目小结

我国地质条件复杂，分布的土类繁多，工程性质各异。特殊土类是由于生成时地理环境、气候条件、地质成因、物质成分、次生变化及历史过程等原因，具有与一般土类显著不同的特殊成分、结构和工程性质。本项目主要介绍了膨胀土地基、黄土地基、冻土地基的特征、评价指标和工程措施。

📖 思考与练习

1. 软土地区确定地基承载力特征值的方法有哪几种?

2. 如何进行膨胀土的判别?

3. 黄土湿陷的影响因素有哪些?

4. 冻土地基的工程措施有哪些?

5. 某黄土试样的原始高度为 20 mm,加压至 240 kPa,下沉稳定后的土样高度为 19.50 mm,然后浸水,下沉稳定后的高度为 19.20 mm,试判断该土是否为湿陷性黄土。

6. 某膨胀土地基试样的原始体积 $V_0 = 15$ mL,膨胀稳定后的体积 $V_w = 18$ mL,试计算该土样的自由膨胀率 δ_{ef},并确定其膨胀潜势。

7. 多年冻土总含水率 $w_0 = 30\%$ 的粉土,冻土试样融化前、后的孔隙比分别为 0.94 和 0.78,试判断其融陷的类别。

参 考 文 献

[1] 周斌，毛会永. 土力学与地基基础 [M]. 北京：清华大学出版社，2020.

[2] 万凤鸣. 土力学与地基基础[M]. 哈尔滨：哈尔滨工业大学出版社，2020.

[3] 王文睿. 土力学与地基基础[M]. 北京：中国建筑工业出版社，2012.

[4] 梁利生，汪荣林. 地基与基础[M]. 北京：冶金工业出版社，2011.

[5] 王建华，张璐璐，陈锦剑，等. 土力学与地基基础[M]. 2版. 北京：中国建筑工业出版社，2022.

[6] 张浩华，崔秀琴. 土力学与地基基础[M]. 武汉：华中科技大学出版社，2010.

[7] 刘国华. 地基与基础[M]. 2版. 北京：化学工业出版社，2016.